新工科建设之路·计算机类创新教材

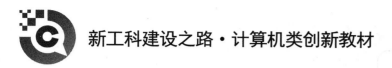

U0290585

Python 基础实用教程

（实例视频教学）（第2版）

郑阿奇　刘清枝　主编

电子工业出版社·

Publishing House of Electronics Industry

北京·**BEIJING**

内 容 简 介

本书以 Python 3.x 为平台，内容包括 Python 及其程序基本构成、数据类型和表达式、程序控制结构、序列、函数、文件操作、面向对象编程、画图图表和图形界面程序设计、典型应用实例、图形界面项目实战和 Web 开发。通过综合实例，把知识和编程相结合；通过实训，培养读者解决问题的能力。项目实战案例经过精心设计，综合应用 Python 解决实际问题。

本书配有教学视频、PPT 教学课件、网络文档、实例源码文件和资源文件，需要的读者可以通过华信教育资源网免费下载。

本书可作为大学本科和高职高专有关课程的教材，也可作为 Python 自学参考书。

图书在版编目（CIP）数据

Python 基础实用教程：实例视频教学 / 郑阿奇，刘清枝主编. —2 版. —北京：电子工业出版社，2022.12
ISBN 978-7-121-44686-3

Ⅰ．①P… Ⅱ．①郑… ②刘… Ⅲ．①软件工具－程序设计－高等学校－教材 Ⅳ．①TP311.561

中国版本图书馆 CIP 数据核字（2022）第 239938 号

责任编辑：白 楠 特约编辑：王 纲
印   刷：三河市龙林印务有限公司
装   订：三河市龙林印务有限公司
出版发行：电子工业出版社
        北京市海淀区万寿路 173 信箱 邮编：100036
开   本：787×1 092 1/16 印张：15 字数：432 千字
版   次：2019 年 3 月第 1 版
        2022 年 12 月第 2 版
印   次：2025 年 1 月第 3 次印刷
定   价：45.00 元

凡所购买电子工业出版社图书有缺损问题，请向购买书店调换。若书店售缺，请与本社发行部联系，联系及邮购电话：（010）88254888，88258888。

质量投诉请发邮件至 zlts@phei.com.cn，盗版侵权举报请发邮件至 dbqq@phei.com.cn。

本书咨询联系方式：（010）88254592，bain@phei.com.cn。

前　言

Python 语言简单易学、功能强大。Python 的应用领域非常广泛，包括大数据分析、云计算、人工智能、自动化运维、Web 开发、爬虫、游戏开发等，目前 Python 有超过 12 万个第三方库，几乎覆盖了信息技术的所有领域。尤其大中型互联网企业都在使用 Python，例如 Google、Youtube、Dropbox、百度、新浪、搜狐、腾讯、阿里巴巴、网易、淘宝、知乎、豆瓣、汽车之家、美团等。

2018 年，我们编写了《Python 实用教程》。在此基础上，我们总结近年来 Python 教学、Python 等级考试、Python 应用开发等需要，编写了本书。

本书具有如下特点。

（1）从简单实例入手介绍 Python 程序的基本构成、特点和初学者容易出现的错误，使此后读者专注于程序本身。

（2）书中的综合实例既突出主要内容又训练基本算法，逐步锻炼读者理解和设计程序的能力。

（3）作为上机操作内容的实训，读者可先测试综合实例，在此基础上按照要求修改程序，然后独立设计、调试程序，逐步提高解决问题的能力。

（4）Python 典型应用实例涉及分词、语音合成、网络信息爬取、图像处理、人脸识别和抓拍比对等内容，可通过扫描二维码显示对应资源内容。

（5）图形界面项目实战案例经过精心设计，综合应用 Python 解决实际问题，读者可在此模仿和提高。

本书配套资源如下：

（1）综合实例教学视频共 43 个；

（2）每章 PPT 教学课件；

（3）所有实例 Python 源程序文件；

（4）项目实战源码文件和配套资源文件；

（5）Tkinter 图形界面基本程序设计文档；

（6）Python Web 开发实例文件；

（7）相关网络文档 37 个。

需要的读者可以通过华信教育资源网免费下载。

本书由南京师范大学郑阿奇、刘清枝主编。

由于编者水平有限，书中难免出现不当之处，敬请读者批评指正。

编　者

本书视频内容索引

章　节	内　容
1.2	【例 1.1】根据半径计算圆周长和面积。
2.3.8	【例 2.1】对字符串加密，把每个英文字母后移 2 个位置。
2.3.8	【例 2.2】在公司联系方式字符串中得到固定电话号码。
2.5.2	【例 2.3】输入十进制数或者表达式，计算它对应进制值。
3.1.3	流程图介绍。
3.2.1	【例 3.7】求一元二次方程（$ax^2+bx+c=0$）的根。
3.3.4	【例 3.15】快速判断一个数是否为素数。
3.3.4	【例 3.16】随机出 5 个两个整数相加题，统计回答正确的题数和用时。
3.4.3	【例 3.19】输入 6 个成绩，计算平均成绩。
4.1.4	【例 4.7】输入 6 个评分，去掉其中的最高分和最低分，计算平均分，并将剩下的得分按从高到低排序。
4.1.4	【例 4.8】对 10 个 1～100 随机整数进行因数分解，显示因数分解结果，并验证分解式子是否正确。
4.3.2	【例 4.11】根据销售商品详情数据，分别统计购买用户及其金额和销售商品号及其数量。
4.4.2	【例 4.13】统计一组百分数成绩对应的各等级人数。
4.4.2	【例 4.15】统计字符串词的个数，词存放在字典中，同时统计词分隔符个数。
4.5.2	【例 4.17】把字符串分成汉字和英文两个部分。
4.5.2	【例 4.18】给出 4 个整数，找出通过四则运算（+, -, *, /）构造的值恰好等于 24 的表达式。
5.4.2	【例 5.4】利用递归求阶乘 n!。
5.4.2	【例 5.6】列表平铺。
5.4.2	【例 5.7】塔内有 3 个底座 A、B 和 C，A 座上有 n 个大小不同的盘子，大的在下，小的在上。
5.5.3	【例 5.8】有 n（例如 n=16）个人围成一圈，顺序 1 开始编号，从第一个人开始到 js（例如 js=5）报数，报到 js 的人退出圈子，剩下人重新组成圈子，从下一个人继续游戏，问最后留下的是原来的编号。
6.1.4	【例 6.2】创建包含商品分类（类别编号和名称）的文本文件。
6.1.4	【例 6.3】创建用户帐号二进制文件，写入并显示帐号信息。
6.2.1	【例 6.4】创建订单表 CSV 文件，内容包括：订单号、用户帐号、支付金额和下单时间。
6.2.2	【例 6.5】创建 Excel 文件，其中有一个"订单表"工作表，存放所有订单记录。
8.1	【例 8.2】画实时显示时钟。
8.2.1	【例 8.3】绘制 $y=x^2$ 的曲线。
8.2.1	【例 8.4】显示按照指数规律衰减的曲线。
8.2.2	【例 8.6】绘制学生成绩等级柱状图、散点图、折线图和圆饼图。
8.2.2	【例 8.7】采用子图对象画图。
8.3.3	【例 8.9】设计一个简单计算圆面积程序。
9.1	【例 9.2】以【例 9.1】为基础，结合 Python 的音频 pydub 和 PyAudio 库实现一个公交车语音播报应用。
9.2	【例 9.3】一篇英文阅读词频分析和词云可视化。
9.3	【例 9.4】用爬虫爬取网上的中国大学排名数据，以"软科中国大学排名"为例。
9.4	【例 9.5】将 Python PIL 图像处理技术应用于研究一个著名的自然界未解之谜——天池水怪。
9.5	【例 9.6】预先准备一张照片放在当前目录下，先用 OpenCV 进行预处理，然后用分类器识别出照片中的所有人脸并用方框标识出来。
10.1.2	总体设计
10.3.1	用户管理
10.3.2	功能导航
10.3.3	商品选购
10.3.4	下单结算
10.3.5	销售分析
10.4	打包发布

目　录

第 1 章　Python 及其程序基本构成

1.1　Python 简介

Python 是荷兰人 Guido van Rossum 在圣诞节期间为了打发时间而开发出来的，因为他是 Monty Python 戏剧团体的忠实支持者，所以将该编程语言称为 Python。1991 年，Python 的第一个公开发行版问世，并且是开源的。从 2004 年起，Python 的使用率呈线性增长。2010 年，Python 荣膺 TIOBE 2010 年度语言桂冠。2017 年，IEEE Spectrum 发布的 2017 年度编程语言排行榜中，Python 位居第一。我国也在此后将 Python 语言程序设计作为全国计算机等级考试二级内容。

目前市场上广泛流行的是 Python 2.x 和 Python 3.x，但 Python 3.x 并不能完全兼容 Python 2.x，因此 Python 2.x 的代码不能完全被 Python 3.x 的编译器编译。

从整体上看，Python 语言简洁明了，非专业人员也很容易上手。Python 功能强大、代码效率高，可通过第三方库进行任意扩展，目前有超过 12 万个第三方库。每个领域会有大量的专业人员开发库来满足不同设计需求。

Python 不但开源，而且可应用于多平台，包括 Windows、UNIX、Linux 和 Mac OS 等。一般的 Linux 发行版本、Mac OS 等自带 Python，不需要安装和配置就可直接使用。但自带的 Python 版本不是最新的。用户可以通过终端窗口输入命令来查看本地是否已经安装 Python 以及 Python 的版本。

1.2　Python 程序基本构成

►【例 1.1】

【例 1.1】　根据半径计算圆周长和面积。

```
# 计算圆周长和面积程序，程序文件为 circle.py
s=input('圆半径=')                      # 输入圆半径
radius = float(s)                       # 将输入半径转换值存放于 radius 变量中
if radius>=0:
    length = 2*3.14*radius              # 计算周长
    area = 3.14*radius**2               # 计算面积
    print('周长',length)                 # 显示周长
    print('面积',area)                   # 显示面积
else:
    print('输入的半径错误！')
```

下面分类进行说明。

1.2.1　注释

注释可方便阅读程序，主要有下列三种注释方式。

（1）单行采用#开头，后面就是注释内容，一般描述此后一段程序的功能。

（2）写在一行语句或表达式的后面，一般说明本行语句的作用。

（3）块注释（即多行注释），一般用于注释内容较多的情形，虽然也可采用多行，每行以#开头，

但用 3 个单引号（'''）或者 3 个双引号（"""）将注释括起来更自然。

例如：

```
""" 本程序计算圆周长和面积
    先输入圆的半径字符，然后转换为对应的值
    程序文件为 circle.py    """
```

1.2.2 标识符和关键字

程序使用了 4 个变量，包含 s、radius、length 和 area，分别用于存放输入字符、半径、周长和面积。

变量名与标识符和关键字有关。

1. 标识符

在 Python 语言中，变量名、函数名、对象名等都是标识符，命名需要注意如下几点。

（1）第一个字符必须是字母或下画线（但不建议使用），其他字符可以是字母、数字和下画线。在 Python 3.x 中，非 ASCII 码标识符（例如汉字）也是允许的。

（2）变量名中不能有空格或标点符号（括号、引号、逗号、斜线、反斜线、冒号、句号、问号等）。

> ◉◉**注意**：
> 全角标点符号可以作为变量名，并且可用全角的下画线开头。

（3）不能使用 Python 的关键字作为变量名，随着 Python 版本的变化，关键字列表可能会有所变化。

（4）不建议使用系统内置的模块名、类型名、函数名、已导入模块名及其成员名作为变量名，这会导致系统混乱和无法正常运行。

（5）变量名对英文字母的大小写敏感，如 my 和 My 是不同的变量。

2. 关键字

关键字也称保留字，是 Python 内部定义并保留使用的标识符。例如：if、else、elif、import、as、True、False 等。

Python 的关键字也是大小写敏感的。例如，True 是关键字，而 true 不是关键字。

1.2.3 赋值语句和数据类型

计算机对数据进行处理时需要知道它的类型。Python 数据类型很多，但最基本的是数字类型和字符串类型。

赋值运算符最常用的是 "="，赋值语句左值必须是变量，而右值可以是变量、值或结果为值的任何表达式，功能是把右值赋给左值指定的变量。变量的数据类型取决于存放值的数据类型。

例如：

```
s=input('圆半径=')
```

其中：'圆半径='是字符串常量，s 是字符串变量，将键盘输入的字符串赋值给 s 变量。

例如：

```
radius = float(s)                # 将输入半径转换值存放于 radius 变量中
```

其中：radius 是实数变量，float(s)将字符串 s 转换成实数赋值给 radius 变量。

例如：

```
length = 2*3.14*radius           # 计算周长
area = 3.14*radius**2            # 计算面积
```

其中：2 是整型常量，3.14 是实数常量，通过周长表达式计算并赋值给 length 实数变量，通过面积表达式计算并赋值给 area 实数变量。

1.2.4　分支和缩进

一般按照顺序执行语句，当需要根据条件执行不同语句时，可使用分支语句。

1．分支

```
if radius>=0:
    length = 2*3.14*radius          # 计算周长
    area = 3.14*radius**2           # 计算面积
    print('周长',length)            # 显示周长
    print('面积',area)              # 显示面积
else:
    print('输入的半径错误！')
```

条件：radius>=0

条件成立：计算周长和面积，并且显示周长和面积。

条件不成立：显示"输入的半径错误！"提示信息。

> 👀 **注意：**
>
> 条件（radius>=0）和 else 后面的冒号（:）必不可少。

2．缩进

Python 使用缩进来表示一起执行的语句块，首行以关键字开始，以冒号结束，该行之后的一行或多行语句就是语句块，表示一起执行。

语句块缩进的字符数并没有规定，但同一个语句块的语句必须包含相同的缩进字符数，如下所示：

```
if radius>=0:
    length = 2*3.14*radius          # 计算周长
    area = 3.14*radius**2           # 计算面积
    print('周长',length)            # 显示周长
    print('面积',area)              # 显示面积
```

其中的 4 条语句必须严格使用相同的缩进字符数，否则就会出错。

1.2.5　输入和输出函数

所有程序一般都包含三个过程：输入、处理、输出，又称 IPO。处理包含的内容很多，程序主要代码就是用来处理输入数据的。

1．输入函数

```
s=input('圆半径=')
```

从标准输入设备（如键盘）输入字符，以回车结束。输入前显示"圆半径="提示信息。

2．输出函数

```
print('周长',length)               # 显示周长
print('面积',area)                 # 显示面积
```

上述语句用于将输出项显示出来。'周长'、'面积'是字符串常量，直接显示；length 和 area 是变量名，显示的是变量的值。

1.2.6　程序行组成

一行一般为一条语句，但一条语句可以占用多行，一行可以写多条语句，或者使用空行。

1．多行一条语句

Python 一般以换行符作为语句的结束符，但是当一条语句太长时可以使用反斜杠（\）将其分为多行。例如：

```
print('周长', \
      length)                # 显示周长
```

如果语句包含小括号()、中括号[]和大括号{}，就不需要使用多行连接符。

例如：

```
days = [ 'Monday' , 'Tuesday', ' Wednesday' ,
      'Thursday ' , ' Friday ' ]
print(days)
```

2．一行多条语句

可以在同一行中写多条语句，语句之间使用英文分号（;）分隔。

例如：

```
print('周长',length); print('面积',area)
```

3．空行

空行的作用在于分隔两段不同功能或含义的代码。

```
if radius>=0:
      length = 2*3.14*radius            # 计算周长
      area = 3.14*radius**2             # 计算面积

      print('周长',length)              # 显示周长
      print('面积',area)                # 显示面积
```

1.3　Python 安装及其集成开发环境

下面介绍在 Windows 中安装 Python。

1.3.1　Python 安装

1．下载 Python 安装文件

在官方网站获取对应的安装文件。

选择 Windows 7/10 64 位操作系统，浏览 Python 官网页面，从下载列表中选择 Windows 平台 64 位安装包。

2．在 Windows 中安装 Python

（1）双击安装文件（例如 python-3.x.x-amd64.exe），进入 Python 安装向导，可修改 Python 默认安装目录，直到安装完成。此时 Windows "开始"菜单中就会包含 Python 3.x 的主菜单。

（2）设置环境变量。

如果在安装 Python 时没有将 Python 安装目录加入 Windows 环境变量 Path 中，则需要添加 Python 目录到 Path 环境变量中。

1.3.2　Python 集成开发环境

Python 集成开发环境就是用户编写 Python 程序的平台，分为自带集成开发环境和第三方提供的集成开发环境两类。

1．自带集成开发环境

Python 自带的集成开发环境称为 IDLE。对于 Windows 操作系统，安装 Python 后，在"开始"菜单中会加入"Python 3.x"菜单，其下包含"IDLE (Python 3.x 64-bit)"等 4 个菜单项。单击"IDLE (Python 3.x 64-bit)"，就进入 Python 自带的集成开发环境 IDLE，系统提示符为">>>"。

2．第三方提供的集成开发环境

除了 Python 官方提供的 IDLE，还有许多第三方提供的集成开发环境，可以通过网络进行下载。

例如：PyCharm、Vim、Eclipse with PyDev、Sublime Text、Visual Studio Code 等。

PyCharm 是由 JetBrains 打造的一款 Python IDE，它具备一般 Python IDE 的功能，比如调试、语法高亮、项目管理、代码跳转、智能提示、自动完成、单元测试、版本控制等。另外，PyCharm 还提供了一些很好的功能用于 Django（一个 Web 应用框架）开发。PyCharm 是目前比较流行的 Python 程序开发环境。

1.4　程序运行

Python 程序有两种运行方式。

1．在窗口中直接执行 Python 语句

由于 Python 是解释型程序设计语言，在窗口中的系统提示符 ">>>" 后可以直接输入语句执行，立即显示结果。

例如，根据圆半径计算周长和面积的语句如下：

```
>>> radius = 12.6                          # radius 变量存放圆半径
>>> length = 2*3.14*radius                 # 计算周长
>>> area = 3.14*radius**2                  # 计算面积
>>> print('周长',length)                    # 显示周长
周长 79.128
>>> print('面积',area)                      # 显示面积
面积 498.5064
```

需要说明的是，Python 语句的格式要求特别严格，>>>提示符后面的空格只有一个，没有或者多了就会显示错误。

2．创建 Python 程序并运行

在窗口中直接执行 Python 语句一般用于简单测试语句功能，真正要实现某些应用功能，还是需要把编写的程序保存在文件（.py）中，然后执行该文件中的程序。

在 IDLE 中操作如下。

（1）单击 "File" → "New File" 菜单命令，在打开的文件编辑窗口中输入简单程序：

```
# 计算圆周长和面积程序，程序文件为 circle.py
s=input('圆半径=')                          # 输入圆半径
radius = float(s)                          # 将输入半径转换值存放于 radius 变量中
if radius>=0:
    length = 2*3.14*radius                 # 计算周长
    area = 3.14*radius**2                  # 计算面积
    print('周长',length)                    # 显示周长
    print('面积',area)                      # 显示面积
else:
    print('输入的半径错误！')
```

（2）单击 "File" → "Save" 菜单命令，指定保存文件的目录和文件名（circle.py）。本书约定，创建 f:\DZPython 目录，每一章对应一个子目录（例如，第 1 章为 CH01）。

（3）单击 "Run" → "Run Module" 菜单命令，显示运行结果，如图 1.1 所示。

```
圆半径=3.5
周长= 21.98
面积= 38.465
```

图 1.1　运行结果

1.5　程序运行错误

编写的 Python 程序可能会有问题，特别是初学者不熟悉 Python 规则，出现的问题更是五花八门。

但归纳起来，一般包括语法错误、运行错误和运行结果不正确。

Python 自带的集成开发环境（IDLE）在编写程序及调试程序方面相对于第三方提供的集成开发环境要弱得多，但是测试单条语句和简单程序，采用 IDLE 就可以了。

1.5.1 语法错误

程序运行前首先检查程序的每一条语句是否符合规则，语法错误就是语句不符合规则，当然也无法运行，并且会指出第一个语法错误的位置和原因。不同开发环境显示语法错误的方式不同，自带的集成开发环境（IDLE）仅做简单提示。

为了方便，下面重新列出程序，说明初学者可能出现的几种语法错误，采用 IDLE 进行测试。

```
# 计算圆周长和面积程序，程序文件为 circle.py
s=input('圆半径=')                      # 输入圆半径
radius = float(s)                      # 将输入半径转换值存放于 radius 变量中
if radius>=0:
    length = 2*3.14*radius             # 计算周长
    area = 3.14*radius**2              # 计算面积
    print('周长',length)               # 显示周长
    print('面积',area)                 # 显示面积
else:
    print('输入的半径错误！')
```

（1）if radius>=0（漏掉冒号），运行程序，如图 1.2 所示。

图 1.2　运行语法错误程序 1

如果后面有注释，则红条显示在注释内容的后面。

else 语句同样要注意冒号的问题。

（2）if radius>=0：（全角冒号），运行程序，显示错误位置指向全角冒号（：），如图 1.3 所示。这种情况初学者比较容易忽略，>=写成全角会显示同样的错误。

◎◎注意：

Python 除了字符串数据和用户自己定义的变量名可以使用全角字符，其他关键字、运算符等均为半角的 ASCII 码字符。

（3）Python 通过缩进对齐语句块，缩进字符数并没有规定（if 执行的 4 条语句和 else 执行的一条语句），但每个一起执行的语句块的缩进字符数必须相同，否则会显示错误，如图 1.4 所示。

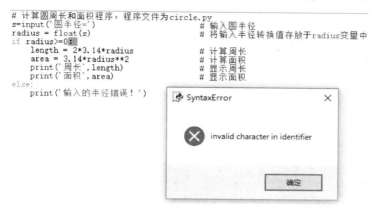

```
# 计算圆周长和面积程序，程序文件为circle.py
s=input('圆半径=')                      # 输入圆半径
radius = float(s)                       # 将输入半径转换值存放于radius变量中
if radius>=0:
    length = 2*3.14*radius              # 计算周长
    area = 3.14*radius**2               # 计算面积
    print('周长',length)               # 显示周长
    print('面积',area)                 # 显示面积
else:
    print('输入的半径错误！')
```

图 1.3　运行语法错误程序 2

```
# 计算圆周长和面积程序，程序文件为circle.py
s=input('圆半径=')                      # 输入圆半径
radius = float(s)                       # 将输入半径转换值存放于radius变量中
if radius>=0:
    length = 2*3.14*radius              # 计算周长
    area = 3.14*radius**2               # 计算面积
     print('周长',length)              # 显示周长
    print('面积',area)                     # 显示面积
else:
    print('输入的半径错误！')
```

图 1.4　运行语法错误程序 3

1.5.2　运行错误

如果组成程序的每一条语句没有语法错误，程序就会开始运行。运行错误在程序运行时才能发现。这里仍然采用前面的实例让读者有一个初步的体会。

1. 编程时考虑的输入错误

运行程序，显示结果如图 1.5 所示。

说明：输入一个负数，显示"输入的半径错误！"是编程时考虑到的数据输入错误，这不属于运行错误。

```
圆半径=-12.6
输入的半径错误！
```

图 1.5　显示结果 1

2. 编程时没有考虑的输入错误

再运行程序，显示结果如图 1.6 所示。

```
圆半径=12.B
Traceback (most recent call last):
  File "F:\DZPython2\CH01\circle.py", line 3, in <module>
    radius = float(s)                   # 将输入半径转换值存放于radius变量中
ValueError: could not convert string to float: '12.B'
```

图 1.6　显示结果 2

说明：输入一个实数，但误将数字"8"输成了字母"B"。下列语句：

```
s=input('圆半径=')                      # 输入圆半径
```

接收输入字符并存放到 s 中，"8"和"B"都是字符，不会出现错误，但下列语句：

```
radius = float(s)                              # 将输入半径转换值存放于 radius 变量中
```
函数 float(s)将 s 转换为实数时无法转换，显示错误信息，程序运行中断。

1.5.3　运行结果不正确

程序运行过程中没有发生错误，但运行结果不正确。

注意下列几点：

（1）编写人员经验；

（2）变量名取名规范、大小写规范；

（3）语句（包括缩进）书写规范；

（4）程序结构清晰；

（5）把复杂的问题分解、简化；

（6）其他可能出现的问题。

具有一定规模和一定复杂程度的程序一般不可能一次就能得到正确结果，要通过不断调试才能得到正确结果。

【实训】

（1）在 IDLE 的命令方式中实现下列功能：

① 一次输入两个整数，存放到 n1 和 n2 中；

② 计算 n1+n2 并存放到 n1 中；

③ 输出 n1、n2 的值。

（2）用 Python 程序方式实现上述功能，并进行下例操作。

① 输入两个整数，运行程序，观察结果。

其中，将字符串转换为整数的函数为 int()。

② 输入两个整数，其中 n2=0，运行程序，如果程序出错，则完善程序。

③ 输入一个整数和一个实数，运行程序，如果程序出错，则分析原因。

1.6　Python 内置函数、标准库和第三方库

1.6.1　内置函数

Python 包含 68 个内置函数，input()、print()、float()、int()等都是内置函数，在程序中可以直接使用。使用 help(函数名)可以查看指定函数的用法。

1.6.2　标准库

1. 标准库介绍

Python 除了包含内置函数，还包含很多标准库（又称模块、扩展库），根据功能可以把它们分成若干个大类，例如：数学、文本、日期和时间、文件和目录、多媒体、图形界面、进程和线程、互联网和协议、压缩和加密等，这些标准库在 Python 安装过程中已同时安装。

每一大类包含若干个标准库，例如，数学大类包含下列标准库。

numbers：数值的虚基类。

math：数学函数。

cmath：复数的数学函数。

decimal：定点数与浮点数计算。

fractions：有理数。

random：生成伪随机数。

其中，math 标准库包含数值表示函数、幂对数函数、三角运算函数、特殊函数等。

2．标准库的使用

用户编写程序时如果需要使用标准库中的函数，要在程序开头导入对应标准库，即导入相应模块。导入标准库（模块）有下列几种方法。

1）import 模块名 [as 别名]

使用这种方式导入，使用其中的函数时需要在函数之前加上模块名作为前缀。如果为导入的模块设置一个别名，则以"别名.函数名"的方式来使用其中的函数。

例如，计算 $ax^2+bx+c=0$ 方程根需要用到开平方根函数，需要导入 math 标准库：

```
import math
a=int(input('a=')); b=int(input('b='));c=int(input('c='))
t=b*b-4*a*c
x1 = (-b + math.sqrt(t)) / (2*a)
```

2）from 模块名 import 函数名 [as 别名]

这种方式仅导入明确指定的函数，并且可以指定别名。这种方式仅导入指定函数，可以提高访问速度，使用时不需要模块名作为前缀。

```
from math import sqrt              # 只导入 math 模块中的 sqrt()函数
...
x1 = (-b + sqrt(t)) / (2*a)        # 调用 sqrt()函数时不加前缀
```

或者

```
from math import sqrt as 开根
x1 = (-b + 开根(t)) / (2*a)
```

3）from 模块名 import *

这种方式一次导入模块中通过变量指定的所有函数。可以直接使用模块中的所有对象而不需要用模块名作为前缀。

```
from math import *
x1 = (-b + sqrt(t)) / (2*a)        # 调用 sqrt()函数时不加前缀
```

这种方式虽然简单，但会降低代码的可读性，很难区分自定义函数和从模块中导入的函数，导致名称混乱。如果多个模块中有同名的函数，只有最后导入的模块中的同名函数是有效的，其他模块的同名函数都无法访问。

1.6.3　第三方库

网络上许多第三方开发者为 Python 提供了扩展库，需要时可先在 Windows 命令行中进行安装，然后在 Python 中采用 import 命令导入。

pip 是 Python 官方提供的安装和维护第三方库的工具。

1．安装第三方库

Python 第三方库安装方式包括在线安装、自定义安装和文件安装。对于 Python 3.x 版本，可以采用 pip3 命令代替 pip 命令。

1）在线安装

在命令窗口中在线安装第三方库需要联网。

```
pip install <库名>
```

如果安装过程出现中断，可以采用 pip3 命令进行安装。

例如：

```
c:\...>pip3 install jieba
```

此时，默认从网络上下载 jieba 库安装文件并自动安装到系统中。

但在 Windows 操作系统中，有一些第三方库无法在线安装，此时，需要采用其他的安装方法。

2）自定义安装

自定义安装一般适用于在 pip 中尚无登记或安装失败的第三方库。

自定义安装是指按照第三方库提供的步骤和方式安装。第三方库都有主页用于维护库的代码和文档。打开第三方库的官方主页，找到下载链接，根据指定步骤安装。

3）文件安装

某些第三方库仅提供源码，可以下载需要的安装文件到本地目录，然后采用 pip 命令安装该文件。

如果需要在没有网络的条件下安装 Python 第三方库，只能采用文件安装方式。其中，.whl 文件可以通过 pip download 命令在有网络的条件下获得。

另外，安装和维护第三方库的 pip 工具应适时用下列命名更新，否则可能无法安装较新版本的第三方库。

```
C:\...>python.exe -m pip install --upgrade pip
```

2．维护第三方库

pip 工具还可对第三方库进行基本的维护，利用 pip -h 命令可列出 pip 常用参数。

pip install <库名>：安装第三方库。

pip download <库名>：下载第三方库。

pip uninstall <库名>：卸载已经安装的第三方库，卸载过程可能需要用户确认。

例如：

```
C:...\>pip uninstall jieba
```

pip list：列表显示已经安装的第三方库。

pip show <库名>：显示指定已安装库的详细信息。

pip search <关键字>：可以联网搜索库名或摘要中的关键字。

3．集成开发环境同步

第三方库安装后，在 IDLE 中就可以用 import 命令导入使用，因为 IDLE 是 Python 自带的集成开发环境。但在第三方集成开发环境中可能找不到系统模块和安装的扩展模块，需要进行相关设置。

在 Python 源文件（.py）中直接使用 help(模块名)命令查看该模块的帮助文档，如 help('numpy')。

第2章　数据类型和表达式

Python 程序最基本的元素包括常量、变量、函数和通过运算符把它们有机组织起来的表达式。不同数据类型决定了对应的运算符和操作方法。Python 3.x 内置的主要数据类型为数值类型、布尔类型和字符串类型，通过导入日期和时间标准库还可以处理日期和时间类型。另外，也可将这些类型组合起来形成组合数据类型（序列）。

数据类型通过运算符连接就形成了表达式，运算结果就是表达式的值。

2.1　数值类型和表达式

数值类型包括 int（整型）、float（浮点型）和 complex（复数型）等。

2.1.1　整型

Python 支持任意大小的整型数，整型数可以采用十进制、八进制、十六进制和二进制表示。

十进制整型常量：数码为 0～9。例如：−135、57232。

八进制整型常量：必须以 0O 或 0o 开头（第 1 位是数字 0，第 2 位是字母 O，大小写都可以），数码为 0～7，通常是无符号数。例如：0O21（十进制数为 17）。

十六进制整型常量：前缀为 0X 或 0x（第 1 位是数字 0，第 2 位是字母 X，大小写都可以），数码为 0～9、A～F 或 a～f（代表 10～15）。例如：0X2A（十进制数为 42）、0XFFFF（十进制数为 65535）。

二进制整型常量：前缀为 0B 或 0b（第 1 位是数字 0，第 2 位是字母 B，大小写都可以），数码为 0 和 1。例如：0b1101 对应十进制数 13。

例如：

```
>>> 10 + 2
12
>>> 0O10 + 2
10
>>> 0X10 + 2
18
>>> 101 * 100 // 2
5050
>>> 0b1101 + 100
113
```

Python 支持在数字中间使用单个下画线作为分隔符来提高数字的可读性，类似于数学上使用逗号作为千位分隔符。单个下画线可以出现在中间任意位置，但不能出现在开头和结尾，也不能使用多个连续的下画线。

例如：

```
>>> 1_000_000
1000000
>>> 1_2_3_4
1234
```

```
>>> (1_2+3_4j)
(12+34j)
```

2.1.2 浮点型

浮点型常量是带小数点的实数，可使用指数形式表示，例如：158.20、-2.9、2.3E18。而 E-19（阶码标志 E 之前无数字）、2.1E（无阶码）等都不是正确的浮点型常量。

例如：

```
>>> 0.3 + 1.21                      # 1.51
>>> 0.4 - 0.1                       # 0.30000000000000004      见说明（1）
>>> 0.4 -0.1 == 0.3                 # Flase
>>> abs(0.4 - 0.1 - 0.3) < 1e-6     # True
>>> 158.20 + -2.9 + 2.3E18          # 2.3000000000000003e+18   见说明（2）
```

说明：

（1）浮点数默认是本机双精度（64bit）表示的，提供大约 17 位十进制数精度，数值绝对值范围为 $10^{-308} \sim 10^{308}$。Python 3.x 浮点数的表达精度、范围等信息，可以通过 sys 模块从 sys.float_info 获取。

由于精度的问题，有些十进制实数不能精确表示。

例如：

$0.1_{(10)}=0.00011001100110011\cdots_{(2)}$

由于计算机存储数据的位数是有限制的，十进制数 0.1 转换成二进制数后，无法精确表示。如果要存储的二进制数超过了计算机存储位数的最大值，其后续位数会被舍弃。

（2）由于精度的问题，计算机对于不能精确表示的十进制实数运算会有一定的误差。同时，应尽量避免在实数之间直接进行相等性测试，而是应该以两者之差的绝对值是否足够小作为两个实数是否相等的依据。

（3）如果需要进行非常精确的运算，可以使用 decimal 模块，它实现的十进制实数运算能满足会计、金融、理财等有较高可靠性及精度要求的应用。

例如：

```
import decimal
a = decimal.Decimal("10.0")
b = decimal.Decimal("3")
print(10.0/3)
print(a/b)
```

运行结果：

```
3.3333333333333335
3.333333333333333333333333333
```

可以看到，相比普通运算的结果，使用 decimal 模块得到的结果更精确。

（4）如果 decimal 模块还是无法满足需求，可以使用 fractions 模块。

```
from fractions import Fraction
print(10/3)
print(Fraction(10,3))
```

运行结果：

```
3.3333333333333335
10/3
```

Python 标准库 fractions 中的 Fraction 对象支持分数运算，分数.numerator 得到分子，分数.denominator 得到分母，Fraction（实数）可转换成分数。另外，还提供了用于计算最大公约数的 gcd()函数和高精度实数类 Decimal。

例如：

```
>>> from fractions import Fraction
```

```
>>> x = Fraction(3,4)
>>> x.numerator          # 3
>>> x.denominator        # 4
>>> x ** 2               # Fraction(9, 16)
>>> y = Fraction(2,5)
>>> x - y                # Fraction(7, 20)
>>> x * y                # Fraction(3, 10)
>>> x / y                # Fraction(15, 8)
>>> a = Fraction(3.2)
>>> a                    # Fraction(3602879701896397, 1125899906842624)
```

通过 fractions 模块能解决浮点数准确运算的问题。

2.1.3 复数型

复数有实部和虚部，它们都是浮点数。例如：−5.8+6j、4.5+3e−7j。用 complex(a[,b]) 可创建 a+bj 复数。从复数中提取它的实部和虚部，可使用复数.real 和复数.imag 方式。

内置函数 abs(复数) 可用来计算复数的模，利用复数.conjugate() 方法可得到共轭复数。Python 还支持复数之间的加、减、乘、除及幂乘等运算。

例如：

```
>>> x = 3+4j
>>> x.real               # 3.0
>>> x.imag               # 4.0
>>> abs(x)               # 5.0
>>> x.conjugate()        # (3-4j)
>>> y = -5+6.2j
>>> x + y                # (-2+10.2j)
>>> x * y                # (-39.8-1.3999999999999986j)
```

2.1.4 数值运算符

数值运算符用于对数值进行连接运算，包括算术运算符、位运算符和赋值运算符。

1. 算术运算符

算术运算符见表 2.1。

表 2.1　算术运算符

名　　称	运　算　符	说　　　　明
加	+	两个对象相加
减	−	取负数或一个数减去另一个数
乘	*	两个数相乘或返回一个被重复若干次的字符串
除	/	x 除以 y
模	%	返回除法的余数
幂	* *	返回 x 的 y 次幂
整除	//	返回商的整数部分

例如：

```
>>> a = 10
>>> b = 26
>>> b / a                # 2.6
>>> b // a               # 2
```

```
>>> b % a                    # 6
>>> a ** 2                   # 100
>>> pow(2, 3, 5)             # 相当于 2 ** 3 % 5，结果为 3
```

标准库 operator 提供了大量运算操作，可以用函数方式实现运算功能。

例如：

```
>>> import operator
>>> operator.add(2, -6)      # -4
>>> operator.mul(2, -6)      # -12
```

2. 位运算符

位运算符将十进制整数按对应的二进制位进行运算（默认位数右对齐，左侧补 0），再把计算结果转换为十进制数返回。

设 a 为 15（0000 1111），b 为 202（1100 1010），位运算符见表 2.2。

表 2.2　位运算符

名　称	运　算　符	位运算表达式	二进制数（十进制数）
按位与	&	a&b	0000 1010（10）
按位或	|	a|b	1100 1111（207）
按位异或	^	a ^ b	1100 0101（197）
按位取反	~	~a	1111 0000（240，有符号数为-16）
左移动	<<	a<<2	0011 1100（60）
右移动	>>	a>>2	0000 0011（3）

其中：

位与运算规则为：1&1=1，1&0=0，0&1=0，0&0=0

位或运算规则为：1|1=1，1|0=1，0|1=1，0|0=0

位异或运算规则为：1^1=0，0^0=0，1^0=1，0^1=1

左移位时右侧补 0，每左移一位相当于乘以 2；右移位时左侧补 0，每右移一位相当于整除以 2。

例如：

```
>>> a = 15
>>> b = 202
>>> a & b                    # 10
>>> a | b                    # 207
>>> a ^ b                    # 197
>>> ~a                       # -16
>>> a << 2                   # 60
>>> a >> 2                   # 3
```

其中：

整型变量 a = 15 实际上对应的 16 位二进制数为

a = 0000 0000 0000 1111

~a 是对每一位取反，对应的二进制数为

~a = 1111 1111 1111 0000

这是二进制补码，表示数值为-16。

3. 赋值运算符

赋值运算符见表 2.3。

表2.3 赋值运算符

运 算 符	说 明	等 效 性
=	赋值	c = a + b
+=	加法赋值	c += a 等效于 c = c + a
-=	减法赋值	c -= a 等效于 c = c - a
*=	乘法赋值	c *= a 等效于 c = c * a
/=	除法赋值	c /= a 等效于 c = c / a
%=	取模赋值	c %= a 等效于 c = c % a
**=	幂赋值	c **= a 等效于 c = c ** a
//=	取整除赋值	c //= a 等效于 c = c // a

Python 不支持 x++ 和 x-- 运算符。

例如：

```
>>> a = 10
>>> a += 10
>>> a                #20
>>> b = -10
>>> -b               #10
>>> --b              #-10
>>> b **= 3          # 相当于 b=b^3
>>> b                #-1000
>>> 2--6             #8，相当于 2-(1-6)
>>> 2+-6             #-4
>>> x,y,z = 1,2,3    # 同时给多个变量赋值
>>> x,y,z            #(1, 2, 3)
>>> x                #1
>>> a=b=c=3
>>> print(a, b, c)
3 3 3
```

2.1.5 用于数值计算的常用函数

Python 用于数值类型计算的常用函数包括内置函数及数学模块函数和随机数模块函数。

1. 内置函数

内置函数是 Python 固有的功能，可直接在程序中使用，Python 提供的内置数值计算函数见表2.4。

表2.4 内置数值计算函数

函 数	描 述
abs(x)	返回数值 x 的绝对值
round(x)	将 x 四舍五入取整
pow(x, y)	返回数值 x 的 y 次方
divmod(x, y)	返回除法结果及余数
max([x1, x2, …])	求最大值
min([x1, x2, …])	求最小值
sum([x1, x2, …])	求和

例如：

```
>>> abs(-2.5)                      # 2.5
>>> round(3.14)                    # 3
>>> pow(12, 2)                     # 144
>>> divmod(73, 10)                 # (7, 3)
>>> max([1, 90, 23.5, 92])         # 92
>>> sum([1, 3, 5, 7, 9])           # 25
```

2. 数学模块函数

用 import math 导入数学模块，以 math.函数名()的形式引用。常用的 math 库函数见表 2.5。

表 2.5　常用 math 库函数

函　　数	描　　述
ceil(x)	返回 x 的上限，即大于或等于 x 的最小整数
fabs(x)	返回 x 的绝对值
floor(x)	返回 x 的下限，即小于或等于 x 的最大整数
gcd(x1, x2, ...)	返回给定多个整数参数的最大公约数
lcm(x1, x2, ...)	返回给定多个整数参数的最小公倍数
ldexp(x, i)	返回 x * (2**i)
modf(x)	返回 x 的小数和整数部分，两个结果都带有 x 的符号，并且是浮点数
exp(x)	返回 e 的 x 幂，其中 e = 2.718281…，是自然对数的基数
log(x[, base])	返回 x 以给定 base 为底的对数，若省略 base 参数，则返回 x 的自然（以 e 为底）对数
log2(x)	返回 x 以 2 为底的对数
log10(x)	返回 x 以 10 为底的对数
pow(x, y)	返回 x 的 y 次幂
sqrt(x)	返回 x 的平方根
acos(x)	返回以弧度为单位的 x 的反余弦值，结果范围为 0～pi
asin(x)	返回以弧度为单位的 x 的反正弦值，结果范围为–pi/2～pi/2
atan(x)	返回以弧度为单位的 x 的反正切值，结果范围为–pi/2～pi/2
cos(x)	返回 x 弧度的余弦值
sin(x)	返回 x 弧度的正弦值
tan(x)	返回 x 弧度的正切值
degrees(x)	将角度 x 从弧度转换为度数
radians(x)	将角度 x 从度数转换为弧度

说明：

（1）以上这些函数并不适用于复数，如果需要计算复数，可使用 cmath 库中的同名函数（请读者参阅 Python 官方文档）。

（2）所有 math 库函数返回值均为浮点数。

例如：
```
>>> import math
>>> math.fabs(math.floor(−2.5))        # 3.0
>>> math.lcm(3, 18, 9, 6, 12)          # 36
>>> math.ldexp(5, 3)                   # 40.0
>>> math.modf(−3.1416)                 # (−0.14159999999999995, −3.0)
>>> math.exp(2)                        # 7.38905609893065
>>> math.log10(math.pow(10, 6))        # 6.0
>>> math.sqrt(19)                      # 4.358898943540674
>>> math.sin(math.radians(30))         # 0.49999999999999994
>>> math.degrees(math.atan(1))         # 45.0
```

3．随机数模块函数

该模块实现了各种分布的伪随机数生成器，用 import random 导入随机数模块，以 random.函数名()的形式引用。常用的 random 库函数见表 2.6。

表 2.6　常用 random 库函数

函　　数	描　　述
random()	返回[0.0, 1.0)范围内的一个随机浮点数
uniform(a, b)	返回一个 a 和 b 之间的随机浮点数
randbytes(n)	生成 n 个随机字节
randrange(n1,n2[, step])	从 range(n1,n2, step)返回一个随机选择的元素，默认 step=1 例如：range(1,10, 2)=1, 3, 5, 7, 9
randint(a, b)	返回随机整数 n，满足 a <= n <= b
choice(列表)	从非空序列返回一个随机元素
shuffle(列表)	将序列随机打乱位置

例如：
```
>>> import random
>>> random.random()                    # 0.3410438570642378
>>> random.uniform(100, 90)            # 92.30051905831013
>>> random.randbytes(2)                # b'fj'
>>> random.randint(18, 24)            # 22
>>> random.choice([3, 5, 7, 11])      # 7
>>> myseq = [1, 2, 3, 4, 5, 6, 7]
>>> random.shuffle(myseq)
>>> myseq                              # [1, 2, 5, 6, 7, 4, 3]
```

👀 **注意：**
由于函数的随机性，读者运行的结果肯定会不一致，但只要数值所在的范围正确就行。

4．lambda 表达式

lambda 表达式格式如下：

lambda [参数]：表达式

例如：
```
>>> e1= lambda x,y,z=3: (x+y)*z        # lambda 表达式
>>>print( e1(1,2) )                    # e1(1,2)=(1+2)*3=9
9
```

2.2 布尔类型和表达式

布尔类型可用于条件语句、循环语句，根据条件判断的结果来决定程序的流程和分支走向，或用于逻辑运算中得到逻辑结果。

2.2.1 布尔类型及运算

1．布尔值

布尔值只有两个：真（True）和假（False）。

Python 中的任何对象都可以判断其真假，下列对象的布尔值为假。

（1）None，False。

（2）数值中的 0、0.0、0j（虚数）、Decimal(0)、Fraction(0, 1)。

（3）空字符串（''）、空元组（()）、空列表（[]）、空字典（{}）、空集合（set()）。

其他对象布尔值默认为真（True），除非有 bool()方法且返回 False，或有 len()方法且返回 0。

2．布尔运算

布尔运算包括非（not）、与（and）和或（or），优先级从高到低。

（1）非运算（not x）：如果 x 为 False 则为 True，否则为 False。

（2）与运算（x and y）：如果 x 为 False 则不考虑 y，结果为 False；如果 x 为 True，则结果取决于 y 值的真假。

（3）或运算（x or y）：如果 x 为 False，则结果取决于 y 值的真假；如果 x 为 True，则结果为 True，不考虑 y。

3．比较运算

Python 中比较运算符如下，它们有相同的优先级，并且比布尔运算的优先级高。

<：小于

<=：小于或等于

>：大于

>=：大于或等于

==：等于

!=：不等于

is：是对象

is not：不是对象

说明：

（1）数值类型按数值比大小，半角字符串从前到后逐个对应字符 ASCII 码比大小，其他字符（例如汉字）按照其编码比大小。

（2）操作数之间必须可比较大小，不能把一个字符串和一个数字进行大小比较。

例如：

```
>>> 1<3<5                      # 等价于 1<3 and 3<5
True
>>> 1>6<math.sqrt(9)           # False   惰性求值或者逻辑短路
>>> 'Hello'>'world'            # False   比较字符串的大小
```

4．比较+布尔运算

运算符 and 和 or 并不一定会返回 True 或 False，而是得到最后一个被计算的表达式的值，但是运算符 not 一定会返回 True 或 False。

例如：
```
>>> e1 = 5
>>> e2 = 20
>>> be = bool(e1)
>>> be                    # True
>>> e1>e2 and e2>e1       # False
>>> e1>e2 and e2          # False
>>> e2>e1 and e1          # 5
>>> e1>e2 or e2>e1        # True
>>> e2>e1 or e1           # True
>>> e1>e2 or e2           # 20
>>> not e1>e2             # True
>>> not e1                # False
>>> not 0                 # True
```
例如：
```
>>> True + 1              # True 系统认为是 1
2
>>> False * 2             # False 系统认为是 0
0
```
例如，判断某年是否为闰年。

条件：能被 4 整除，但不能被 100 整除，或者能被 400 整除。

说明：x 能被 y 整除，则余数为 0，即 x%y==0

判断闰年的条件表达式如下：

y%4==0 and y%100!=0 or y%400==0 或 not(y%4 and y%100) or not y%400

```
>>> y = 2018
>>> y%4==0 and y%100!=0 or y%400==0
False
>>> y = 2000
>>> y%4==0 and y%100!=0 or y%400==0
True
```

2.2.2　判断运算符

1．成员判断运算符 in

in 判断元素是否包含在对象中，如果元素在对象中，则返回 True；否则返回 False。

例如：
```
>>> 2 in range(1, 10)
True
>>> 'abc' in 'abBcdef'
False
```

2．同值判断运算符 is

is 判断两个对象是否为同一个对象，如果是同一个对象，则返回 True；否则返回 False。

例如：
```
>>> x = 10; y = 10
>>> x is y
True
>>> r = range(1, 10)
>>> r[0] is r[1]
False
```

```
>>> r1 = r                    #r1 并没有副本，而仅仅指向存放数据的同一个位置
>>> r is r1
True
>>> r2 = range(1, 10)
>>> r1 is r2
False
```

2.3　字符串类型和表达式

在 Python 中，字符串使用单引号、双引号、三单引号或三双引号作为定界符，并且不同的定界符之间可以互相嵌套。

例如：

```
"Let's go! "
'He is a student. '
"'python' 是一门语言！"
"""one line
        two line
        three line """
"'Tom said, "Let's go." "
```

2.3.1　字符编码及其 Python 支持

文字信息是由一系列字符组成的，常用的字符包括西文字符和中文字符。此外，世界上还有许多其他文字和符号。为了在计算机中表达这些字符，需要对字符进行二进制编码。根据不同的用途有不同的编码方案。

1. ASCII 码

ASCII 码即美国标准信息交换码，是目前全世界应用最广泛的西文字符集编码。在标准 ASCII 码表中，20H～7EH 部分属于可打印字符，共 95 个。这些字符编码由小到大的顺序为标点符号、数字（0～9）、大写字母（A～Z）和小写字母（a～z）。

在计算机内部，以 8 位二进制位（1 字节）存放一个字符，ASCII 码仅需要 7 位，每字节空出的最高位为 0。

2. GB2312—80 编码

1981 年，我国颁布信息交换汉字编码的第一个国家标准，称为 GB2312—80。其字符集由全角字符、一级常用汉字和二级常用汉字组成。

先编码字母、数字和各种符号，包括拉丁字母、俄文、日文平假名与片假名、希腊字母、汉语拼音等（这些称为全角字符），共 682 个。然后编码一级常用汉字，共 3755 个，按汉语拼音排列。最后编码二级常用汉字，共 3008 个，按偏旁部首排列。

为了与西文字符在计算机中共存，汉字的内码不能与 ASCII 码冲突，因为 ASCII 码用 1 字节表示，最高位为 0；汉字内码用 2 字节表示，每字节的最高位为 1。其中非汉字的符号是全角符号，而 ASCII 编码符号是半角符号。

3. GBK 编码

GB2312—80 编码汉字太少，缺少繁体字，无法满足人名、地名、古籍整理、古典文献研究等应用的需要。于是在 1995 年推出了"汉字内码扩充规范"，称为 GBK，它在 GB2312—80 的基础上增加了大量的汉字（包括繁体字）和符号，共 21003 个汉字和 883 个图形符号。GB2312—80 中的字符仍然采用原来的编码（双字节，每字节最高位为 1），对新增加的符号和汉字进行另外编码（双字节，第 1 字节最高位为 1，第 2 字节最高位为 0）。

4. Unicode 编码

为了实现全球数以千计的不同语言文字的统一编码，ISO 将全球所有文字字母和符号集中在一个字符集中进行统一编码（目前共收集了 17×65536=1114112 个），称为 UCS/Unicode，而 UTF 编码规定了 Unicode 字符的传输和存储，它包含 4 种编码方案，UTF—8 编码被广泛使用，一个字符占用 1～4 字节。

5. GB18030 编码

除了简体字、繁体字，由于我国是多民族国家，需要包含每个民族使用的字符，因此就需要一种新的编码方式来满足这种需求。

虽然 Unicode 中 UTF—8 的 CJK 汉字字符集覆盖了我国已使用多年的 GB2312—80 和 GBK 标准中的汉字，但它们的编码并不相同。为了既能与 UCS/Unicode 编码标准接轨，又能保护我国已有的大量汉字信息资源，我国在 2000 年和 2005 年两次发布了 GB18030 汉字编码国家标准。

GB18030 实质上是 UCS/Unicode 字符集的另一种编码方案。

Python 3.x 完全支持中文字符，默认使用 UTF—8 编码格式，无论是数字、英文、字母还是汉字，都按一个字符对待和处理。甚至可以使用中文作为变量名、函数名等标识符。

string 模块包含丰富的字符串处理方法，内置函数实现了其中的大部分方法。目前字符串内建支持的方法都包含了对 Unicode 的支持，有一些甚至是专门用于 Unicode 的。

例如：

```
>>> import sys
>>> sys.getdefaultencoding()          # 'UTF—8'
>>> str1 = 'He is a student. '
>>> 字符串 1 = "'python' 是一门语言！"
>>> len(str1)                          # 17
>>> len(字符串 1)                       # 15
>>> str2 = """one line
    two line
    three line """                     # 'one line\n       two line\n       three line '
>>> len(str2)                          # 43
>>> str3 = '\u662f\u6216\u4e0d string'
                                       # 用编码表示的汉字
>>> str3                               #' 一是或不  string'
```

2.3.2 转义字符

Python 本身用到了一些字符表达特殊意义，但用户有时又需要使用这些字符，常用以下两种方法解决这个问题。

1. 采用转义字符

转义字符是指在字符串中某些特定的符号前加一个斜线，该字符将被解释为另外一种含义，不再表示本来的含义。Python 转义字符见表 2.7。

表 2.7　Python 转义字符

转 义 字 符	说　　明
\newline	反斜线且忽略换行
\\	反斜线（\）
\'	单引号（'）
\\"	双引号（"）
\a	ASCII Bell（BEL）

续表

转 义 字 符	说　明
\b	ASCII 退格（BS）
\f	ASCII 换页符（FF）
\n	ASCII 换行符（LF）
\r	ASCII 回车符（CR）
\t	ASCII 水平制表符（TAB）
\v	ASCII 垂直制表符（VT）
\ooo	八进制值为 ooo 的字符
\xhh	十六进制值为 hh 的字符
\N{name}	Unicode 数据库中以 name 命名的字符

说明：

（1）\ooo 至多 3 位，在字节文本（即二进制文件）中，表示字节数值；在字符串文本中，表示 Unicode 字符。

（2）\xhh 只能有 2 位，在字节文本（即二进制文件）中，表示字节数值；在字符串文本中，表示 Unicode 字符。

例如：

```
>>> print('\123')            #ASCII 码 83 对应的大写字母 S
>>> print('\x0d')            #ASCII 码 13 对应的回车符
>>> print('\n')              #ASCII 码换行符
>>> print("\N{SOLIDUS}")     # 斜杠符 /
>>> print(' Hello World, \n 大家\u65e9\u6668\u597d\uff01')
 Hello World,
 大家早晨好！
```

例如：

```
>>> print('\u0020')          # Unicode 字符：空格
>>> print('\U0000597d')      # 好
```

其中：

引号前小写的"u"表示一个 Unicode 字符串。如加入一个特殊字符，可以使用 Python 的 Unicode-Escape 编码（即字符的 Unicode 编码格式）。

\uxxxx：4 个十六进制字符值 xxxx。

\Uxxxxxxxx：8 个十六进制字符值 xxxxxxxx，任何 Unicode 字符都可以采用这样的编码方式。

2．采用原始字符串

为了避免对字符串中的转义字符进行转义，可以在字符串前面加上字母 r 或 R 表示原始字符串，其中的所有字符都表示原始的含义而不会进行任何转义，常用在文件路径、URL 和正则表达式等场合。

```
>>> myfile1 = 'e:\mypython\net\data\byteFile.bin'
>>> myfile2 = r'e:\mypython\net\data\byteFile.bin'
>>> print(myfile1)
e:\mypython
et\datayteFile.bin
>>> print(myfile2)
e:\mypython\net\data\byteFile.bin
```

2.3.3　字符串常量

Python 标准库 string 库提供了英文字母大小写、数字字符、标点符号等字符串常量，可以直接使用。string 库中的字符串常量见表 2.8。

表 2.8　字符串常量

常 量 名	说　　明
string.digits	表示数字 0～9 的字符串
string.ascii_letters	表示所有字母（大写或小写）的字符串
string.ascii_lowercase	表示所有小写字母的字符串
string.ascii_uppercase	表示所有大写字母的字符串
string.printable	表示所用可打印字符的字符串
string.punctuation	表示所有标点的字符串
string.hexdigits	表示数字 0～9、a～f（A～F）的十六进制数字字符串
string.octdigits	表示数字 0～7 的八进制数字字符串
string.whitespace	表示全部空白的 ASCII 字符串'\t\n\r\x0b\x0c'

字母字符串常量具体值取决于 Python 所配置的字符集，如果可以确定自己使用的是 ASCII，那么可以在变量中使用 ascii_前缀，例如 string. ascii_letters。

例如：

```
>>> import string
>>> x = string.digits + string.ascii_letters + string.punctuation
>>> x
```

运行结果：

```
'0123456789abcdefghijklmnopqrstuvwxyzABCDEFGHIJKLMNOPQRSTUVWXYZ!"#$%&\'()*+,-./:;<=>?@[\\]^_`{|}~'
```

2.3.4　字节串

Python 除了支持 Unicode 编码的字符串类型，还支持字节串类型。在定界符前加上字母 b 表示该字符串为一个字节串。

对字符串调用 encode()方法进行编码可得到其字节串，对字节串调用 decode()方法并指定正确的编码格式则得到原来的字符串。

例如：

```
>>> str1 = '学习 python'
>>> type(str1)              # <class 'str'>
>>> byte1 = str1.encode('utf-8')
>>> type(byte1)             # <class 'bytes'>
>>> byte1                   # b'\xe5\xad\xa6\xe4\xb9\xa0python'
>>> byte2 = str1.encode('gbk')
>>> byte2                   # b'\xd1\xa7\xcf\xb0python'
>>> str2 = byte2.decode('gbk')
>>> str2                    # '学习 python'
```

2.3.5　内置字符串函数

Python 语言提供了一些字符串处理函数，见表 2.9。

表 2.9   字符串处理函数

函　　数	描　　述
len(s)	返回字符串 s 的长度，或者返回其他组合数据类型的元素个数
str(x)	返回任意类型 x 所对应的字符串形式
chr(n)	返回 Unicode 编码 n 对应的单字符
ord(c)	返回单字符 c 表示的 Unicode 编码
hex(n)	返回整数 n 对应十六进制数的小写形式字符串
oct(n)	返回整数 n 对应八进制数的小写形式字符串

说明：

1．字符串处理

例如：

```
>>> len("Python 是最简洁的编程语言！")
16
>>> str(-1034.36)
'-1034.36'
>>> str(0x4A)
'74'
```

2．字符处理

字符串是由字符组成的序列。字符是经过编码后表示信息的基本单位，Python 使用 Unicode 编码表示字符。

chr(x)和 ord(x)函数用于在单字符和对应的 Unicode 编码之间进行转换。chr(x)函数返回 Unicode 编码对应的字符，ord(x)函数返回单字符 x 对应的 Unicode 编码。

例如：

```
>>> print(ord("A"), ord("汉"))          # 65 27721
>>> chr(27721)                          # '汉'
>>> print(chr(65), chr(27721))          # A 汉
>>> hex(65); oct(27721)
'0x41'
'0o66111'
```

2.3.6   字符串运算符

字符串运算符如下。

（1）+：字符串连接。

（2）*：字符串重复。

（3）in/not in：in 判断一个字符串是否为另一个字符串的子串（成员），not in 则相反。

例如：

```
>>> a = "String";   b = "test!"
>>> a+' '+b                             # 'String test!'
>>> a*2                                 # 'StringString'
>>> 'test' in b                         # True
>>> int('1'*10, 2)                      # 1023
>>> "Abc" > "abc"
False                                   # 因为 ASCII 码 A<a
```

其中：

'1'*10='1111111111'，该字符串对应二进制数的十进制值是 1023。

此外，在标准库 operator 中也提供了大量运算符，可以用函数方式实现运算功能。

例如，operator.add 除了可以进行算术运算，如果参与运算的是字符串，还可以实现字符串连接功能：

```
>>> import operator
>>> operator.add('a', 'bc')              # 'abc'
```

2.3.7　字符串操作方法

字符串中字符位置如图 2.1 所示。

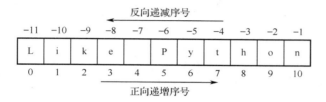

图 2.1　字符串中字符位置

1．字符串获取

创建字符串只要使用引号（单引号或者双引号）为变量分配一个字符串即可。Python 不支持单字符类型，单字符也作为一个字符串使用。

例如：

```
>>> str1 = 'first python!'
>>> str2 = "第二 python!"
>>> print(str1[0], str2[1:4])           # f 二 p
str1[:]                                 # 截取字符串的全部字符
```

说明：

s[0]：截取 s 字符串中第 1 个字符。

s [−1]：截取倒数第 1 个字符。

s[1:4]：截取 s 字符串中第 2～4 个字符。

s[6:]：截取 s 字符串第 7 个字符到结尾。

s[:−3]：截取 s 字符串从头开始到倒数第 3 个字符之前的字符。

s[::−1]：与 s 字符串顺序相反的字符串。

s[−3:−1]：截取 s 字符串倒数第 3 位与倒数第 1 位之前的字符。

s[−3:]：截取 s 字符串倒数第 3 位到结尾的字符。

2．字符串查找

（1）字符串.find(子字符串[, 开始位置[, 结束位置]])：查找一个字符串在另一个字符串指定范围（默认是整个字符串）中首次出现的位置，如果不存在则返回−1。

（2）字符串.rfind(子字符串[, 开始位置[, 结束位置]])：查找一个字符串在另一个字符串指定范围（默认是整个字符串）中最后一次出现的位置，如果不存在则返回−1。

（3）index()和 rindex()方法的功能和参数与 find()和 rfind()方法相同，但如果不存在则抛出异常。

（4）count()方法用来返回一个字符串在另一个字符串中出现的次数，如果不存在则返回 0。

例如：

```
>>> str1 = "python is a language , python is a strings!"
>>> str1.find('python')                 # 0
>>> str1.rindex('python')               # 23
>>> str1.find('python',10)              # 23
```

```
>>> str1.find('python',10,20)                    # -1
>>> str1.index('python',10,20)
Traceback (most recent call last):
    File "<pyshell#154>", line 1, in <module>
        str1.index('python',10,20)
ValueError: substring not found
>>> str2 = 'python'
>>> str1.count(str2)                             # 2
```

3．字符串添加

字符串.join(列表)：用来将多个字符串进行连接，并在相邻两个字符串之间插入指定字符，返回新字符串。

4．字符串分隔

（1）字符串.split(分隔符[sep=None, maxsplit=-1])：以指定的分隔符将字符串从左端开始分隔成多个字符串，并返回包含分隔结果的列表。它是 join()方法的逆方法。

例如：

```
>>> pdir1 = 'C:','Program Files','Python','Python3.10'
>>> pdir2 = '/'.join(pdir1)
>>> pdir1
('C:', 'Program Files', 'Python', 'Python3.10')
>>> pdir2
'C:/Program Files/Python/Python3.10'
>>> pdir2.split('/')
['C:', 'Program Files', 'Python', 'Python3.10']
```

说明：在 Python 中，同时给一个变量（如上面代码中的 pdir1）赋值多个字符串称为元组。

字符串.rsplit(分隔符[sep=None, maxsplit=-1])：以指定的分隔符将字符串从右端开始分隔成多个字符串，并返回包含分隔结果的列表。

（2）对于 split()和 rsplit()方法，如果未指定分隔符，则字符串中的任何空白符号（包括空格、换行符、制表符等）的连续出现都会被认为是分隔符，返回包含最终分隔结果的列表。

另外，split()和 rsplit()方法允许采用 maxsplit 参数指定最大分隔次数。

例如：

```
>>> str1 = 'Hello \n\nMr.Zhang, 喂  张先生'
>>> str1.split()
['Hello', 'Mr.Zhang,', '喂', '张先生']
>>> str1.split(maxsplit=2)
['Hello', 'Mr.Zhang,', '喂  张先生']
```

（3）字符串.partition(分隔符)、字符串.rpartition(分隔符)方法以指定的分隔符将原字符串分隔为 3 部分，即分隔符之前的字符串、分隔符字符串和分隔符之后的字符串。如果指定的分隔符不在原字符串中，则返回原字符串和两个空字符串。如果字符串中有多个分隔符，那么 partition()把从左往右遇到的第一个分隔符作为分隔符，rpartition()则把从右往左遇到的第一个分隔符作为分隔符。

例如：

```
>>> str1 = "one,two,three,four,five,six"
>>> str1.partition(',')                          # 从左侧使用逗号进行切分
('one', ',', 'two,three,four,five,six')
>>> str1.rpartition(',')                          # 从右侧使用逗号进行切分
('one,two,three,four,five', ',', 'six')
>>> str1.rpartition('three')                      # 使用字符串'three'作为分隔符
('one,two,', 'three', ',four,five,six')
```

5. 大小写转换

字符串.lower()：将字符串转换为小写。

字符串.upper()：将字符串转换为大写。

字符串.capitalize()：将字符串首字母变为大写。

字符串.title ()：将每个单词的首字母变为大写。

字符串.swapcase ()：大小写互换。

strip()、lstrip()和rstrip()：删除字符串两端的空白字符、左边的空白字符、末尾的空白字符。

islower()、isupper()、isalpha()、isalnum()、isspace()、istitle()：判断字符串是否以纯小写字母、纯大写字母、字母（汉字）、字母和数字、空格和每个单词首字母大写组成。

例如：

```
>>> s1 = "What time is it?"
>>> print(s1.lower(),'\n',s1.title(),'\n',s1.swapcase())
what time is it?
 What Time Is It?
 wHAT TIME IS IT?
```

6. 替换、生成

（1）字符串.replace(匹配项, 替换项[, 个数])：返回字符串的所有匹配项均被替换之后得到的新字符串。

例如：

```
>>> str1 = "13851861863"
>>> str1.replace('18', '要发')        # '1385 要发 6 要发 63'
>>> str1                              # '13851861863'
```

（2）空串.maketrans(原字符, 新字符)：生成字符映射表。字符串.translate(映射表)：根据映射表中定义的对应关系转换字符串并替换其中的字符。使用这两个方法的组合可以同时处理多个不同的字符。

例如：创建映射表，将字符串中的字符"123456"一一对应地转换为"ABCDEF"。

```
>>> myt = ''.maketrans('123456', 'ABCDEF')
>>> mys = '1-p,2-y,3-t,4-h,5-o,6-n'
>>> mys.translate(myt)
'A-p,B-y,C-t,D-h,E-o,F-n'
```

7. 删除空白或指定字符

字符串.strip([字符])、字符串.rstrip([字符])、字符串.lstrip([字符])：删除两端、右端或左端连续的空白字符或指定字符。

例如：

```
>>> str1 = "  ==python strings==  "
>>> str1 = str1.strip()              # '==python strings=='
>>> str1 = str1.lstrip('=')          # 'python strings=='
>>> str1 = str1.rstrip('=')          # 'python strings'
>>> str1 = str1.strip('ngs')         # 'python stri'
```

注意，指定的字符串并不作为一个整体对待，而是在原字符串的两端、右端、左端删除参数字符串中包含的所有字符，一层一层地从外往内进行。

8. 起止字符串判断

字符串.startswith([字符串, 起始, 结束])、字符串.endswith([字符串, 起始, 结束])：分别用来判断字符串是否以指定字符串开始或结束，可以接收两个整数参数来限定字符串的检测范围。

例如：

```
>>> s1 = '*1234abcd#'
>>> s1.startswith('*1')              # True
>>> s1.startswith('*1',2)            # False
```

另外，这两个方法还可以接收一个字符串元组作为参数来表示前缀或后缀。

9．字符串内容判断

字符串.isalnum()、字符串.isalpha()、字符串.isdigit()、字符串.isdecimal()、字符串.isnumeric()、字符串.isspace()、字符串.isupper()以及字符串.islower()：分别用来判断字符串是否全为字母或数字、是否全为字母、是否全为数字、是否全为十进制数字、是否全为数字字符、是否全为空白字符、是否全为大写字母以及是否全为小写字母。

例如：

```
>>> s1 = '1234abcd'
>>> s1.isalnum()          # True
>>> s1.isalpha()          # False
>>> s2 = '888 三四 10XII'
>>> s2.isnumeric()        # True
```

说明：isnumeric()方法不仅支持一般的阿拉伯数字，还支持汉字数字（一～十）和罗马数字（Ⅰ～Ⅻ）。

10．字符串排版

字符串.center(宽度[, 填充字符])、字符串.ljust(宽度[, 填充字符])、字符串.rjust(宽度[,填充字符])：返回指定宽度的新字符串，原字符串居中、左对齐或右对齐出现在新字符串中，如果指定的宽度大于字符串长度，则使用指定的字符（默认是空格）进行填充。

字符串.zfill(宽度)：返回指定宽度的字符串，在左侧以字符0进行填充。

例如：

```
>>> str1 = 'Python Strings 排版编辑'
>>> str1.center(30)
'       Python Strings  排版编辑        '
>>> str1.rjust(30, '-')
'-----------Python Strings  排版编辑'
>>> str1.zfill(30)
'00000000000Python Strings  排版编辑'
```

11．字符串切片

切片操作也适用于字符串，但仅限于读取其中的元素，不支持字符串修改。

例如：

```
>>> str1 = 'Python Strings 排版编辑'
>>> str1[:8]      # 'Python S'
>>> str1[:6]      # 'Python'
>>> str1[8:16]    # 'trings  排'
```

2.3.8　正则表达式

1．元字符

正则表达式是处理字符串的有力工具，它使用预定义的模式去匹配一类具有共同特征的字符串，可以快速、准确地完成复杂的查找、替换等工作，比字符串自身提供的方法功能更强大。

正则表达式由元字符及其不同组合构成，通过构造正则表达式可以匹配任意字符串，完成各种复杂的字符串处理任务。常用的正则表达式元字符见表2.10。

表2.10　常用的正则表达式元字符

元　字　符	功　能　说　明
.	匹配除换行符以外的任意单个字符
*	匹配位于*之前的字符或子模式的0次或多次出现

元 字 符	功 能 说 明
+	匹配位于+之前的字符或子模式的 1 次或多次出现
−	在[]之内用来表示范围
|	匹配位于|之前或之后的字符
^	匹配行首，匹配以^后面的字符开头的字符串
$	匹配行尾，匹配以$之前的字符结束的字符串
?	匹配位于?之前的 0 或 1 个字符。当此字符紧随任何其他限定符（*、+、?、{n}、{n,}、{n,m}）之后时，它匹配搜索到的尽可能短的字符串，默认则匹配搜索到的尽可能长的字符串。例如，在字符串' oooo '中，'o+?'只匹配单个'o'，而'o+'匹配所有'o'
\	表示位于\之后的为转义字符
\n	n 是一个正整数，表示子模式编号 例如，'(.)\1'匹配两个连续的相同字符
\f	匹配换页符
\n	匹配换行符
\r	匹配回车符
\b	匹配单词头或单词尾
\B	与\b 含义相反
\d	匹配任何数字，相当于[0-9]
\D	与\d 含义相反，等效于[^0-9]
\s	匹配任何空白字符，包括空格、制表符、换页符，与[\f\n\r\t\v]等效
\S	与\s 含义相反
\w	匹配任何字母、数字以及下画线，相当于[a-zA-Z0-9_]
\W	与\w 含义相反，与'[^A-Za-z0-9_]'等效
()	将位于()内的内容作为一个整体来对待
{m,n}	{}前的字符或子模式重复至少 m 次、至多 n 次
[]	表示范围，匹配位于[]中的任意一个字符
[^xyz]	反向字符集，匹配除 x、y、z 之外的任何字符
[a-z]	字符范围，匹配指定范围内的任何字符
[^a-z]	反向范围字符，匹配除小写英文字母之外的任何字符

说明：如果以\开头的元字符与转义字符相同，则需要使用\\，或者使用 r/R 打头的原始字符串。

> 👀 **注意：**
> 正则表达式只是进行形式上的检查，并不保证内容一定正确。

2. re

Python 标准库 re 提供了正则表达式操作所需的功能，既可以直接使用 re 库中的方法处理字符串，也可以把模式编译成正则表达式对象再使用。

下面介绍几个常用的正则表达式的应用。

match(字符串 [, 起始位置[, 结束位置]])：在字符串开头或指定位置进行搜索，模式必须出现在字符串开头或指定位置。

search(字符串 [, 起始位置[, 结束位置]])：在整个字符串或指定范围内进行搜索。

findall(字符串 [, 起始位置[, 结束位置]])：在字符串中查找所有符合正则表达式的字符串并以列表形式返回。

sub(正则表达式, repl, 目标字符串[, count=0])、subn(正则表达式, repl, 目标字符串[, count=0])：在目标字符串中以正则表达式的规则匹配字符串，再把它们替换成指定的字符串。其中，参数 repl 是用来替换的字符串。

split(正则表达式, 字符串[, maxsplit=0])：以匹配正则表达式的模式串将字符串分隔。

例如：

```
>>> import re                              # 导入 re 库
>>> str1 = 'one.two...three four'
>>> re.split('[\.]+',str1)                 # 使用匹配的模式串进行分隔
['one', 'two', 'three four']
>>> re.split('[\.]+',str1,maxsplit=1)      # 最多分隔 1 次
['one', 'two...three four']
>>> paz = '[a-zA-Z]+'
>>> re.findall(paz,str1)                    # 查找所有单词
['one', 'two', 'three', 'four']
>>> str2 = 'My name is {name}.'
>>> re.sub('{name}','Join',str2)
'My name is Join.'
>>> str3 = '1 一 壹'
>>> re.sub('1|一|壹','one',str3)            # 返回替换后的字符串
'one one one'
>>> str4 = 'Word 排版软件可以拷贝字符串，拷贝方法：先选择拷贝的字符串，然后...'
>>> re.subn('拷贝','复制',str4)             # 返回替换后的字符串和替换次数
('Word 排版软件可以复制字符串，复制方法：先选择复制的字符串，然后...', 3)
>>> print(re.search('Copy|复制',str4))      # 没有匹配
None
>>> print(re.search('拷贝|复制',str4))
<re.Match object; span=(10, 12), match='拷贝'>  # 匹配'拷贝'
```

删除字符串中多余的空格（连续多个空格只保留一个）可以采用多种方法，如下：

```
>>> import re
>>> str5 = 'one two   three    four      five        '
>>> ' '.join(str5.split())                  # 使用字符串对象的分隔方法
'one two three four five'
>>> ' '.join(re.split('\s+', str5.strip()))  # 使用 re 库的字符串分隔方法
'one two three four five'
>>> re.sub('\s+', ' ', str5.strip())        # 使用 re 库的字符串替换方法
'one two three four five'
```

其中，strip()方法删除字符串两侧的所有空白字符。

同样，也可以通过多种方法删除字符串中指定的内容，如下：

```
>>> str6 = 'What time is it now?'
>>> post = re.search("now", str6)
>>> post
<re.Match object; span=(16, 19), match='now'>
>>> str6[:post.start()] + str6[post.end():]  # 使用字符串切片
'What time is it ?'
>>> re.sub('now', '', str6)                  # 使用 re 库的字符串替换方法
'What time is it ?'
```

```
>>> str6.replace('now', ")                    # 使用字符串对象的替换方法
'What time is it ?'
```

下面的代码使用以\开头的元字符来实现字符串的特定搜索：

```
>>> import re
>>> str7 = "What time is it now? It's six p.m. now."
>>> re.findall('\\bi.+?\\b', str7)            # 以字母 i 开头的完整单词
['is', 'it']
>>> re.findall('\\bi.+\\b', str7)             # 以字母 i 开头的字符串
["is it now? It's six p.m. now"]
>>> re.findall(r'\b\w.+?\b', str7)            # 查找所有单词
['What', 'time', 'is', 'it', 'now', 'It', 's ', 'six', 'p.', 'm. ', 'now']
>>> str8 = 'IP 地址: 192.168.1.102, 网关: 192.168.1.1'
>>> re.findall('\d+\.\d+\.\d+\.\d+', str8)    # 查找并返回 x.x.x.x 形式的数字
['192.168.1.102', '192.168.1.1']
```

【综合实例】：字符串加解密和子串匹配

【例 2.1】　使用 maketrans() 和 translate() 方法对字符串进行加密，把每个英文字母后移 2 个位置。把每个英文字母前移 2 个位置，就可解密。

►【例 2.1】

代码如下（strTrans.py）：

```
import string
lower = string.ascii_lowercase              # 所有小写字母
upper = string.ascii_uppercase              # 所有大写字母
str1 = string.ascii_letters
j=2
str2 = lower[j: ] + lower[ :j] + upper[j: ] + upper[ :j]
mytable = ' '.maketrans(str1, str2)         # 创建映射表
mys1 = 'python is a language!'
mys2=mys1.translate(mytable)                # 加密
print(mys2)
j=-2
str2 = lower[j: ] + lower[ :j] + upper[j: ] + upper[ :j]
mytable = ' '.maketrans(str1, str2)         # 创建映射表
mys12=mys2.translate(mytable)              # 解密
print(mys12)
```

运行结果如图 2.2 所示。

```
ravjqp ku c ncpiwcig!
python is a language!
```

图 2.2　字符串加密和解密

【例 2.2】　从公司联系方式字符串中得到固定电话号码。

►【例 2.2】

代码如下（findTel1.py）：

```
import re
info = '''本公司的联系方式:
        固定电话: 025-8541239x,
        移动电话: 1385151613x,
        QQ:95845696x
泰州分公司: 0523-661231x.'''           # 多行字符串
```

```
print(info)
pattern = re.compile(r'(\d{3,4})-(\d{7,8})')          # 匹配正则表达式
index = 0
result = pattern.search(info,index)                    # 从指定位置开始匹配
if result:
    print('匹配内容:',result.group(0), \
        '在', result.start(0), '和',result.end (0),'之间:',result.span(0))
    print('匹配内容:',result.group(1), \
        '在', result.start(1), '和',result.end (1),'之间:',result.span(1))
    print('匹配内容:',result.group(2), \
        '在', result.start(2), '和',result.end (2),'之间:',result.span(2))
```

运行结果如图 2.3 所示。

```
本公司的联系方式：
      固定电话：025-8541239x,
      移动电话：1385151613x,
      QQ:95845696x
      泰州分公司：0523-661231x.
匹配内容: 025-8541239x 在 23 和 35 之间: (23, 35)
匹配内容: 025 在 23 和 26 之间: (23, 26)
匹配内容: 8541239x 在 27 和 35 之间: (27, 35)
```

图 2.3　匹配结果

说明：

（1）'(\d{3,4})-(\d{7,8})'：3 个或者 4 个数字+ "−" +7 个或者 8 个数字。

（2）pattern.search(info,index)：在 info 字符串中从 index（=0）位置开始匹配 pattern 中的正则表达式。

（3）一个正则表达式中可以有多个括号表达式，这就意味着匹配结果中可能有多个 group，可以用 group(i)函数来定位到第 i 个括号匹配内容。start(i)表示 group(i)匹配的开始位置，end(i)表示 group(i)匹配的结束位置。group(0)表示匹配 (\d{3,4})-(\d{7,8})的整体结果，group(1)为匹配(\d{3,4})的结果，group(2)为匹配(\d{7,8})的结果。

但是，上述程序仅仅找到一个匹配(\d{3,4})-(\d{7,8})的整体结果，其他（如泰州分公司：0523-6612315）没有匹配。

修改代码如下（findTel2.py）：

```
import re
info = '''本公司的联系方式：
      固定电话：025-8541239x,
      移动电话：1385151613x,
      QQ:95845696x
      泰州分公司：0523-661231x.'''                     # 多行字符串
print(info)
pattern = re.compile(r'(\d{3,4})-(\d{7,8})')          # 匹配正则表达式
index = 0
while True:
    result = pattern.search(info,index)                # 从指定位置开始匹配
    if not result:
        break
    print('在',result.span(0),'匹配内容:',result.group(0))
    index = result.end(2)                              # 指定下次匹配的起始位置
```

运行结果如图 2.4 所示。

```
本公司的联系方式：
      固定电话：025-8541239x,
      移动电话：1385151613x,
      QQ：95845696x
               泰州分公司：0523-661231x.
在 (28, 40) 匹配内容：025-8541239x
在 (110, 122) 匹配内容：0523-661231x
```

图 2.4 运行结果

说明：while True:表示一直（条件为 True）循环，break 表示退出循环。

【实训】

（1）输入字符串，先倒过来排列，然后交换奇偶位置字符。

（2）按照下列要求修改【例 2.2】程序，调试运行。

① 采用正则表达式从公司联系方式字符串中获得移动电话号码。

② 不采用正则表达式从公司联系方式字符串中获得固定电话号码。

2.4 日期和时间类型

日期和时间类型并不是 Python 内置的数据类型，需要通过日期和时间的标准库 datetime 进行处理，它提供了一些日期和时间的处理方法。另外，Python 还提供了一个专门处理时间的标准库 time，它与 datetime 的主要功能基本相同，但使用方法和输出显示不同，能提供系统级精确计时功能，也可让程序暂停运行指定的时间等。

2.4.1 日期和时间库

日期和时间库 datetime 以格林尼治时间为基础，每天由 3600×24 秒精准定义。该库包括两个常量：datetime.MINYEAR 与 datetime.MAXYEAR，分别表示 datetime 所能表示的最小、最大年份，分别为 1 与 9999。

datetime 库提供了多种日期和时间表示类，具体如下。

datetime.date：日期表示类，可以表示年、月、日等。

datetime.time：时间表示类，可以表示小时、分钟、秒、毫秒等。

datetime.datetime：日期和时间表示类，功能覆盖 date 和 time 类。

datetime.timedelta：与时间间隔有关的类。

datetime.tzinfo：与时区有关的信息表示类。

datetime.datetime 类表达形式最为丰富，简称 datetime 类。datetime 类的使用方式是先创建一个 datetime 对象，然后通过它的方法和属性进行操作。

1．创建 datetime 对象

创建 datetime 对象有以下 3 种方法。

（1）datetime.now()：返回一个 datetime 类型，表示当前的日期和时间，精确到微秒。

（2）datetime.utcnow()：返回一个 datetime 类型，是当前日期和时间的 UTC 表示，精确到微秒。

例如：

```
>>> from datetime import datetime
>>> today1 = datetime.now()
>>> today1
datetime.datetime(2022, 2, 19, 16, 34, 24, 288371)
>>> today2 = datetime.utcnow()
>>> today2
```

datetime.datetime(2022, 2, 19, 8, 44, 40, 745973)

（3）使用 datetime()构造一个日期和时间对象：

datetime(年, 月, 日 [, 时, 分, 秒, 微秒])

参数说明：

年：在 datetime 对象能够表示的范围内。

月：1～12。

日：1～各月份所对应的日期上限。

时：0～23。

分：0～59。

秒：0～59。

微秒：0～1000000。

其中，时、分、秒、微秒参数可以全部或按从前到后的顺序部分省略。

2．datetime 类常用属性

创建 datetime 对象后，就可以利用它的属性获取各项日期和时间信息。常用属性包含 year、month、day、hour、minute、second、microsecond，对应年、月、日、时、分、秒、微秒。datetime 对象能够表示的最小和最大日期和时间可以通过 min 和 max 属性获得。

例如：

```
>>> mydatetime = datetime(2022, 2, 19, 8, 44, 40, 745973)
>>> mydatetime
datetime.datetime(2022, 2, 19, 8, 44, 40, 745973)
>>> mydatetime.year
2022
>>> mydatetime.month
2
>>> mydatetime.day
19
```

3．datetime 类时间格式化

datetime 对象有 3 个常用的时间格式化方法，具体如下。

（1）isoformat()：采用 ISO 8601 标准显示时间。

（2）isoweekday()：根据日期计算星期后返回 1～7，对应星期一到星期日。

例如：

```
>>> mydatetime.isoformat()
'2022-02-19T08:44:40.745973'
>>> mydatetime.isoweekday()
6
```

（3）strftime(format)：根据格式化字符串 format 进行格式化显示。它是使用通用格式显示时间最有效的方法，其参数 format 由格式化控制符组成，常用的格式化控制符见表 2.11。

表 2.11　strftime()方法的格式化控制符

格式化控制符	日期/时间	值　范　围
%Y	年份	0001～9999
%m	月份	01～12
%B	月名	January～December
%b	月名缩写	Jan～Dec
%d	日期	01～31

格式化控制符	日期/时间	值 范 围
%A	星期	Monday～Sunday
%a	星期缩写	Mon～Sun
%H	小时（24h 制）	00～23
%M	分钟	00～59
%S	秒	00～59
%x	日期	月/日/年
%X	时间	时:分:秒

例如：

```
>>> from datetime import datetime
>>> dt = datetime.now()
>>> dt.strftime("%Y-%m-%d")
'2022-02-19'
>>> dt.strftime("%A, %d, %B %Y %I:%M%p")
'Saturday, 19, February 2022 05:36PM'
>>> print("今天是{0:%Y}年{0:%m}月{0:%d}日".format(dt))
今天是 2022 年 02 月 19 日
```

datetime 库主要用于对时间的表示，从格式化角度掌握 strftime()函数就能够处理很多问题。建议读者在遇到需要处理时间的问题时采用 datetime 库。

2.4.2　时间库

时间库 time 的功能主要包括：时间处理、时间格式化和计时。

时间处理主要包括 4 个函数：time.time()、time.gmtime()、time.localtime()、time.ctime()。

时间格式化主要包括 3 个函数：time.mktime()、time.strftime()、time.strptime()。

计时主要包括 3 个函数：time.sleep()、time.monotonic()、time.perf_counter()。

例如：

```
>>> import time
>>> time.time()                    # 获得当前时间戳
1645427291.623457
>>> time.gmtime()                  # 获得当前标准时间戳对应的 struct_time
time.struct_time(tm_year=2022, tm_mon=2, tm_mday=21, tm_hour=7, tm_min=14, tm_sec=21, tm_wday=0,
tm_yday=52, tm_isdst=0)            # （1）
>>> time.ctime()                   # 获得当前标准时间对应的字符串
'Mon Feb 21 15:30:45 2022'
>>> mytime = time.localtime()      # 获得本地标准时间戳对应的 struct_time
>>> mytimeStr = time.strftime("%Y-%m-%d %H: %M: %S", mytime)
                                   # 将日期和时间格式化为字符串
>>> print(mytimeStr)
2022-02-21 15: 34: 49
>>> mytimeStr = '2019-01-06 12:15:28'   # 日期和时间字符串数据
>>> mytime = time.strptime(mytimeStr, "%Y-%m-%d %H:%M:%S")   # （2）
>>> print(mytime)
time.struct_time(tm_year=2019, tm_mon=1, tm_mday=6, tm_hour=12, tm_min=15, tm_sec=28, tm_wday=6,
tm_yday=6, tm_isdst=-1)
```

说明：

（1）tm_wday、tm_yday、tm_isdst 分别表示星期几（0～6，0 表示星期一）、该年第几天（1～366）和是否为夏令时（0 表示否，1 表示是，-1 表示未知）。

（2）time.strptime()根据指定的格式把一个时间字符串解析为时间元组。

2.5 数据类型转换

在数字的算术运算表达式求值时会进行隐式的数据类型转换，如果存在复数则都变成复数，如果没有复数但是有实数就都变成实数，如果都是整数则不进行数据类型转换。

显式的数据类型转换通过转换函数进行，以要转换到的目标类型作为函数名。表 2.12 列出了常用的转换函数，其中每个函数返回一个新的对象，表示转换后的值。

表 2.12 转换函数

函　数	说　明
int(x[, base])	将 x 转换为一个整数，base 为表示进制的基数
long(x[, base])	将 x 转换为一个长整数，base 为表示进制的基数
float(x)	将 x 转换为一个浮点数
str(x)	将对象 x 转换为字符串
repr(x)	将对象 x 转换为表达式字符串
eval(s)	计算在字符串 s 中的有效表达式并返回一个对象
chr(n),n<256	将整数 n 转换为一个字符
chr(n),n>256	将整数 n 转换为 Unicode 字符
ord(c)	将字符 c 转换为它的整数值（Unicode 码）
hex(n)	把整数转换为十六进制字符串
oct(n)	把整数转换为八进制字符串
bin(n)	把整数转换为二进制字符串
ascii(x)	把对象 x 转换为 ASCII 码
bytes(x[, code])	把对象 x 转换为指定编码（code）的字节串
type(x), isinstance(x, type)	判断 x 是否属于 type 数据类型

2.5.1 进制和数值转换

1．进制转换

转换函数 bin(n)、oct(n)、hex(n)将整数 x 转换为二进制、八进制和十六进制形式。

例如：

```
>>> bin(193)          # '0b11000001'
>>> oct(193)          # '0o301'
>>> hex(193)          # '0xc1'
```

2．其他形式数值转换

（1）int(x[, base])：将整数、实数、分数或合法的数字字符串转换为整数，当参数为数字字符串时，还允许指定第二个参数 base，用来说明数字字符串的进制。base=0 或 2～36 的整数，其中 0 表示按隐含的进制转换。

例如：

```
>>> int(-13.26)                            # -13
>>> from fractions import Fraction, Decimal
>>> x = Fraction(2,11)
>>> int(x)                                 # 0
>>> x = Fraction(23,11)
>>> int(x)                                 # 2
>>> x = Decimal(23/11)
>>> x
Decimal('2.09090909090909082834741639089770615100860595703125')
>>> int(x)                                 # 2
>>> int('0b11000001', 2)                   # 193
>>> int('0xc1', 16)                        # 193
```

（2）float(x)：将其他类型数据转换为实数，complex()可以用来生成复数。

例如：

```
>>> float(-12)                             # -12.0
>>> float('-12.5')                         # -12.5
>>> x = complex(3)
>>> x                                      # (3+0j)
>>> x = complex(3,4)
>>> x                                      # (3+4j)
>>> float('nan')                           # nan
>>> complex('inf')                         # (inf+0j)
```

（3）eval(s)：用来计算字符串 s 的值，它也可以对字符串求值，还可以执行内置函数 compile()编译生成的代码对象。

例如：

```
>>> eval(b'3+5-12.5')                              # -4.5
>>> eval(compile('print(3+5-12.5)', 'temp.txt', 'exec'))  # -4.5
>>> eval('126')                                    # 126
>>> eval('0126')                                   # 不允许以 0 开头的数字，出错
>>> int('0126')                                    # 126
```

2.5.2　字符和码值转换

1．转换

ord(x)得到单个字符 x 的 Unicode 码，而 chr(x)得到 Unicode 码 x 对应的字符，str(x)则直接将任意类型的 x 转换为字符串。

例如：

```
>>> ord('A')                               # 65
>>> chr(65)                                # 'A'
>>> ord('汉')                              # 27721
>>> ''.join(map(chr,(27721,27722,27723)))  # '汉 渊 汋'
>>> str(-126)                              # '-126'
>>> str(-12.6)                             # '-12.6'
```

2．字符和字节

（1）ascii(x)把对象 x 转换为 ASCII 码表示形式，使用转义字符来表示特定的字符。

例如：

```
>>> ascii('A')                             # "'A'"
>>> ascii('汉字输入')                       # "'\\u6c49\\u5b57\\u8f93\\u5165'"
```

（2）bytes(x, [code])把对象 x 转换为特定编码的字节串，code 为编码名称。

例如：

```
>>> bytes()                      # b''  空串
>>> bytes(6)                     # b'\x00\x00\x00\x00\x00\x00'6 个空字符
>>> bytes('汉字输入', 'gbk')      # b'\xba\xba\xd7\xd6\xca\xe4\xc8\xeb'
>>> bytes('汉字输入', 'utf-8')

                                 # b'\xe6\xb1\x89\xe5\xad\x97\xe8\xbe\x93\xe5\x85\xa5'
>>> _.decode()                   # '汉字输入'
```

3. 判断数据类型

type(x)用来判断 x 的数据类型，返回<class '类型名'>，用于避免错误的类型导致函数崩溃或意料之外的结果。isinstance(x, type)用来判断 x 是否属于 type 数据类型，返回逻辑值。

例如：

```
>>> type(-12)                    # <class 'int'>
>>> type(-12.6)                  # <class 'float'>
>>> type('python')               # <class 'str'>
>>> isinstance(-12, int)         # 判断-12 是否属于 int 类型
True
```

【综合实例】：不同进制表达式计算

【例 2.3】　输入十进制数或者表达式，计算对应的其他进制数。

代码如下（expTrans.py）：

►【例 2.3】

```python
str1=input("输入表达式(...)x: ")
p1=str1.find("(")
p2=str1.find(")")
lens=len(str1)
if not(p2>p1 and p2+1<=lens):
    print("输入错误！")
else:
    es=str1[p1+1:p2]
    jc=str1[p2+1]
    if jc=='2':
        n=bin(int(es))
    elif jc=='8':
        n=oct(int(es))
    elif jc=='h':
        n=hex(int(es))
    elif jc=='e':
        n=eval(es)
    print(es, "对应",jc,"进制=",n)
```

运行结果如图 2.5 所示。

```
输入表达式(...)x: (16782)2              输入表达式(...)x: (2569)8
16782 对应 2 进制= 0b100000110001110    2569 对应 8 进制= 0o5011

输入表达式(...)x: (-90741)h             输入表达式(...)x: (2678+46-87)e
-90741 对应 h 进制= -0x16275            2678+46-87 对应 e 进制= 2637
```

图 2.5　运行结果

【实训】

按照下列要求修改【例 2.3】程序，并调试运行。

（1）输入表达式格式：（…）x，x=2、8、16，将 x 进制表达式转换为相应的十进制表达式。

（2）（…）中的…可以包含更普通的表达式。

第 *3* 章 程序控制结构

采用 Python 解决问题，需要采用控制结构将语句有机地组织起来从而形成程序，这个过程就是程序设计。本章介绍程序控制结构。

3.1 程序基本结构

程序的基本结构包括先输入数据，然后根据程序要完成的功能进行计算处理，最后输出结果，称为 IPO。

计算处理是程序设计的核心任务，简单的计算处理问题可以直接编写程序，而对于比较复杂的问题则需要包含下列过程：先根据应用问题的要求设计算法，再对算法进行描述，最后根据所描述的算法编写程序。

3.1.1 数据输入

input()函数可以从标准输入设备（如键盘）进行输入或读取。用户可以输入数值或字符串，并存放到相应的变量中。

变量=input([提示串])：Python 交互式命令行等待用户的输入，可以输入任意字符，然后按 Enter 键完成输入，输入的内容被存放到变量中。

1．直接输入字符串

例如：

```
>>> n = input("num=")
num=23,-4
>>> n
'23,-4'
>>> n = int(input("num="))          # 输入 num=-23
>>> n                               # -23
```

例如：

```
s = input('请输入一个三位数: ')
a, b, c = map(int, s)               # 数字字符串拆分
print(a,b,c)
```

运行结果：

```
请输入一个三位数: 586
5 8 6
```

2．同时输入多个数

例如：

```
a, b, c = input().split()           # 同一行输入 3 个字符串，用空格分隔
print(a+",b+",c)
```

运行结果：

```
one two three
one two three
```

例如：

```
a, b, c = map(int, input().split(','))     # 同一行输入 3 个字符串，用逗号分隔
print(a,b,c)
```

运行结果：

```
123,456,789
123 456 789
```

例如：

```
b, c = map(int, input("b,c=").split(','))
print(b,c)
```

运行结果：

```
b,c=16,3
16 3
```

【例3.1】 用户输入一个三位自然数，计算并输出其百位、十位和个位上的数字。

代码如下（cal3n.py）：

```
s = input('请输入一个三位数: ')
n = int(s)
n1 = n // 100
n2 = n // 10 % 10
n3 = n % 10
print(n1,n2,n3)
```

运行结果：

```
请输入一个三位数: 268
2 6 8
```

下列代码也能实现上述功能：

```
n = int(input('请输入一个三位数: '))
a, b = divmod(n, 100)          #n%100→b, a = n//100
b, c = divmod(b, 10)           #b%10→c, b = b//10
print(a,b,c)
```

3. 输入格式提示

```
>>> i = 1
>>> score = input('请输入第{0}个分数: '. format(i))
请输入第 1 个分数: 68
>>>
```

3.1.2 数据输出

print()函数可以将常量、变量、函数和由它们组成的表达式的值显示出来。常量、变量和函数可被认为是简单的表达式。

```
print(表达式 1,表达式 2,…,sep=' ',end=' \n',file=sys.stdout,flush=False)
```

其中，sep 之前为输出的内容，sep 参数用于指定数据之间的分隔符，默认为空格；end 用于指定语句结束后输出的控制字符，如果不指定，则会回车换行；file 参数默认为标准控制台（显示器），也可以重定向输出到文件中。

1. 直接输出

用 print()加上字符串，就可以在屏幕上输出指定的文字。print()也可以输出多个字符串或表达式，用逗号（,）隔开，就可以连成一串一起输出。

例如：

```
>>> a = "one"
>>> b = -5
>>> print(a,'two','three',b+9)
```

```
one two three 4
>>> print(a,'two','three',b+9,sep='\t')
one    two    three 4
```
例如：
```
>>> for i in range(10):          # 每个输出之后不换行
        print(i,end=',')
0,1,2,3,4,5,6,7,8,9,
```
例如：
```
>>> with open('temp.txt','a+') as fp:
        print('输出测试！',file=fp)   # 重定向，将内容输出到 temp.txt 文件中
```

2．格式化输出

Python 支持格式化字符串的输出。使用%符号进行字符串格式化，如图 3.1 所示，%之前的部分为格式字符串，之后的部分为需要进行格式化的内容。

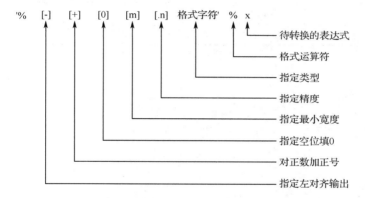

图 3.1　字符串格式化

常用格式化输出控制符号见表 3.1。

表 3.1　常用格式化输出控制符号

符　　号	说　　明
%d,%i	整数
%u	无符号整型
%o	无符号八进制数
%x, %X	无符号十六进制数
%f, %F	浮点数，可指定小数点后的精度
%e, %E	指数（e, E）科学计数法浮点数
%g,%G	根据值的大小决定使用%f 或%e
%%	输出%字符
%p	用十六进制数格式化变量的地址
%c	单字符（整数或者单字符字符串）
%s	使用 str()转换任意 Python 对象
%r	使用 repr()转换任意 Python 对象
%a	使用 ascii()转换任意 Python 对象

格式化操作符辅助指令见表 3.2。

表 3.2　格式化操作符辅助指令

符　号	说　明
*	定义宽度或者小数点精度
−	左对齐
+	在正数前面显示加号（+）
<sp>	在正数前面显示空格
#	在八进制数前面显示'0'，在十六进制数前面显示'0x'或者'0X'（取决于用的是'x'还是'X'）
0	在显示的数字前面填充'0'而不是默认的空格
%	'%%'输出一个单一的'%'
(var)	映射变量（字典参数）
m.n	m 是显示的最小总宽度，n 是小数点后的位数（如果可用的话）

1）格式化输出单个数值

例如：

```
>>> a = 12
>>> print("int=%d"%a)              # int=12
>>> print("int=%6d"%a)             # int=    12
>>> b1 = 28.3
>>> print("%6.2f"%b1)              # 28.30
>>> b2 = 2.6e-4
>>> print("%6.2f"%b2)              #   0.00
>>> print("%10.4f"%b2)            #      0.0003
>>> c = 'python'
>>> print("%10s\n"%c)              #       python
>>> n = 97
>>> s1 = "%o"%n
>>> s1                             # '141'
>>> print("%x"%(n+100))            # c5
>>> print("%e"%n)                  # 9.700000e+01
>>> "%s,%c"%(n,n)                  # '97,a'
>>> '%s' %[1, 2, 3]               # '[1, 2, 3]'
>>> 数值 = 11/3
>>> width = 6
>>> precision = 3
>>> f'格式结果：{数值:{width}.{precision}}'   # '格式结果：    3.67
```

2）同时格式化输出多个数值

例如：

```
>>> print("a,b1,b2,c=",a,b1,b2,c)
a,b1,b2,c= 12 28.3   0.00026   python
>>> print("a=%x,b1=%f6.2f,b2=%f,c=%10s"%(a,b1,b2,c))
a=c,b1=28.3000006.2f,b2=0.000260,c=      python
```

3）格式化字符串常量

格式化字符串常量与字符串对象的 format()方法类似，但形式更加简洁。

例如：

```
>>> name = 'Join'
```

```
>>> age = 28
>>> str = f'My Name is {name},and I am {age} years old.'
>>> print(str)          # My Name is Join,and I am 28 years old.
```

3.1.3 算法描述和实现

1. 算法描述

为了设计和方便交流，需要把算法描述出来。算法描述的方法有很多种，其中通过流程图描述的方法比较常用。

流程图的表达元素如图 3.2 所示。

其中：

图 3.2（a）表示开始和结束，即程序入口和出口。一个程序一般有一个入口和一个出口。

图 3.2（b）描述输入输出数据。

图 3.2（c）描述数据计算处理。一般是由常量、变量、函数及其运算符组成的表达式，计算结果可以赋值给变量。描述的功能可以用一条语句完成，也可以用若干条语句实现。

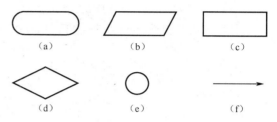

图 3.2 流程图表达元素

图 3.2（d）描述判断条件。一般对应一个入口和两个出口，两个出口分别表示条件成立时的流向和条件不成立时的流向。也可以对应一个入口和多个出口，表示符合不同条件时分别对应的流向。

图 3.2（e）在流程图比较复杂时表示连接点。连接点中包含字符，符号相同的连接点表示连接在一起，所以一个流程图中相同的连接点只有两个。

图 3.2（f）是流向导引线，通过箭头指引流动方向。

流程图可以采用自顶向下、逐步细化的设计方法。先描述主要功能及其流程，然后对主要功能中的每一个部分进行分解，再对每一个分解的内容进一步细化，一直细化到用编程语言对应的语句可以写出图中每一个元素的内容为止。

►流程图

例如，计算 $ax^2+bx+c=0$ 方程根的流程图如图 3.3 所示。

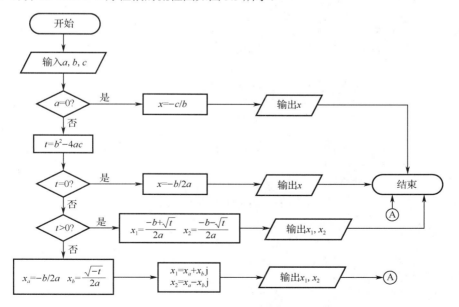

图 3.3 计算 $ax^2+bx+c=0$ 方程根的流程图

2．根据描述的算法编写程序

描述的算法可以用各种编程语言实现，本书用 Python 语言编写出来。

（1）输入数据：变量=input()

（2）输出数据：print(表达式，…)

另外，实际用 Python 解决问题，还需要设计图形界面进行输入输出。

（3）数据计算处理。用 Python 的常量、变量、函数及其运算符组成的表达式进行计算和数据处理，计算结果可以赋值给变量保存。

（4）根据判断条件执行分支结构或循环结构。

分支结构（if-else）使程序可以根据条件表达式的值跳转到指定的语句块执行。

循环结构（for 和 while）使程序能反复执行同一组语句，直到指定的条件不成立为止。

3．程序共享和复用

如果完成某些功能的程序需要多次使用，可以先用下列语句定义成函数：

```
def 函数名(参数, …)
    语句块
```

然后在需要时通过下列语句调用：

```
函数名(数据, …)
```

【例 3.2】 根据半径计算圆的周长和面积。

代码如下（Circle.py）：

```
# 自定义函数
def fcircle(r):
    length = 2*3.14159*r
    area = 3.14159*r*r;
    print("半径=",r,"周长=",length,"面积=",area)
# -------------
r = input("半径=")
r = int(r)
if r>0:
    fcircle(r)
else:
    print("半径不能<0!")
```

运行结果如图 3.4 所示。

```
半径=12
半径= 12 周长= 75.39815999999999 面积= 452.38895999999994
```

图 3.4　运行结果

3.2　分支结构

用 if-else 语句可以构成分支结构，根据条件进行判断，以决定执行哪个分支语句块。

3.2.1　分支语句

Python 语言的分支语句有三种形式。

1．if 语句（单分支）

当程序仅有一个分支时用 if 语句，语法结构为：

```
if<条件>:
    <语句块>
```

说明：如果<条件>的值为真，则执行其后的<语句块>，否则不执行该<语句块>，其流程图如图 3.5 所示。

【例 3.3】　输入两个整数，输出较大者。

代码如下（cmpab1.py）：

```
a = int(input("a="))
b = int(input("b="))
big = a                          # a 值放入 big 中
if big<b:                        # 如果 big（也就是 a 值）小于 b 值
    big = b;                     # b 值放入 big 中
print("big=", big)               # 输出 big 的值（即 a 和 b 中的较大者）
```

2．if-else 语句（双分支）

当程序逻辑中存在两个分支时用 if-else 语句，语法结构为：

```
if<条件>:
    <语句块 1>
else:
    <语句块 2>
```

说明：如果<条件>的值为真，则执行<语句块 1>，否则执行<语句块 2>，其流程图如图 3.6 所示。

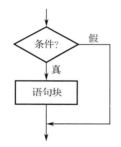

图 3.5　if 语句的执行流程图

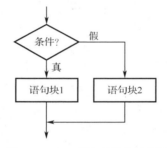

图 3.6　if-else 语句的执行流程图

【例 3.4】　输入两个整数，输出较大者。

代码如下（cmpab2.py）：

```
a = int(input("a= "))
b = int(input("b="))
if a<b:                          # 如果 a 值小于 b 值
    big = b;                     # b 值放入 big 中
else:
    big = a                      # a 值放入 big 中
print("big=", big);              # 输出 big 中的值（即 a 和 b 中的较大者）
```

上面的程序代码还可以简化为如下形式：

```
a,b = map(int, input("Input a,b:").split(','))      # （1）
print("big=",a)    if a>b else print("big=",b)      # （2）
```

说明：

（1）同时输入两个整数，整数之间用 "," 分隔。

（2）a>b 执行前面的 print，否则执行后面的 print。

注意（2）为一条语句，但如果写成下列形式就会出错：

```
print("big=",a); if a>b else print("big=",b)
```

因为系统认为这是两条语句，第 1 条语句 print("big=",a)没有问题，当第 2 条语句 if a>b else print("big=",b)条件成立时没有语句执行。

顺便说明一下，下列情况：

```
if 条件:
    语句
```

中的"条件"表达式不如"not 条件"表达式方便时可以写成：

```
if not 条件:
    pass
else:
    语句
```

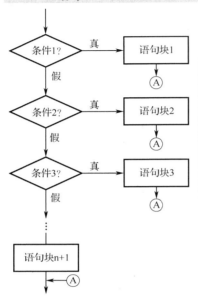

图 3.7　if-elif-else 语句的执行流程图

其中 pass 语句表示空语句，可用于占位，什么也不执行。

3．if-elif-else 语句（多分支）

当有多个分支选择时，可采用 if-elif-else 语句，语法结构为：

```
if<条件 1>:
    <语句块 1>;
elif<条件 2>:
    <语句块 2>;
elif<条件 3>:
    <语句块 3>;
    …
else:
    <语句块 n+1>;
```

依次判断<条件 i>（i=1, 2, 3, …, n）的值，当某个<条件 i>的值为真时，就执行其对应的语句块，然后跳到整个 if-elif-else 语句之后的程序。如果所有的<条件 i>均为假，则执行 else 后对应的<语句块 n+1>，然后跳到整个 if-elif-else 语句之后的程序，其流程图如图 3.7 所示。

【例 3.5】　比较并显示两个数的大小关系。

代码如下（cmpab3.py）：

```
a = int(input(" a=")); b = int(input(" b="))
if a==b: print("a=b!\n")
elif a>b: print("a>b!\n")
else: print("a<b!\n")
```

说明：上面的程序判断、处理了 3 种情况：a=b、a>b、a<b。

【例 3.6】　将成绩从百分制变换到等级制。

代码如下（grade.py）：

```
score = int(input("成绩= "))
if score >= 90 and score <= 100:
    grade = 'A'
elif score >= 80:
    grade = 'B'
elif score >= 70:
    grade = 'C'
elif score >= 60:
    grade = 'D'
elif score >= 0:
    grade = 'E'
else:
    grade=' '
if grade==' ':
    print("输入错误!")
else:
    print(score,"等级为",grade,"\n")
```

【例 3.7】 求一元二次方程（$ax^2+bx+c=0$）的根。

设计的算法流程如图 3.3 所示，代码如下（abcx1.py）：

```python
import math
a = float(input("a="))
b = float(input("b="))
c = float(input("c="))
if a==0:
    x = -c/b
    print("x=",x)
else:
    t = b*b - 4*a*c
    if t==0:
        x1 = x2 = (-b/(2*a))
        print("x1=x2=%6.2f"%x1)
    elif t>0:
        x1 = (-b + math.sqrt(t)) / (2*a)
        x2 = (-b - math.sqrt(t)) / (2*a)
        print("x1=%6.2f"%x1,"x2=%6.2f"%x2)
    else:
        xa = -b/(2*a)
        xb = math.sqrt(-t) / (2*a)
        x1 = complex(xa,xb)
        x2 = complex(xa,-xb)
        print("x1=%6.2f+%6.2fj"%(xa,xb))
        print("x2=%6.2f-%6.2fj"%(xa,xb))
```

►【例 3.7】

先后运行程序 3 次，以测试各不同分支的执行情况，结果如图 3.8 所示。

```
a=1
b=3
c=2
x1= -1.00 x2= -2.00

a=0
b=1
c=2
x= -2.0

a=1
b=2
c=3
x1= -1.00+  1.41j
x2= -1.00-  1.41j
```

图 3.8 三个不同分支的执行结果

3.2.2 分支语句的嵌套

当分支语句中的语句块本身又是分支语句时，就构成了分支语句的嵌套。

设<3if 语句>为上面介绍的 if/if-else/if-elif-else 之中的任一种语句，则嵌套的形式表示如下：

```
if <条件>:
    <3if 语句>
[ elif <表达式>:
    <3if 语句>]
[ else
    <3if 语句>]
```

在嵌套内的"3if 语句"可能又是<3if 语句>，这将会出现多个 if 重叠的情况，这时要特别注意通过缩进来体现 if-elif-else 的配对关系。

另外，[ ]表示可有或没有该语句。

【例 3.8】　比较并显示两个数的大小关系（if-else 嵌套实现）。

代码如下（cmpab4.py）：

```
a = int(input("a=")); b = int(input("b="))
if a!=b:
    if a>b:
        print("a>b")
    else:
        print("a<b")
else:
    print("a=b")
```

说明：

（1）本例中 if 语句 a!=b 条件成立，则进入 if-else 语句，形成嵌套结构。

（2）采用嵌套结构实质上是为了进行多分支判断，故嵌套结构也可以变换成多分支结构。本例程序等效的多分支结构如下：

```
a = int(input("a=")); b = int(input("b="))
if a!=b and a>b:
    print("a>b")
elif a!=b and a<b:
    print("a<b")
else:
    print("a=b")
```

3.3　循环结构

循环结构是程序中最重要的结构之一，其特点是，在给定条件成立时，反复执行某程序段，直到条件不成立为止。给定的条件称为循环条件，反复执行的程序段称为循环体。

Python 语言提供了两种基本的循环语句：条件（while）语句和遍历（for）语句。

3.3.1　条件语句

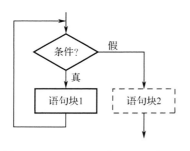

图 3.9　while 循环语句的执行流程图

条件语句又称 while 循环语句，其一般形式为：

```
while <条件>:
    <语句块 1>
[ else:
    <语句块 2>]
```

说明：<条件>值为真，执行<语句块 1>（循环体），执行完毕重新计算<条件>值，如果还是为真，再次执行<语句块 1>，这样一直重复下去，直至<条件>值为假才结束循环，当它有 else 子句时，还会接着执行<语句块 2>。流程图如图 3.9 所示。

【例 3.9】　输入两个正整数，得到最大公约数和最小公倍数。

代码如下（calmn.py）：

```
m = int(input("m="))
n = int(input("n="))
p = m * n
while m%n != 0:
```

```
        m,n = n, m%n
print(n, p//n)
```

运行结果:

```
m=6
n=8
2  24
```

如果条件永远为 True, 循环将会无限执行下去。

例如:

```
v = 1
while v==1:                              # 条件永远为 True, 循环将无限执行
    num = input("in: ")
    print("out: ", num)
print(" Good bye ! ")
```

运行程序, 等待用户输入, 回车后显示输入的数据, 一直重复这个过程而永远都不会输出 "Good bye !"。

【例 3.10】　用 while 循环语句计算 1+2+3+…+n 的值。

代码如下 (fact1.py):

```
n = int(input("n="))
sum = 0;   i = 1
while i<=n:
    sum = sum + i;
    i += 1
print("1+2+3...+%d =%d"%(n,sum))
```

运行结果:

```
n=10
1+2+3...+10 =55
```

下面的程序执行效果相同, 区别在于前者 print 语句不属于循环体, 而后者 print 语句是循环语句的一部分, 是循环条件不满足时执行的语句。

```
n = int(input("n="))
sum = 0;   i = 1
while i<=n:
    sum = sum + i;
    i += 1
else:
    print("1+2+3...+%d =%d"%(n,sum))
```

3.3.2　遍历语句

遍历语句又称 for 循环语句, 其一般形式为:

```
for <变量> in <序列>:
    <语句块 1>
[ else:
    <语句块 2> ]
```

说明: 顺序遍历<序列>中的每一项, 每次读取一项到<变量>中, 执行循环体, 直到<序列>中的项遍历完毕, 结束循环, 当它有 else 子句时, <序列>项遍历完毕后还会执行<语句块 2>, 执行流程图如图 3.10 所示。

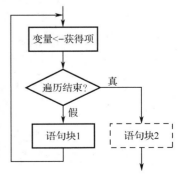

图 3.10　for 循环语句的执行流程图

【例 3.11】　用 for 循环语句计算 1+2+3+…+n 的值。

代码如下（fact2.py）：

```
n = int(input("n="));
sum = 0
for i in range(1, n+1):
    sum = sum + i
print("1+2+3...+%d =%d"%(n,sum))
```

说明：range(1, n+1)表示生成 1,2,3,…,n 数据项，它们是一个元组。

系统函数 range()使用方法如下：

range(结束)或 range(起始, 结束[, 步长])：返回一个左闭右开的序列。

其中：

步长默认为 1，起始默认为 0。

如果步长>0，则最后一个元素（起始+步长）<结束。

如果步长<0，则最后一个元素（起始+步长）>结束。

否则抛出 ValueError 异常。

例如：

```
>>> range(0,-6,-1)                      # 0,-1,-2,-3,-4,-5
>>> r = range(1,10,2)                   # 1,3,5,7,9
>>> 4 in r
False                                   # 4 不在生成的范围列表中
>>> r.index(5)
2                                       # 元素 5 是第 2 个元素, r 的第 0 个元素为 1
>>> r == range(0,12,2)
False                                   # r 和 range(0,12,2)范围元素不同
>>> range(0)                            # 空
>>> range(2,-3)                         # 空，默认步长=1，右数>左数
```

Python 中对某个对象进行遍历，被遍历的对象称为迭代对象，通常用 for 循环语句来控制和使用迭代对象，程序如下：

```
s = 'ABC 123';
its = iter(s);
for x in its:
    print(x, end=',')
```

运行结果：

```
A, B, C,  , 1, 2, 3,
```

说明：用 iter()方法生成迭代对象，它类似于一个游标，通过调用__next__()方法返回下一个元素，当没有下一个元素时则返回一个 StopIteration 异常。

例如：

```
>>> s = 'ABC';   its = iter(s)
>>> its.__next__()                      # 'A'
>>> its.__next__()                      # 'B'
>>> its.__next__()                      # 'C'
>>> its.__next__()                      # StopIteration 异常
```

3.3.3　循环体控制语句

Python 支持在循环体内使用下列控制语句。

1. break 语句：跳出循环

break 语句用于结束循环语句，跳出整个循环。

例如：

```
for letter in 'ABCDEF':
    if letter == 'D':
        break
    print(letter, end=', ')
```

输出结果：

```
A, B, C,
```

2. continue 语句：继续下一轮循环

continue 语句用于跳过本次循环尚未执行的语句，然后继续进行下一轮循环。

例如：

```
for letter in  'ABCDEF':
    if letter == 'D':
        continue
    print(letter, end= ', ')
```

输出结果：

```
A, B, C, E, F,
```

【例 3.12】 输入 6 个成绩，计算平均成绩。

代码如下（avgscore.py）：

```
sscore = 0
n = 1
while True:
    score = input('请输入第{0}个分数： '.format(n))
    score = float(score)
    if   0 <= score <= 100:
        sscore = sscore + score
        n = n + 1
        if n == 7:
            break
    else:
        print('输入分数超出范围！ ')
        continue
print("平均成绩=",round(sscore/6,2))
```

运行程序，输入整数，结果如图 3.11（a）所示，若输入包含非整数，则结果如图 3.11（b）所示。

```
请输入第1个分数：60
请输入第2个分数：170
输入分数超出范围！
请输入第2个分数：70
请输入第3个分数：80
请输入第4个分数：90
请输入第5个分数：65
请输入第6个分数：75
平均成绩= 73.33
```

```
请输入第1个分数：60
请输入第2个分数：170
输入分数超出范围！
请输入第2个分数：aaa
Traceback (most recent call last):
  File "C:\MyPython\Code\D3\avgscore.py", line 5, in <module>
    score = float(score)
ValueError: could not convert string to float: 'aaa'
```

（a）   （b）

图 3.11   运行结果

3.3.4　循环嵌套

Python 语言允许在一个循环中嵌入另一个循环，这称为循环嵌套。如果使用循环嵌套，break 语句将只停止它所处层的循环，转到该循环外执行语句。

while 循环可以嵌套 while 循环，for 循环可以嵌套 for 循环，在 while 循环中也可以嵌套 for 循环，在 for 循环中也可以嵌套 while 循环。

【例 3.13】　找出 10～100 范围内的所有素数。

代码如下（prime1.py）：

```python
from math import sqrt
print('10~100 之间的素数是：')
for i in range(10,100):
    flag = 0
    for j in range(2,int(sqrt(i))+1):
        if i%j == 0:
            flag = 1
            break
    if flag == 0:
        print(i, ',')
```

说明：

（1）对于一个数 n，如果 2～$\sqrt{n}$ 的数都不能整除，那么 n 就是素数。

（2）因为 0 对应的布尔值为 False，所以 i%j == 0 条件也可以写成 not(i%j)。

（3）因为需要用到开平方根，所以要加载 math 模块的 sqrt() 函数。

【例 3.14】　解方程。

$$\begin{cases} x + y + z = 200 \\ 5x + 2y + z = 300 \end{cases}$$

分析：此问题可以根据应用实际，设置一些基本数据（例如非负整数），用穷举法求解。使用多重循环组合出各种可能的 x、y 和 z 值，然后进行测试。

代码如下（fxyz.py）：

```python
for x in range(1,300):
    for y in range(1,300):
        z = 200 - x - y
        if(5*x + 2*y + z == 300):
            print("x=%d,y=%d,z=%d"%(x,y,z))
```

运行结果：

```
x=1, y=96, z=103
x=2, y=92, z=106
x=3, y=88, z=109
x=4, y=84, z=112
x=5, y=80, z=115
x=6, y=76, z=118
x=7, y=72, z=121
...
```

【综合实例】：快判素数和计时答题

▶【例 3.15】

【例 3.15】　快速判断一个数是否为素数。

分析：素数是只能被 1 或者自己整除的自然数。例如，2、3、5 是素数，偶数不是素数，其他只有 6n-1 和 6n+1（n 是自然数）可能是素数，也就是 n%6=1 或者 5。

代码如下（prime2.py）：

```python
n = int(input("n= "))
if n <= 5:
    if n == 2 or n == 3 or n == 5:
        prime = True
    else:
        prime = False
elif n % 2 == 0:                          # 偶数不是素数
    prime = False
else:
    m = n % 6
    if not(m == 1 or m == 5):             # 不是 6n-1 和 6n+1
        prime = False
    else:
        prime = True
        for i in range(3,int (n**0.5)+1, 2):
            if n % i == 0:
                prime = False
                break
if prime:
    print(n,"是素数！")
else:
    print(n,"不是素数！")
```

运行结果如图 3.12 所示。

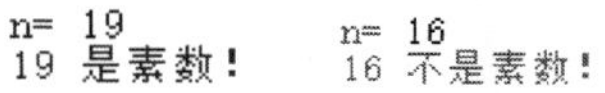

```
n= 19          n= 16
19 是素数！     16 不是素数！
```

图 3.12　运行结果

【例 3.16】　随机出 5 道两个整数相加题，统计回答正确的题数和用时。

代码如下（randintsum.py）：

```python
import time,random
t1 = time.time()                          # 取当前时间
jok = 0;                                  # 记录正确答题数
for i in range(0,5):                      # 产生两个随机数
    n1 = random.randint(1,10)
    n2 = random.randint(1,10)
    sum = n1 + n2;
    print(" %d+%d = "%(n1,n2)，end=' ')
    mysum = int(input())                  # 输入答案
    if(mysum<0):
        break                             # 输入负值中途退出
    elif mysum == sum:
        jok = jok + 1
if(mysum<0):
    print("你中途退出！");
else:
    t2 = time.time();
    t = float(t2 - t1)                    # 计算用时
    print('5 题中，你答对%d 题，用时%5.2f 秒'%(jok, t))
```

▶【例 3.16】

```
10+10 =  2
2+1  =  3
3+9  =  12
2+3  =  5
2+8  =  10
5题中，你答对4题，用时23.56秒
```

图 3.13　运行结果

运行结果如图 3.13 所示。

说明：

（1）rand 和 random 的区别就是返回类型不同，分别是整型和长整型。

（2）如果希望每次产生同样的随机数，可以在生成前采用下列语句：

```
random.seed(n)
```

n=1, 2, 3, …。n=1 和 n=2 时产生的随机数是不一样的。但 n=1 时，每次产生的随机数是一样的。

【例 3.17】　判断一个数是不是水仙花数。

在数论中，水仙花数（Narcissistic Number）是指一个 3 位数，其各个位数的 3 次方之和恰好等于该数。例如，153 是 3 位数，因为有 $153=1^3+5^3+3^3$，所以 153 是一个水仙花数。

代码如下（narc.py）：

```python
sn = input("n= ")
if not sn.isdigit():
    print(sn,'不是数字!')
else:
    n=int(sn)
    s='0'
    num = n
    len1=len(str(n))
    while(num):
        ni = num%10
        num = num//10
        s1=('*'+str(ni))* len1
        s=s+'+'+s1[1:]
    if n == eval(s):
        print(n,"是水仙花数！")
        print(n,'=',s)
    else:
        print(n,"不是水仙花数！")
```

运行结果如图 3.14 所示。

```
n= 24                    n= 153
24 不是水仙花数！          153 是水仙花数！
                         153 = 0+3*3*3+5*5*5+1*1*1
```

图 3.14　运行结果

【实训】

（1）按照下列要求修改【例 3.15】程序，调试运行，不采用 6n-1 和 6n+1（n 是自然数）可能是素数的条件求素数。

（2）按照下列要求修改【例 3.16】程序，调试运行。

① 用 while 循环实现原来的功能。

② 随机出 5 道两个整数相加题，输入负数则重新输入，必须完成 5 题后才能结束。

③ 将随机生成的整数范围变成 0～10，做加法变成做除法，用异常处理方法处理除数可能为 0 的情况。

3.4 异常处理

程序运行时检测到的错误称为异常，引发异常的原因有很多，从程序员角度看，包括输入错误数据、分母为 0、文件不存在、网络异常等。

3.4.1 程序异常举例

在程序错误中，有些错误是可以通过不断完善程序来避免的，有些错误在编程时无法控制。

例如，计算方程 $ax^2+bx+c=0$ 的根：

```
from math import *
a = float(input("a="))
b = float(input("b="))
c = float(input("c="))
if a==0:
    x = -c/b
    print("x=",x)
else:
    t = b*b - 4*a*c
    if t==0:
        x1 = x2 = (-b/(2*a))
        print("x1=x2=%6.2f"%x1)
    elif t>0:
        x1 = (-b + sqrt(t)) / (2*a)
        x2 = (-b - sqrt(t)) / (2*a)
        print("x1=%6.2f"%x1,"x2=%6.2f"%x2)
    else:
        xa = -b/(2*a)
        xb = sqrt(-t) / (2*a)
        x1 = complex(xa,xb)
        x2 = complex(xa,-xb)
        print("x1=%6.2f+%6.2fj"%(xa,xb))
        print("x2=%6.2f-%6.2fj"%(xa,xb))
```

说明：

（1）输入 a=0, b=0, c=1，系统显示出错信息，如图 3.15 所示。

```
a=0
b=0
c=1
Traceback (most recent call last):
  File "F:/DZPython2/CH03/abcx.py", line 6, in <module>
    x = -c/b
ZeroDivisionError: float division by zero
```

图 3.15　显示出错信息

原因：

```
if a==0:
    x = -c/b
    print("x=",x)
...
```

程序在考虑 a=0 的情况下，没有考虑 b=0 的情况，出现了被 0 除的错误。可进一步完善程序，如下：

```
if a==0:
```

```
if b==0:
    print("方程没有解！")
else:
    x = -c/b
```
...

（2）输入 a=1, b=o，系统显示出错信息，如图 3.16 所示。

```
a=1
b=o
Traceback (most recent call last):
  File "F:/DZPython2/CH03/abcx.py", line 3, in <module>
    b = float(input("b="))
ValueError: could not convert string to float: 'o'
```

图 3.16　显示出错信息

原因：
```
a = float(input("a="))
b = float(input("b="))
c = float(input("c="))
```

将 b=0（零）误输入成 b=o（字母），在用 float()函数转换成数值时出错。这种情况编程就很难控制，也无法保证用户一定不会输入错误，遇到这种情况程序无法继续执行而中断。

类似情况很多，例如：操作文件发现原来存在的文件没有了（可能被人误删或者改名了），原来能够打开的文件不能打开了（可能文件坏了），网络临时不通了等。Python 的异常处理就是解决类似问题的。

3.4.2　异常处理程序

在 Python 中，一个异常即一个事件，通常情况下，当程序无法继续正常运行时就会发生一个异常。

通过下面的语法结构，可以在编程时就设计好针对可能出现的异常的处理方法：

```
try:
    # 可能引发异常的程序
    A1 语句块
    A2 语句块
except [Exception [as e]]:
    # 异常处理程序
    B 语句块
else:
    # 没有发生异常而执行的程序
finally:
    # 不管是否发生异常都会执行的程序
```

说明：

（1）Exception 是系统对出错原因的描述。

如果需要根据不同异常进行对应的处理，就需要分别列出系统出错代码：

```
except 系统出错代码:
```

在此针对该出错代码编写相应的处理程序。

例如：如果出现用户临时中断程序，则需要保存当前的数据。

（2）可以包含 else 选项，放置没有发生异常而执行的程序。

例如：A1 程序可能发生异常，但 A2 显示 A1 执行后的结果，本身不会发生异常，因此可将 A2 放到 else 选项位置。

（3）可以包含 finally 选项，放置不管是否发生异常都会执行的程序。在具有一定规模的程序中可以将各种情况下需要处理的任务集于此，不但能简化程序，而且不会漏掉。

例如：操作文件时读文件、写文件、查找文件内容等都需要在最后关闭文件，可将关闭文件代码放在这里。

下面通过简单实例进行说明。

【例 3.18】　计算两个整数相除。

1. 没有异常处理

代码如下（divxy_try0.py）：

```
x = int(input ('x='))
y = int(input ('y='))
z = x / y
print("x/y=%6.2f"%z)
```

运行程序：

（1）输入 x=1, y=8，运行结果如图 3.17 所示。

（2）输入 x=1, y=0，程序中断，系统显示出错信息，如图 3.18 所示。

```
x= 1
y= 8
x/y=   0.12
```

```
x= 1
y= 0
Traceback (most recent call last):
  File "F:/DZPython2/CH03/divxy_try.py", line 3, in <module>
    z = x / y
ZeroDivisionError: division by zero
```

图 3.17　运行结果　　　　　　　图 3.18　显示出错信息

（3）输入 x=1, y=B（字母），程序中断，系统显示出错信息，如图 3.19 所示。

```
x= 1
y= B
Traceback (most recent call last):
  File "F:/DZPython2/CH03/divxy_try.py", line 2, in <module>
    y = int(input ('y='))
ValueError: invalid literal for int() with base 10: 'B'
```

图 3.19　显示出错信息

2. 有异常处理

1）没有区分异常情况

代码如下（divxy_try1.py）：

```
try:
    x = int(input ('x='))
    y = int(input ('y='))
    z = x / y
    print("x/y=%6.2f"%z)
except Exception as e:
    print ('程序捕捉到异常：', e)
```

说明："as e" 将错误信息（字符串）放入 e 中，print(…, e)即可显示错误信息内容。

运行程序：

输入 x=1, y=8，运行结果如图 3.20（a）所示。

输入 x=1, y=0，运行结果如图 3.20（b）所示。

输入 x=1, y=B（字母），运行结果如图 3.20（c）所示。

```
x= 1
y= 8
x/y=   0.12
```
　　　　
```
x= 1
y= 0
程序捕捉到异常： division by zero
```

　　　　　　（a）　　　　　　　　　　　　　　　（b）

```
x= 1
y= B
程序捕捉到异常： invalid literal for int() with base 10: 'B'
```

（c）

图 3.20　运行结果

2）区分异常情况

代码如下（divxy_try2.py）：

```python
try:
    x = int(input( 'x=' ))
    y = int(input( 'y=' ))
    z = x / y
    print("x/y=%6.2f"%z)
except ValueError:
    print('输入不是整数类型！')
except ZeroDivisionError:
    print('除数不能为零')
except Exception:
    print( '程序捕捉到其他异常！')
```

说明：

ValueError、ZeroDivisionError 分别是错误整数类型和被 0 除的系统错误代码标识（参考有关文档可获得）。这样，就可根据不同错误情况进行不同处理。

运行程序：

输入 x=1，y=8，运行结果如图 3.21（a）所示。

输入 x=1，y=0，运行结果如图 3.21（b）所示。

输入 x=1，y=B（字母），运行结果如图 3.21（c）所示。

```
x= 1                    x= 1                    x= 1
y= 8                    y= 0                    y= B
x/y=  0.12              除数不能为零             输入不是整数类型！
    （a）                    （b）                    （c）
```

图 3.21　运行结果

3．输入错误，显示提示信息后重新开始

上述程序加入异常处理后，不再显示系统错误信息，而是显示程序事先安排的方便阅读的错误提示，结束程序运行。如果需要继续执行，或者需要重新执行程序，下列程序可以解决这个问题。

代码如下（divxy_try3.py）：

```python
while True:                        # （1）
    try:
        x = int(input ( 'x=' ))
        y = int(input ( 'y=' ))
        z = x / y
        print("x/y=%6.2f"%z)
    except ValueError:
        print('输入不是整数类型！')
    except ZeroDivisionError:
        print('除数不能为零')
    except Exception:
        print( '程序捕捉到其他异常！')
    else:
        break                      # （2）
pass                               # （1）
```

说明：

（1）采用这种方式是因为数据输入后还有其他程序需要继续执行，pass 语句模拟其他程序。

（2）因为程序没有异常时需要执行其他程序，所以应在 try…else: 中跳出循环语句（break）。

3.4.3　主动抛出异常

1．主动抛出异常介绍

主动抛出异常一般用于在异常出现前可以通过程序判断，但程序无法继续运行的情况。这样，程序能继续执行发生错误处 try…except…后面的代码，而不会因发生错误而跳出，或者出现通过 if 语句不好控制程序走向的情况。

主动抛出异常语句如下：

raise 异常标识（提示信息）

代码如下（divxy_try4.py）：

```
try:
    x = input( 'x= ' )
    y = input( 'y= ' )
    if (not x.isdigit() or not y.isdigit()):
        raise ValueError('输入必须是数字！ ')
    if y==0:
        raise ZeroDivisionError('除数不能为零!')
    z = int(x) / int(y)
    print("x/y=%6.2f"%z)
except ValueError as e1:
    print('异常： ', e1)
except ZeroDivisionError as e2:
    print('异常： ', e2)
except Exception:
    print( '程序捕捉到其他异常！ ')
pass
```

运行结果如图 3.22 所示。

```
x= 2              x= a                    x= 1
y= 1              y= 4                    y= 0
x/y= 2.00         异常： 输入必须是数字！   异常： division by zero
```

图 3.22　运行结果

2．断言异常

主动抛出异常（raise）没有条件控制，符合的条件是 if-else 程序控制的，但可以选择异常类型（标识）。断言语句包含提示信息，但不描述异常类型。

断言语句如下：

assert 异常条件，提示信息

断言语句 assert 仅在脚本的 __debug__ 调试属性值为 True 时有效，一般只在开发和测试阶段使用。

代码如下（divxy_try5.py）：

```
try:
    x = int(input ( 'x= ' ))
    y = int(input ( 'y= ' ))
    assert y!=0, '除数不能为零 ！ '
    z = x / y
except Exception as ex:
    print('断言:',ex.args)
else:
    print("x/y=%6.2f"   %z )
pass
```

运行结果如图 3.23 所示。

```
x= 2                    x= 1
y= 1                    y= 0
x/y= 2.00               断言: ('除数不能为零！',)
```

图 3.23 运行结果

【综合实例】：计算输入数据平均成绩

►【例 3.19】

【例 3.19】 输入 6 个成绩，计算平均成绩。

代码如下（avgscore_try.py）：

```python
sscore = 0
n = 1
while True:
    try:
        score = input('请输入第{0}个分数：'.format(n))
        score = float(score)
        if  0 <= score <= 100:
            sscore = sscore + score
            n = n + 1
            if n == 7:
                break
        else:
            print('输入分数超出范围！')
            continue
    except:
        print('分数输入错误！')
print("平均成绩=", round(sscore/6,2))
```

运行结果如图 3.24 所示。

```
请输入第1个分数：60
请输入第2个分数：70
请输入第3个分数：80
请输入第4个分数：90
请输入第5个分数：65
请输入第6个分数：175
输入分数超出范围！
请输入第6个分数：aaa
分数输入错误！
请输入第6个分数：75
平均成绩= 73.33
```

图 3.24 运行结果

【实训】

下列程序计算表达式值：

```python
# eval.py
from math import *
while True:
    estr=input('表达式=')
    if estr=='end':
        break
    else:
        ev=eval(estr)
        print(estr,'=',ev)
```

（1）运行程序，显示结果如下：

```
表达式=2*(-6.3)+4.8
2*(-6.3)+4.8 = -7.8
表达式=12+sqrt(18)-exp(-1)
12+sqrt(18)-exp(-1) = 15.874761245947841
```

（2）三次运行程序，显示错误信息如下：

```
表达式=24.8/(2*9-18)
Traceback (most recent call last):
    File "F:/DZPython2/CH03/eval.py", line 7, in <module>
        ev=eval(estr)
    File "<string>", line 1, in <module>
ZeroDivisionError: float division by zero
表达式=*67-4.23
Traceback (most recent call last):
    File "F:/DZPython2/CH03/eval.py", line 7, in <module>
        ev=eval(estr)
    File "<string>", line 1
        *67-4.23

表达式=-9.32+sqrt(-12*2+12*(-5))
Traceback (most recent call last):
    File "F:/DZPython2/CH03/eval.py", line 7, in <module>
        ev=eval(estr)
    File "<string>", line 1, in <module>
ValueError: math domain error
```

（3）加入异常处理，提示输入错误类型，输入'end'字符串程序才能结束。

第*4*章 序列

前面章节介绍的数值类型、布尔类型、字符串类型、日期和时间类型等都是基本数据类型，在Python中，可以将若干个基本类型数据组合起来，形成序列（又称组合数据类型），作为一个数据对待，对其进行整体操作，极大地简化了用户程序设计，这也是 Python 的一个重要特点。

本章介绍内置序列，包括列表（list）、元组（tuple）、集合（set）、字典（dict）等。

4.1 列表

列表将所有元素放在方括号（[ ]）中，用逗号分隔。列表中的元素可以是基本数据类型，也可以是序列，而且数据类型可以不相同。

列表可以通过多种方式创建。

例如：

```
>>> list1 = [-23, 5.0, 'python', 12.8e+6]        # 列表包含不同类型数据
>>> list2 = [list1, 1, 2, 3, 4, 5]               # 列表中包含列表
>>> print(list2)    # [[-23, 5.0, 'python', 12800000.0], 1, 2, 3, 4, 5]
>>> list2 = [1]*6                                # [1, 1, 1, 1, 1, 1]
```

4.1.1 列表的特性

1. 索引和切片

列表中每个成员称为元素，所有元素都是有编号的，可以通过编号分别对它们进行访问。每个元素在列表中的编号又称索引，索引从 0 开始递增，从前向后排列，第一个元素索引是 0，第二个是 1，以此类推。Python 列表也可以从右边开始索引，此时最右边的一个元素索引为-1，向左开始递减。

例如：

```
>>> lst = ['A','B','C','D','E','F','G','H']
```

从左边开始索引，各元素索引为 0，1，2，3，4，5，6，7。

若从右边开始索引，各元素索引变为-8，-7，-6，-5，-4，-3，-2，-1。

列表中值的切片可以用"列表变量[头下标:尾下标:步长]"来截取，被切片后返回一个包含所含元素的新列表。

例如：

```
>>> lst[2:]              # 从索引 2（包括）开始到结尾切片
['C', 'D', 'E', 'F', 'G', 'H']
>>> lst[:-3]             # 从索引-3（不包括）开始到最前面切片
['A', 'B', 'C', 'D', 'E']
>>> lst[2:-3]            # 从索引 2（包括）开始切到-3（不包括）结束
['C', 'D', 'E']
>>> lst[3::2]            # 从索引 3（包括）切到最后，其中分隔为 2
['D', 'F', 'H']
>>> lst[::2]             # 从整体列表中切出，分隔为 2
['A', 'C', 'E', 'G']
```

>>> lst[3::]	# 从索引 3 开始切到最后，没有分隔
['D', 'E', 'F', 'G', 'H']	
>>> lst[3::-2]	# 从索引 3 开始，往回数第 2 个（因分隔为-2）
['D', 'B']	
>>> lst[-1]	# 切出最后一个
'H'	
>>> lst[::-1]	# 此为倒序
['H', 'G', 'F', 'E', 'D', 'C', 'B', 'A']	
>>> lst[0:8:2]	# 步长为 2（默认为 1）
['A', 'C', 'E', 'G']	
>>> lst[8:0:-1]	# 步长是负数，第一个索引要大于第二个索引
['H', 'G', 'F', 'E', 'D', 'C', 'B']	

2. 运算符

1）加（+）是列表连接运算符

例如：

>>> lst+[1,2,3]　# ['A', 'B', 'C', 'D', 'E', 'F', 'G', 'H', 1, 2, 3]

2）乘（*）是重复操作运算符

例如：

>>> lst*2
# ['A', 'B', 'C', 'D', 'E', 'F', 'G', 'H', 'A', 'B', 'C', 'D', 'E', 'F', 'G', 'H']

3）判断成员资格：[not] in

可以使用 in 运算符来检查一个值是否在序列中，如果在其中，则返回 True，否则返回 False。not in 与 in 功能相反。

例如：

>>> 'E' in lst	# True
>>> 'X' not in lst	# True

4）判断存储单元是否相同：is [not]

用来测试两个对象是不是同一个，如果是则返回 True，否则返回 False。如果两个对象是同一个，两者应具有相同的内存地址。

例如：

>>> x = [1,2,3]	
>>> x[0] is x[1]	# Flase
>>> c = x	
>>> x is c	# True
>>> y = [1,2,3]	
>>> x is y	# False
>>> x[0] is y[0]	# True

3. 内置函数

max(列表 [, 默认值, 键])：获得所有元素的最大值。其中，"默认值"参数用来指定可迭代对象为空时返回的值；而"键"参数用来指定比较大小的依据或规则，可以是函数或 lambda 表达式。

min(列表[, 默认值, 键])：获得所有元素的最小值。

sum(列表[, 开始位置])：计算列表从第 1 个（或者"开始位置"）元素到最后 1 个元素之和。

len(列表)：得到列表所包含的元素的数量。

enumerate(x)：得到包含若干下标和值的迭代对象。

all(列表)：测试列表中是否所有元素都等价于 True。

any(列表)：测试列表中是否有等价于 True 的元素。

例如：

```
>>> from random import randint
>>> L1 = [randint(1,100) for i in range(10)]
>>> L1                        # [99, 48, 42, 87, 16, 61, 71, 73, 88, 46]
>>> print(max(L1),min(L1),sum(L1)/len(L1))    # 99 16 63.1
```

例如：

```
>>> max(['2','11'])            # '2'
>>> max([2',11])               # 11
>>> max(['2','11'],key=len)    # '11'
>>> max([],default=None)       # 空
>>> from random import randint
>>> L2 = [[randint(1,50) for i in range(5)] for j in range(6)]
>>> L2                         # 包含 6 个子列表的列表
[[4, 40, 43, 48, 29], [32, 38, 23, 30, 17], [39, 15, 36, 45, 32], [16, 39, 34, 47, 45], [7, 41, 19, 10, 18], [28, 4, 45, 50,
38]]
>>> max(L2,key=sum)            # 返回元素之和最大的子列表
[16, 39, 34, 47, 45]
>>> max(L2,key=lambda x:x[1])  # 返回所有子列表中第 2 个元素最大的子列表
[7, 41, 19, 10, 18]
```

例如：

```
>>> sum(2**i for i in range(10))    # 2^0+2^1+...+2^9, 对应二进制 10 个 1
1023
>>> int('1'*10,2)                   # '1111111111', 二进制 10 个 1 即 1023
1023
>>> sum([[1,2],[3],[4]],[])
[1, 2, 3, 4]
```

例如：

```
>>> x = [2, 3, 1, 0, 4, 5]
>>> all(x)                     # 测试是否所有元素都等价于 True
False                          # 因为包含 0 元素
>>> any(x)                     # 测试是否存在等价于 True 的元素
True                           # 因为只有一个 0 元素，其他均非 0
>>> list(enumerate(x))         # 枚举列表元素 enumerate 对象转换为列表
[(0, 2), (1, 3), (2, 1), (3, 0), (4, 4), (5, 5)]
```

4.1.2 列表的基本操作

1. 更新列表：元素赋值

例如：

```
>>> list1 = [1,2,3,4,5,6]
>>> list1[0] = 'one'                   # 元素赋值改变
>>> list1[1:4] = ['two','three','four'] # [1:3]区段赋值改变
>>> list1
['one', 'two', 'three', 'four', 5, 6]
>>> str = list('python')
>>> str                        # ['p', 'y', 't', 'h', 'o', 'n']
>>> str[2:] = list('THON')     # 对索引 2 及之后的元素重新赋值
>>> str                        # ['p', 'y', 'T, H','O','N']
>>> list1 = [1,2,3,4,5,6]
>>> list1a = list1             # 直接赋值，list1 和 list1a 引用同一个列表
>>> list1b = list1[:]          # 对整个列表切片后再赋值得到一个列表的副本
>>> list1[2] = 'C'             # 修改第 3 个元素
```

```
>>> list1                        # [1, 2, 'C', 4, 5, 6]
>>> list1a                       # [1, 2, 'C', 4, 5, 6]
>>> list1b                       # [1, 2, 3, 4, 5, 6]
```

2. 删除元素：使用 del 语句

```
>>> list1 = [1,2,3,4,5,6]
>>> del list1[1]                 # 删除列表第 2 个元素 2
>>> list1[0:3] = []              # [0:3]区段删除
>>> list1                        # [5, 6]
>>> del list1[:]                 # 清空列表，但 list1 列表变量还在
>>> list1                        # []
>>> del list1                    # 删除列表变量 list1
```

3. 多维列表

多维列表就是列表的数据元素本身也是列表。

为了引用二维列表中的一个数据值，需要两个索引，一个是外层列表的，另一个是元素列表的。

例如，下面就是一个二维列表：

```
>>> list2 = [[1,2,3],[4,5,6],[7,8,9]]
>>> list2[0][1]                  # 2
>>> list2[2][1]                  # 8
```

例如：

```
>>> list3 = [[['000','001','002'],['010','011','012']],
[['100','101','102'],['110','111','112']],
[['200','201','202'],['210','211','212']]]
>>> list3[2][1][0]               # '210'
```

4.1.3　列表方法

1. 常用方法

列表常用方法如下。

列表.append(元素)：用于在列表末尾追加新的元素。

列表.extend(序列)：可以在列表的末尾一次性追加另一个序列中的多个元素。

列表.count(元素)：统计某个元素在列表中出现的次数。

列表.index(元素)：从列表中找出某个元素值第一个匹配项的索引位置。

列表.insert(索引，元素)：将元素插入列表中指定的索引位置。

列表.pop([索引])：移除列表中指定索引处的一个元素（默认是最后一个），并返回该元素的值。

列表.remove(元素)：移除列表中某个元素值的第一个匹配项。

列表.reverse()：将列表中元素顺序全部反向。

列表.copy()：复制列表中所有元素。

例如：

```
>>> a = [1,2,1,2,3,4,2,5]
>>> a.append(6)                  # 直接追加新的列表元素
>>> a                            # [1, 2, 1, 2, 3, 4, 2, 5, 6]
>>> a.count(2)                   # 3，元素"2"出现 3 次
>>> b = [7,8]
>>> a.extend(b)
>>> a                            # [1, 2, 1, 2, 3, 4, 2, 5, 6, 7, 8]
>>> a.index(2)                   # 1
>>> a.insert(0, 'begin')         # 在索引 0 处插入'begin'
>>> a                            # ['begin', 1, 2, 1, 2, 3, 4, 2, 5, 6, 7, 8]
>>> x = a.pop()                  # 移除最后一个元素，并返回该元素的值
```

```
>>> x                  # 8
>>> a                  # ['begin', 1, 2, 1, 2, 3, 4, 2, 5, 6, 7]
>>> a.remove(2)        # 移除第一个匹配 "2" 的元素
>>> a                  # ['begin', 1, 1, 2, 3, 4, 2, 5, 6, 7]
>>> b1 = a
>>> b2 =a.copy()       # 复制
>>> a.reverse()        # 反向排列
>>> a                  # [7, 6, 5, 2, 4, 3, 2, 1, 1, 'begin']
>>> b1                 # [7, 6, 5, 2, 4, 3, 2, 1, 1, 'begin']
>>> b2                 # ['begin', 1, 1, 2, 3, 4, 2, 5, 6, 7]
```

比较列表的大小：

```
>>> [1,2,3] < [1,2,4]        # True
```

接下来通过一些实例来演示常用列表方法的功能。

【例 4.1】 输出列表中的所有非空元素。

代码如下（enum.py）：

```
list1 = ['one ', 'two', '    ', 'four', 'five ']
for i,v in enumerate(list1):    # 枚举列表所有元素
    if v!='    ':
        print('List(', i, ')= ', v)
```

运行结果：

```
List( 0 )=  one
List( 1 )=  two
List( 3 )=  four
List( 4 )=  five
```

【例 4.2】 列表前移 n 位。

方法一代码（leftMove1.py）：

```
lst = [1,2,3,4,5,6,7,8,9,10]
n = 3
for i in range(n):
    lst.append(lst.pop(0))
print(lst)
```

运行结果：

```
[4, 5, 6, 7, 8, 9, 10, 1, 2, 3]
```

方法二代码（leftMove2.py）：

```
lst = [1,2,3,4,5,6,7,8,9,10]
n = 3
a = lst[:n]
b = lst[n:]
lst = b + a
print(lst)
```

【例 4.3】 将第 1 个和第 2 个列表中的元素组合成一个新的列表。

代码如下（lstComb.py）：

```
list1 = ['A', 'B ', ' C', 'D'];   list2 = [1,2];   list3 = [ ]
for i in list1:
    for j in list2:
        list3.append([i, j])
print(list3)
```

运行结果：

```
[['A ', 1], ['A ', 2], ['B ', 1], ['B ', 2], [' C', 1], [' C', 2], ['D', 1], ['D', 2]]
```

【例 4.4】　判断今天是今年的第几天。

代码如下（todayn.py）：

```
import time
curdate = time.localtime()                          # 获取当前日期和时间
year,month,day = curdate[:3]
day30 = [31, 28, 31, 30, 31, 30, 31, 31, 30, 31, 30, 31]
if year%400==0 or (year%4==0 and year%100!=0):      # 判断是否为闰年
    day30[1] = 29
if month==1:
    print(year,'年',month,'月',day,'日是今年第',day,'天')
else:
    print(year,'年',month,'月',day,'日是今年第',sum(day30[:month-1])+day,'天')
```

运行结果：

```
2022 年 3 月 22 日是今年第 81 天
```

2. 排序

排序方法：列表.sort([参数])，对原列表进行排序，并返回空值。指定的参数对列表的排序方式进行控制。

1）默认排序

例如：

```
>>> a = [7,0,6,4,2,5,1,9]
>>> x = a.sort()                    # 对列表 a（从小到大）排序，返回值（空值）赋给 x
>>> a                               # [0, 1, 2, 4, 5, 6, 7, 9]
```

2）控制排序

如果不想按照 sort() 方法默认的方式进行排序，可以指定参数：cmp、key、reverse。

例如：

```
>>> a = [7,0,6,4,2,5,1,9]
>>> b = ['student', 'is', 'the', 'most']
>>> b.sort(key=len)
>>> b                               # ['is', 'the', 'most', 'student']
>>> a.sort(reverse=True)            # 对列表 a 从大到小排序
>>> a                               # [9, 7, 6, 5, 4, 2, 1, 0]
```

3）多维列表排序

例如：

```
>>> b =[[1,'zheng',80],[2,'chang',78],[5,'wu',60],[3,'li',90]]
>>> a=b.copy()
>>> a.sort()
>>> a
[[1, 'zheng', 80], [2, 'chang', 78], [3, 'li', 90], [5, 'wu', 60]]
>>> a.sort(key=lambda a:a[1])
>>> a
[[2, 'chang', 78], [3, 'li', 90], [5, 'wu', 60], [1, 'zheng', 80]]
```

> ◉◉ **注意：**
>
> a.sort() 默认按照第 0 列排序，如果要求按照 a[1] 列（姓）排序，写成 a.sort(key= a[1]) 是错误的，而只能采用 lambda 表达式 "lambda a:a[1]"。

4）自己编写排序程序

实现数据排序的算法很多，包括冒泡排序、选择排序、直接插入排序、快速排序、堆排序、归并排序和希尔排序等。它们的差别是程序执行的速度和效率不同，冒泡排序比较简单，其排序的基本思路：n 个数需要进行 $n-1$ 遍排序，每一遍排序就是两个相邻的数组比较，不符合条件就交换位置。

【例 4.5】　冒泡法数据排序。

代码如下（lstSort.py）：

```
def lstSort(data1):                              # 自定义函数 lstSort()，参数为 data1 列表
    data=data1.copy()
    for i in range(0,len(data)-1):
        flag=False
        for j in range(0,len(data)-i-1):
            if data[j]>data[j+1]:
                data[j], data[j + 1] = data[j + 1], data[j]
                flag=True
        if flag==False:                          # 一遍排序均没有数据交换位置，不需要再排序
            break
    return data                                  # 自定义函数返回值
a = [7,0,6,4,2,5,1,9]
b = lstSort(a)
# 输出排序结果
print(a)
print(b)
```

运行结果：

```
[7, 0, 6, 4, 2, 5, 1, 9]
[0, 1, 2, 4, 5, 6, 7, 9]
```

3. 遍历列表元素

遍历列表元素通常使用如下形式的程序段：

```
for k, v in enumerate(列表):
    print(k, v)
```

例如：

```
>>> list1 = [-23, 5.0, 'python', 12.8e+6]        # 列表包含不同类型数据
>>> list2 = [list1,1,2,3,4,5,[61,62],7,8]        # 列表中包含列表
>>> for k, v in enumerate(list2):
    print(k, v)
0 [-23, 5.0, 'python', 12800000.0]
1 1
2 2
3 3
4 4
5 5
6 [61, 62]
7 7
8 8
```

4.1.4　列表推导式

列表推导式（解析式）可以使用非常简洁的方式对列表或其他可迭代对象的元素进行遍历、过滤或再次计算，快速生成满足特定需求的新列表，可读性强。由于 Python 的内部对列表推导式做了大量优化，所以运行速度快，是推荐使用的一种技术。

列表推导式的语法：

```
[<表达式> for <表达式 1>  in  <序列 1>  if  <条件 1>
         for <表达式 2>  in  <序列 2>  if  <条件 2>
                    …
```

列表推导式在逻辑上等价于一个循环语句，只是形式上更加简洁。

例如：

```
lst = [x*x for x in range (n)]
```

等价于：

```
lst = []
for x in range(n):
    lst.append(x*x)
```

下面对它的应用进行简单说明。

1. 生成多维列表

例如，生成二维九九乘法表：

```
>>> lst = [[i*j for i in range(1,10)]for j in range(1,10)]
>>> lst
[[1, 2, 3, 4, 5, 6, 7, 8, 9],
 [2, 4, 6, 8, 10, 12, 14, 16, 18],
 [3, 6, 9, 12, 15, 18, 21, 24, 27],
 [4, 8, 12, 16, 20, 24, 28, 32, 36],
 [5, 10, 15, 20, 25, 30, 35, 40, 45],
 [6, 12, 18, 24, 30, 36, 42, 48, 54],
 [7, 14, 21, 28, 35, 42, 49, 56, 63],
 [8, 16, 24, 32, 40, 48, 56, 64, 72],
 [9, 18, 27, 36, 45, 54, 63, 72, 81]]
```

2. 嵌套列表平铺

例如：

```
>>> lst = [[1,2,3],[4,5,6],[7,8,9]]
>>> [exp for elem in lst for exp in elem]
[1, 2, 3, 4, 5, 6, 7, 8, 9]
```

等价于下面的代码：

```
>>> list1 = [[1,2,3],[4,5,6],[7,8,9]]
>>> list2 = []
>>>
for elem in list1:
    for num in elem:
        list2.append(num)
>>> list2
[1, 2, 3, 4, 5, 6, 7, 8, 9]
```

3. 元素条件过滤

使用 if 子句可以对列表中的元素进行筛选，保留符合条件的元素。

例如：

```
>>> lst = [1,-2,3,-4,5,-6,7,-8,9,-10]
>>> [i  for  i  in  lst  if  i+2>=0]        # 筛选条件：元素+2>=0
[1, -2, 3, 5, 7, 9]
>>> m = max(lst)
>>> m
9
>>> [index for index,value in enumerate(lst) if value==m]
                                # 找最大元素所在位置（索引）
[8]
```

【例 4.6】 接收一个所有元素值都不相等的整数列表 x 和一个整数 n，要求将值为 n 的元素作为支点，将列表中所有值小于 n 的元素全部放到 n 的前面，所有值大于 n 的元素放到 n 的后面。

代码如下（lstInfer.py）：

```
lst = [0,1,-2,3,-4,5,-6,7,-8,9,-10]
n = 0
lst1 = [i for i in lst if i<n]
lst2 = [i for i in lst if i>n]
lst = lst1 + [n] + lst2
print(lst)
```

运行结果：

```
[-2, -4, -6, -8, -10, 0, 1, 3, 5, 7, 9]
```

4. 同时遍历多个列表或可迭代对象

例如：

```
>>> list1 = [1,2,3]
>>> list2 = [1,3,4,5]
>>> [(x,y) for x in list1 for y in list2 if x==y]          # （1）
[(1, 1), (3, 3)]
>>> [(x,y) for x in list1 if x==1 for y in list2 if y!=x]   # （2）
[(1, 3), (1, 4), (1, 5)]
```

其中：

（1）两个列表元素同时遍历时根据一个元素条件筛选。

（2）两个列表元素同时遍历时根据两个元素条件筛选。

5. 复杂的条件筛选

当在列表推导式中使用函数或复杂表达式时，可以进行复杂的条件筛选。

1）列表推导式为复杂表达式

例如：

```
lst = [1,-2,3,-4]
print([val+2 if val%2==0 else val+1 for val in lst if val>0])
[2, 4]
```

其中，列表推导式为"val+2 if val%2==0 else val+1"。

2）if 判断条件为复杂表达式

例如：

```
>>> import math
>>> [num for num in range(2,20)    if 0 not in [num%g for g in range(2,int(math.sqrt(num))+1)]]
[2, 3, 5, 7, 11, 13, 17, 19]
```

上述语句能够生成 2～20 的素数。

【综合实例】：评分处理和因数分解

【例 4.7】　输入 6 个评分，去掉其中的最高分和最低分，计算平均分，并将剩下的得分按从高到低排序。

代码如下（CalGrade.py）：

```
lstScore = []
js=0
while True:
    cs = input('请输入第{0}个评分：'.format(js+1))
    if cs.isdigit():
        cj = float(cs)
        lstScore.append(cj)
        js=js+1
```

►【例 4.7】

```
            if js==6:
                break
        else:
                print('评分输入错误！')
print(lstScore)
# 计算并去掉最高分和最低分
smax = max(lstScore)
smin = min(lstScore)
lstScore.remove(smax)
lstScore.remove(smin)
finalScore = round(sum(lstScore) / len(lstScore), 2)
formatter = '去掉一个最高分{0}\n 去掉一个最低分{1}\n 最后得分{2}'
print(formatter.format(smax, smin, finalScore))
print("排序前：",lstScore)
lstScore.sort(reverse=True)
print("排序后：",lstScore)
```

运行结果如图 4.1 所示。

```
请输入第1个评分: 8.6
请输入第2个评分: 7.9
请输入第3个评分: 8.0
请输入第4个评分: 6.8
请输入第5个评分: 8.4
请输入第6个评分: 9.3
[8.6, 7.9, 8.0, 6.8, 8.4, 9.3]
去掉一个最高分9.3
去掉一个最低分6.8
最后得分8.22
排序前： [8.6, 7.9, 8.0, 8.4]
排序后： [8.6, 8.4, 8.0, 7.9]
```

图 4.1 运行结果

【例 4.8】 对 10 个 1～100 随机整数进行因数分解，显示因数分解结果，并验证分解式子是否正确。利用列表推导式生成随机整数计算素数。

► 【例 4.8】

代码如下（factoring.py）：

```
from random import randint
from math import sqrt
lst = [randint(1,100) for i in range(10)]
maxNum = max(lst)                              # 随机数中的最大数
# 计算最大数范围内所有素数
primes = [p for p in range(2,maxNum)   \
        if 0 not in [p%d for d in range(2,int(sqrt(p))+1)]]
for num in lst:
    n = num
    result = []                                # 存放所有因数
    for p in primes:
        while n!=1:
            if n%p == 0:
                n = n/p
                result.append(p)
            else:
                break
```

```
        else:
            result = '*'.join(map(str, result))        # （1）
            break
    print(eval(result), '= ', result)                  # （2）
```

其中：

（1）生成因数分解式子。

（2）eval(result)：将分解的式子转换为数值。

运行结果如图 4.2 所示。

```
61 =   61
48 =   2*2*2*2*3
32 =   2*2*2*2*2
87 =   3*29
11 =   11
13 =   13
6  =   2*3
42 =   2*3*7
11 =   11
38 =   2*19
```

图 4.2　运行结果

【实训】

（1）按照下列要求修改【例 4.5】，运行测试。

① 数据排列顺序为由大到小。

② 赋值一个二维列表 list2 = [[11,2,3],[4,25,36],[7,8,19],…]，然后按照列表元素前两项进行排序，也就是第 1 项相同时再按照第 2 项排序。

（2）按照下列要求修改【例 4.7】，运行测试。

① 自己编程实现 remove()和 max()的功能。

② 非正常评分采用异常输入处理。

（3）按照下列要求修改【例 4.8】，运行测试。

① 输入一个整数，输出因数分解结果。

② 将列表推导式改成普通循环语句，完成同样功能。

```
primes = [p for p in range(2,maxNum) if 0 not in
    [p%d for d in range(2,int(sqrt(p))+1)]]
```

4.2　元组

元组与列表一样，也是一种序列，列表的方法、函数一般也能应用于元组，唯一的不同就是元组不能修改。

4.2.1　元组的特性

1. 元组的创建

创建元组很简单，用逗号隔开一些值，就自动创建了元组，元组一般用圆括号括起来。

说明：

（1）不包含任何元素就创建了空元组，例如：t1 = ( )。

（2）即使元组中只包含一个元素，创建时也需要在元素后面加逗号，例如：t2 = (6,)。

（3）元组下标索引从 0 开始，可以进行截取、组合等操作。

（4）无关闭分隔符的对象，以逗号隔开，默认为元组。

例如：

```
>>> t1 = 1,2,3,'four',5.0, 3+4.2j, -1.2e+26        # 创建元组
>>> t1
(1, 2, 3, 'four', 5.0, (3+4.2j), -1.2e+26)
>>> tup1 = ('python',3.7,True)
>>> x,y,z = tup1                                   # 同时给多个变量赋值
>>> x
'python'
>>> tup1[1]                                        # 得到第 2 个（索引 1）元素
3.7
```

（5）元组运算符（+，*）函数与列表函数基本上是一样的。

例如：

```
>>> t1 = 1,2,3,'four',5.0, 3+4.2j, -1.2e+26
>>> t2 = t1+(5,6)                                  # 元组连接
>>> t2                        # (1, 2, 3, 'four', 5.0, (3+4.2j), -1.2e+26, 5, 6)
>>> len(t2)                   # 元素个数，结果：9
>>> 4 in t2                   # 元素 4 是否存在于元组中，结果：False
```

（6）以一个序列作为参数并把它转换为元组，如果参数是元组，那么会原样返回该元组。

```
>>> tuple([1,2,3])            # 参数是列表，转换为元组 (1,2,3)
>>> tuple('ABC')             # 参数是字符串，转换为元组 ('A', 'B', 'C')
>>> tuple((1,2,3))           # 参数为元组，原样返回该元组 (1, 2, 3)
```

2. 元组的操作

1）改变元组

元组中的元素值是不允许修改的，但用户可以对元组进行连接组合。

例如：

```
>>> tup1,tup2=(1,2,3),('four','five')             # 同时赋值
>>> tup3 = tup1 + tup2                            # 连接元组
>>> tup3                      # (1, 2, 3, 'four', 'five')
>>> tup2[1] = 'two'                               # 错误
```

2）删除元组

元组中的元素值是不允许删除的，但可以使用 del 语句来删除整个元组。

例如：

```
>>> del tup2
```

3. 枚举

enumerate()函数用来枚举可迭代对象中的元素，返回可迭代的 enumerate 对象，其中每个元素都是包含索引和值的元组。

例如：

```
>>> list(enumerate('python'))
        # [(0, 'p'), (1, 'y'), (2, 't'), (3, 'h'), (4, 'o'), (5, 'n')]
>>> list(enumerate(['python','c 语言']))
        # [(0, 'python'), (1, 'c 语言')]
```

例如：

```
for index, value in enumerate(range(10, 15)):
        print((index, value), end=' ')
```

运行结果：

```
(0, 10) (1, 11) (2, 12) (3, 13) (4, 14)
```

4. 使用元组的好处

（1）元组比列表操作速度快。如果定义了一个值的唯一常量集，并且需要不断地遍历它，可使用元组代替列表。

（2）用元组对不需要修改的数据进行"写保护"，可以使代码更安全。

（3）元组可以在字典中用作键（key），但是列表不行，因为字典的键必须是不可变的。

4.2.2 生成器推导式

生成器推导式的用法与列表推导式相似，但生成器推导式使用圆括号作为定界符，其结果是一个生成器对象，它类似于迭代器对象，具有惰性求值的特点，只在需要时生成新元素，比列表推导式具有更高的效率，空间占用非常少，尤其适合大数据处理的场合。

当需要使用生成器对象的元素时，可以转化为列表或元组，或者使用生成器对象的__next__()方法或 Python 内置函数 next()进行遍历，也可以直接使用 for 循环遍历。注意，只能从前往后正向访问其中的元素，而不能使用下标随机访问其元素，也不能访问已访问过的元素。如果需要重新访问，必须重新创建该生成器对象。

例如：

```
>>> gen = ((j+1)*3 for j in range(6))        # 创建生成器对象
>>> gen
<generator object <genexpr> at 0x000001A8656EA570>
>>> gen.__next__()                           # 使用生成器对象__next__()方法获取元素
3
>>> gen.__next__()                           # 获取下一个元素
6
>>> tuple(gen)                               # 将生成器对象转换为元组
(9, 12, 15, 18)
>>> tuple(gen)                               # 生成器对象已遍历结束，没有元素了
()
>>> gen = ((j+1)*3 for j in range(6))
>>> list(gen)                                # 将生成器对象转换为列表
[3, 6, 9, 12, 15, 18]
>>> gen = ((j+1)*3 for j in range(6))
>>> for item in gen:                         # 使用 for 循环直接遍历生成器对象中的元素
   print(item, end=' ')
3 6 9 12 15 18
```

【例 4.9】 用指定元组中大于平均值的元素组成新的元组。

代码如下（tupInfer.py）：

```
tup1 = (1,2,3,-4,5,-6,7,8,-9,10)
avg = sum(tup1) / len(tup1)                  # 求平均值
lst = [x for x in tup1 if x>avg]             # 列表推导式
tup2 = tuple(lst)
print(tup2)
```

运行结果：

```
(2, 3, 5, 7, 8, 10)
```

◢4.3 集合

集合是由一组无序的不同元素组成的，分为可变集合[set()]和不可变集合[frozenset()]两种。集合常

用于成员测试、删除重复值，以及计算集合并、交、差和补（对称差）等数学运算。对于可变集合，还有添加元素、删除元素等可变操作。

4.3.1 集合的创建与访问

可以把逗号分隔的元素放在一对大括号中来创建集合，如：{'jack', 'sjoerd'}。

集合元素必须是可哈希、不可改变的，如字符串常量、元组、不可变集合、数字等。用 set() 可创建一个空的集合。例如：

```
>>> set1 = set()
>>> set2 = {1,2,3}                    # {1, 2, 3}
>>> set3 = set([1,2,3])               # {1, 2, 3}
>>> set4 = set('abc')                 # {'c', 'b', 'a'}
```

集合中的元素是无序、不重复的，例如：

```
>>> list1 = [1,2,1,3]
>>> set5 = set(list1)
>>> print(set5)                       # {3, 1, 2}
```

4.3.2 集合的基本操作

集合元素是无序的，因此，它不关注元素在其中的位置、插入顺序，也不支持元素索引、切片或其他与序列相关的行为，但它支持 x in set、len(set) 和 for x in set 等表达形式。另外，集合是可改变、可修改的。

下面是集合的基本操作。

1. 元素操作

（1）增加元素：集合.add(元素)

（2）增加多个元素：集合.update(列表)。

（3）删除元素：集合.remove(元素)或集合.discard(元素)。若元素不存在，集合.remove(元素)会报错，而集合.discard(元素)不会。

（4）清空集合：集合.clear()清空集合中的所有元素。

例如：

```
>>> set2 = {1,2,3}                    # {1, 2, 3}
>>> set2.add(5)                       # {1, 2, 3, 5}
>>> set2.update([5,7,8])              # {1, 2, 3, 5, 7, 8}
>>> set2.remove(2)                    # {1, 3, 5, 7, 8}
```

当元素都为不可变类型时，虽然无法直接修改元素，但可以通过先删除再添加的方式来改变元素。例如：

```
>>> set2.discard(8)
>>> set2.add(9)
>>> set2                              # {1, 3, 5, 7, 9}
>>> set2.clear()                      # { }
```

2. 集合操作

集合计算包括并集（|）、交集（&）、差集（-）和补集（^）等，计算结果如图 4.3 所示。

（1）并集（|）操作：a | b 或 a.union(b)，结果为集合 a 和集合 b 中每一个元素的集合。

（2）交集（&）操作：a & b 或 a.intersection(b)，结果为集合 a 和集合 b 中的公共元素的集合。

（3）差集（-）操作：a-b 或 a.symmetric_difference(b)，结果为集合 a 和集合 b 中不重复的元素的集合，即会移除两个集合中都存在的元素。

（4）补集（^）操作：a^b 或 a.difference(b)，结果为集合 a 中有而集合 b 中没有的元素的集合。

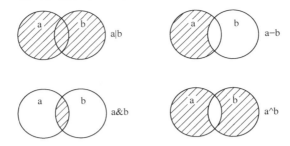

图 4.3　集合计算

例如：

```
>>> a = {1, 2, 4, 5, 6}
>>> b = {1, 2, 3, 5, 6}
>>> a & b                  # {1, 2, 5, 6}
>>> a.intersection(b)      # {1, 2, 5, 6}
>>> a | b                  # {1, 2, 3, 4, 5, 6}
>>> a.union(b)             # {1, 2, 3, 4, 5, 6}
>>> a ^ b                  # {3, 4}
>>> a − b                  # {4}
```

3. 查找和判断

（1）查找元素：集合虽然无法通过下标索引来定位查找元素，但可以通过 x in set 来判定是否存在 x 元素，通过 x not in set 来判定是否不存在 x 元素。

例如：

```
>>> set3 = {'one','two','three','four','five','six'}
>>> 'TWO' in set3          # Flase
```

（2）比较：集合比较符包括<、==、>等。

```
>>> {1,2,3} < {1,2,3,4}    # True      测试前面集合是不是后面集合子集
>>> {1,2,3} == {3,2,1}     # True      测试两个集合是否相等
>>> {1,2,4} > {1,2,3}      # False     测试后面集合是不是前面集合子集
```

（3）判断是不是子集（被包含）或超集（包含）：集合 1.issubset(集合 2) 或 集合 1.issuperset(集合 2)。

例如：

```
>>> set3 = {'one','two','three','four','five','six'}
>>> set4 = {'two','six'}
>>> set4.issubset(set3)       # True
>>> set4.issuperset(set3)     # Flase
>>> set3.issuperset({'two','six'})   # True
```

4. 其他

（1）转变成列表或元组：list(集合)或 tuple(集合)。

例如：

```
>>> set2 = {1,2,3}            # {1,2,3}
>>> list(set2)               # [1,2,3]
>>> tuple(set2)              # (1,2,3)
```

（2）得到集合元素个数：len(集合)。

（3）集合弹出（删除）元素：集合.pop()，从集合中删除并返回任意一个元素。

例如：

```
>>> set2 = {1,2,3}            # {1,2,3}
>>> x = set2.pop()
```

```
>>> print(x,len(set2))                #1 2
```

（4）集合的浅复制：集合.copy()。关于浅复制的说明参考下面字典有关内容。

例如：

```
>>> set3 = {'one','two','three','four','five','six'}
>>> set5 = set3.copy()
>>> set5 == set3                #True
>>> set3.remove('one')
>>> set5 == set3                #Flase
```

【例 4.10】生成 20 个 1～20 的随机数，统计出重复个数。

代码如下（setRand.py）：

```
import random
myset = set()
n = 0
while n<20:
    element = random.randint(1, 20)
    myset.add(element)
    n = n + 1
print(myset, '重复', 20-len(myset))
```

运行结果：

```
{3, 4, 7, 9, 10, 11, 13, 18, 20} 重复 11
```

【综合实例】：商品销售分类统计

【例 4.11】　根据销售商品详情数据，分别统计用户、金额、商品号及数量。

分析：用集合分别记录用户和商品号。

代码如下（saleTotal.py）：

```
# 元组列表(商品号, 用户, 金额, 数量)
lst_sale = [
    (2, 'easy-bbb.com', 29.80, 2),
    (6, 'easy-bbb.com', 69.80, 1),
    (2, '231668-aa.com', 29.80, 1),
    (1002, 'sunrh-phei.net', 16.90, 2)
]

set_com = set()                # 存放商品号的集合
set_usr = set()                # 存放购买用户的集合
for sale in lst_sale:
    set_com.add(sale[0])
    set_usr.add(sale[1])

print("{:^4}{:^10}".format('商品号','数量'))
for com in enumerate(set_com):
    cnum = 0
    for sale in lst_sale:
        if(sale[0] == com[1]):
            cnum += sale[3]
    print("{:^4}{:^15}".format(com[1],cnum))

print("{:^4}{:^20}".format('用户','金额'))
for usr in enumerate(set_usr):
```

▶【例 4.11】

```
total = 0.00
for sale in lst_sale:
    if(sale[1] == usr[1]):
        total += sale[2]*sale[3]
print("{:^14}{:^10}".format(usr[1],total))
```

运行结果如图 4.4 所示。

```
商品号      数量
2          3
1002       2
6          1
用 户              金额
sunrh-phei.net     33.8
easy-bbb.com      129.4
231668-aa.com      29.8
```

图 4.4　运行结果

【实训】

按照下列要求修改【例 4.11】，运行调试。

（1）销售商品详情数据采用元组存放，商品号和用户互换位置，实现同样功能。

（2）程序仅仅执行一次 for 循环，实现统计用户及金额。

4.4　字典

字典也称关联数组或哈希表，它由（键：值）成对组成。整个字典由一对大括号括起来，各项之间用逗号隔开。

字典中的值并没有特殊的顺序，键（key）可以是数字、字符串或者元组等可哈希数据。通过键就可以引用对应的值。字典中的键是唯一的，而值不一定唯一。

只有字符串、整数或其他对字典安全的元组才可以用作字典的键。

4.4.1　字典的创建与基本操作

1. 创建字典

1）直接创建

例如：

```
>>> dict1 = {1: 'one ', 2: 'two', 3: 'three'}
```

其中，键是数字，值是字符串。

```
>>> dict1a = {'a': 100, 'b': 'boy', 'c': [1, 2, 'AB']}
```

其中，键是字符，值是数值、字符串、列表。

2）通过 dict()函数来建立字典

例如：

```
>>> list1 = [(1,'one'),(2,'two'),(3,'three')]
>>> dict2 = dict(list1)              # 通过 dict()函数建立映射关系
>>> dict2                            # {1: 'one', 2: 'two', 3: 'three'}
>>> dict3 = dict(one=1,two=2,three=3)   # {'one': 1, 'two': 2, 'three': 3}
>>> dict(zip(['one', 'two', 'three'],[1,2,3]))
                                     # {'one': 1, 'two': 2, 'three': 3}
```

3）两个列表合成字典

例如：

```
>>> lstkey = ['a', 'b', 'c']
>>> lstval = [1, 2, 3]
>>> dict1 = dict(zip(lstkey, lstval))
>>> dict1
{'a': 1, 'b': 2, 'c': 3}
```

2. 基本操作

（1）得到字典中（键: 值）对的个数：len (字典)。

（2）得到关联键的值：字典[键]。

例如：

```
>>> dict1 = {1: 'one', 2: 'two', 3: 'three'}
>>> print(len(dict1))              # 3
>>> print(1, dict1[1])            # 1    one
>>> print('one', dict1['one'])    # KeyError: 'one'
```

如果使用字典中没有的键访问值，则会出错。

（3）添加、修改字典项：字典[键] = 值。

例如：

```
>>> dict1[1] = '壹'; dict1[2] = '贰'
>>> dict1[4] = '肆'               # 键不存在，添加新的项
>>> dict1                        # {1: '壹', 2: '贰', 3: 'three', 4: '肆'}
```

（4）删除字典项：del 字典[键]。

能删除单一的元素，也能清空字典，清空只需要一项操作。

例如：

```
>>> del dict1[3]                 # 删除 dict1 键是 3 的项
>>> dict1.clear()               # 清空 dict1 字典所有项
>>> del dict1                    # 删除字典 dict1
```

（5）判断是否存在键：键 not in 字典。

例如：

```
>>> dict1 = {1: 'one', 2: 'two', 3: 'three'}
>>> 3 in dict1                   # True
>>> 4 not in dict1               # True
```

（6）字典转换为字符串：str(字典)。

例如：

```
>>> dict1 = {1: 'one', 2: 'two', 3: 'three'}
>>> str1 = str(dict1)
>>> str1                         # "{1: 'one', 2: 'two', 3: 'three'}"
```

4.4.2 字典方法

1. 访问字典项

（1）字典.get(键[, 默认值])：返回字典中"键"对应的值，如果没有找到则返回默认值。

例如：

```
>>> d1['id'] = ['one','two']     # {'id': ['one', 'two']}
>>> print(d1['name'])            # 打印字典中没有的键会报错
>>> print(d1.get('id'))          # ['one', 'two']
>>> print(d1.get('name'))        # None，用 get()方法不会报错
>>> d1.get('name','N/A')         # 'N/A'取代默认的 None
```

（2）字典.setdefault(键[, 默认值])：在字典中不含有给定键的情况下设定相应的键值。

例如：

```
>>> d1 = {}
>>> d1.setdefault('name','N/A')          # 'N/A'，如果不设定值，默认是 None
>>> d1                                    # {'name': 'N/A'}
>>> d1['name'] = '周'                      # {'name': '周'}
>>> d1.setdefault('name','N/A')          # '周'，当键为'name'的值不为空时返回对应值
```

（3）字典.items()：将所用的字典项以列表形式返回，这些列表项中的每一项都来自(键: 值)，但是没有特殊的顺序。

（4）字典.keys()：将字典中的键以列表形式返回。

（5）字典.values()：以列表的形式返回字典中的值。

例如：

```
>>> dict1 = {1: 'one', 2: 'two', 3: 'three'}
>>> dict1.items()                        # dict_items([(1, 'one'), (2, 'two'), (3, 'three')])
>>> dict1.keys()                         # dict_keys([1, 2, 3])
>>> dict1.values()                       # dict_values(['one ', 'two', 'three'])
```

（6）iter(字典)：在字典的键上返回一个迭代器。

例如：

```
>>> dict1 = {1: 'one', 2: 'two', 3: 'three'}
>>> iterd = iter(dict1)
>>> iterd                                # <dict_keyiterator object at 0x0000027C8BE6CA48>
```

2. 修改、删除

（1）字典 1.update([字典 2])：利用字典 2 更新字典 1，如果没有相同的键，会将其添加到字典 1 中。

例如：

```
>>> dict1 = {1: 'one', 2: 'two', 3: 'three'}
>>> dict2 = {2: 'two', 4: 'four'}
>>> dict1.update(dict2)
>>> dict1                                # {1: 'one', 2: 'two', 3: 'three', 4: 'four'}
```

（2）字典.pop(键[, 默认值])：获得对应于给定键的值，并从字典中移除该项。

例如：

```
>>> dict1 = {1: 'one', 2: 'two', 3: 'three'}
>>> print(dict1.pop(1))                  # one
>>> dict1                                # {2: 'two', 3: 'three'}
```

（3）字典.popitem()：pop()方法会弹出列表的最后一个元素，但 popitem()方法会弹出随机的项，因为字典并没有顺序和最后的元素。

例如：

```
>>> dict1 = {1: 'one', 2: 'two', 3: 'three'}
>>> print(dict1.pop(1))                  # one
>>> dict1                                # {2: 'two', 3: 'three'}
>>> print(dict1.popitem())               # (3, 'three')
```

（4）字典.clear()：清除字典中所有的项。

例如：

```
>>> x = {1: 'one', 2: 'two', 3: 'three'}
>>> y = x
>>> x = {}                               #x 字典清空，y 字典不变
>>> x = {1: 'one', 2: 'two', 3: 'three'}
>>> y = x
>>> x.clear()                            #x 和 y 字典都清空
```

3. 复制

1）浅复制：字典.copy()

浅复制就是获得相同的内容，但并不是得到副本，而是它们之间有共用空间。

例如：

```
>>> d1 = {'xm': '王一平', 'kc': ['C 语言', '数据结构', '计算机网络']}
>>> d2 = d1.copy()              # 浅复制
>>> d2['xm'] = '周婷'            # 修改字典'xm'对应的值
>>> d2['kc'].remove('数据结构')   # 删除字典的某个值
>>> d1                          # {'xm':'王一平','kc':['C 语言','计算机网络']}
>>> d2                          # {'xm':'周婷','kc':['C 语言','计算机网络']}
```

其中，修改的值对原字典没有影响，但删除的值对原字典有影响。

2）深复制：deepcopy(字典)

为避免浅复制带来的影响，可以用深复制。深复制获得的内容完全是相同的副本，它们之间的空间是独立的。

例如：

```
>>> from copy import deepcopy   # 导入函数
>>> d1 = {}
>>> d1['id'] = ['one','two']    # {'id': ['one', 'two']}
>>> d2 = d1.copy()              # 浅复制
>>> d3 = deepcopy(d1)           # 深复制
>>> d1['id'].append('three')    # {'id': ['one', 'two', 'three']}
>>> d2                          # {'id': ['one', 'two', 'three']}
>>> d3                          # {'id': ['one', 'two']}
```

其中，浅复制的新字典随着原字典修改了，而深复制的新字典没有改变。

另外，dict2 = dict1 仅仅生成一个字典别名。

4. 遍历

对字典对象进行迭代或者遍历时默认遍历字典中的键。如果需要遍历字典的元素，则必须使用字典对象的 items()方法明确说明。如果需要遍历字典的值，则必须使用字典对象的 values()方法明确说明。当使用内置函数以及 in 运算符对字典对象进行操作时也要明确说明。

例如：

```
dict1 = {1: 'one', 2: 'two', 3: 'three'}
for item in dict1:              # 遍历元素健，与 for item in dict1.keys()等价
    print(item, end=' ')        # 1 2 3
print()
for item in dict1.items():      # 遍历元素
    print(item, end=' ')        # (1, 'one') (2, 'two') (3, 'three')
print()
for item in dict1.values():     # 遍历元素值
    print(item, end=' ')        # one two three
print()
```

5. 给定键建立新字典

fromkeys(seq[, 值])：使用给定的键建立新字典，每个键默认对应的值为 None。

例如：

```
>>> {}.fromkeys(['oldname', 'newname'])
                                # {'oldname': None, 'newname': None}
>>> dict.fromkeys(['oldname', 'newname'])
                                # {'oldname': None, 'newname': None}
>>> dict.fromkeys(['oldname', 'newname'],'zheng')
```

不用默认的 None，提供默认值'zheng'，结果为：

{'oldname': 'zheng', 'newname': 'zheng'}

【例 4.12】　用字典向 format()方法传入参数值，格式化输出学生成绩及相关信息。

Python 推荐使用 format()方法进行格式化输出，该方法不仅可以对数值进行格式化，还支持关键参数格式化和序列解包格式化字符串，使用十分方便。

format()支持的格式主要包括：b（二进制格式）、c（把整数转换成 Unicode 字符）、d（十进制格式）、o（字母，八进制格式）、x（小写，十六进制格式）、X（大写，十六进制格式）、e/E（科学计数法格式）、f/F（固定长度的浮点数格式）、%（固定长度浮点数显示百分数）。此外，它还提供了对下画线分隔数字的支持。

例如：

```
>>> print('{0:.3f}'.format(2/11))        # 0.182          3 位小数
>>> '{0:%}'.format(0.182)                #'18.200000%'    百分数
>>> '{0:_},{0:_x}'.format(65000)         # '65_000,fde8'    十六进制
>>> '{0:_},{0:_x}'.format(6500012)       # '6_500_012,63_2eac' 带下画线
>>> str1 = "{0}语言{1}函数"
>>> str1.format("Python", "format")      # 'Python 语言 format 函数'
```

可通过字典向 format()方法传入参数值。

例如：

```
>>> print('{name}考了{score}分'.format(name='孙婷婷',score=89))
                    # 孙婷婷考了 89 分    通过名称传入参数值
>>> d1 = {'name': '周和林', 'score': 90}
>>> print('{name}考了{score}分'.format(**d1))
                    # 周和林考了 90 分    通过字典传入参数值
```

> 👀 注意：
> 在通过字典向 format()方法传入参数值时要在字典名前加**。

例如（form1.py）：

```
lst = [[1,'孙玉真',25,'1999-09-02',True],
       [2,'黄一升',26,'1998-10-30',True],
       [3,'赵新红',19,'2000-05-06',False]]
print("序号    姓名      学分    出生时间    本省（1）")
print("----------------------------------------")
for i in lst:
    print("{0:^6}{1:<6}{2:<6}{3:^12}{4:^6}".format(i[0],i[1],i[2],i[3],i[4]))
```

运行结果如图 4.5 所示。

序号	姓名	学分	出生时间	本省（1）
1	孙玉真	25	1999-09-02	1
2	黄一升	26	1998-10-30	1
3	赵新红	19	2000-05-06	0

图 4.5　运行结果

【综合实例】：百分成绩分级统计

【例 4.13】　统计一组百分成绩对应的各等级人数。

代码如下（grade1.py）：

```
grade = {'不及格': (0, 60),
         '及格': (60, 70),
         '中等': (70, 80),
```

► 【例 4.13】

```
        '良好': (80, 90),
        '优秀': (90, 100)}
def transGrade(cj):
    for cjg, cjv in grade.items():
        if cjv[0] <= cj < cjv[1]:
            return cjg


lstScore = [78,90,95,56,80,89,76,65,75,86]
dictGrade = dict()
for i,score in enumerate(lstScore):
    scoreGrade = transGrade(score)
    dictGrade[scoreGrade] = dictGrade.get(scoreGrade, 0) + 1


for item in dictGrade.items():
    print(item)
```

运行结果如图 4.6 所示。

```
('中等', 3)
('优秀', 2)
('不及格', 1)
('良好', 3)
('及格', 1)
```

图 4.6　运行结果

【例 4.14】　根据商品名称，从键盘输入对应商品分类，以"商品名称：商品分类"作为字典进行保存。

代码如下（ctypeDict.py）：

```
# 键（商品名称）列表
lstpname = ['洛川红富士苹果冰糖心 10 斤箱装', '库尔勒香梨 10 斤箱装', '砀山梨 5 斤箱装特大果']
# 输入商品类别编号
lsttcode = []
for i in range(0,len(lstpname)):
    lsttcode.append(input(lstpname[i]+' 分类：'))
# 合成字典
tdict = dict(zip(lstpname,lsttcode))
# 输出
print(tdict)
```

运行结果如图 4.7 所示。

```
洛川红富士苹果冰糖心10斤箱装 分类：1A
库尔勒香梨10斤箱装 分类：1B
砀山梨5斤箱装特大果 分类：1B
{'洛川红富士苹果冰糖心10斤箱装': '1A', '库尔勒香梨10斤箱装': '1B', '砀山梨5斤箱装特大果': '1B'}
```

图 4.7　运行结果

【例 4.15】　统计字符串词的个数，词存放在字典中，同时统计分隔符个数。

程序如下（splitWords.py）：

```
import  re
str="Python is a language, and Python is a fad."
lst=re.findall (r'\b\w.+?\b', str)
```

►【例 4.15】

```
splitNum=len(lst)
dict1={ }
for i in range(0,splitNum):
    str1=lst[i]
    if str1 in dict1:
        n = dict1.pop(str1)
        dict1[str1] = n + 1
    else:
        dict1[str1] = 1
print(dict1)
print("分隔符个数：",splitNum)
```

运行结果如图 4.8 所示。

```
{'language': 1, 'and': 1, 'Python': 2, 'is': 2, 'a': 2, 'fad': 1}
分隔符个数：9
```

图 4.8　运行结果

【实训】

根据商品分类统计列表数据中每一类商品的销售额。

商品销售信息如下：

```
lst_sale = [
    (2, '1A', 'easy-bbb.com', 29.80, 2),
    (6, '1B', 'easy-bbb.com', 69.80, 1),
    (2, '1A', '231668-aa.com', 29.80, 1),
    (1002, '1B', 'sunrh-phei.net', 16.90, 2)
]
```

包括商品号、类别编号、购买用户账号、价格、购买数量，其中类别编号的意义如下：

1A 表示苹果，1B 表示梨，其中，1 表示水果大类。

4.5　序列常用函数和相互转换

4.5.1　序列常用函数

处理序列的函数很多，还有一些库，这里介绍几个内置函数和一个库。

1. 内置函数

（1）内置函数 map(函数, 序列)：将 map 对象中每个元素经过"函数"处理后返回。map()函数不对原序列或迭代器对象做任何修改。"函数"可以是系统函数，也可以是用户自定义函数，只能带一个参数。

例如：

```
>>> list(map(str, range(1,6)))        # 把数字元素转换为字符串列表
['1', '2', '3', '4', '5']
>>> def add(val):                     # 自定义单参数(val)函数 add
    return val+1
>>> list(map(add,range(1,6)))
[2, 3, 4, 5, 6]
```

（2）内置函数 filter(函数, 序列)：将单参数函数作用到一个序列上，返回函数值为 True 的那些元素组成的 filter 对象；如果函数值为 None，则返回序列中等价于 True 的元素。

例如：
```
>>> list1 = ['abc','123','+-*/','abc++123']
>>> def isAN(x):                    # 自定义函数 isAN(x)，测试 x 是否为字母或数字
        return x.isalnum()
>>> list(filter(isAN, list1))       # ['abc', '123']
```

（3）元素压缩 zip(x)：它把多个序列或可迭代对象 x 中的所有元素左对齐，然后往右拉，把所经过的每个序列中相同位置上的元素都放到一个元组中，只要有一个序列中的所有元素都处理完了，就返回包含到此为止的元组。

例如：
```
>>> x = zip('abcd', [1,2,3])        # 压缩字符串和列表
>>> list(x)
[('a', 1), ('b', 2), ('c', 3)]
>>> list(x)
[]                                  # zip 对象只能遍历一次
```

例如：
```
>>> x = list(range(6))
>>> x
 [0, 1, 2, 3, 4, 5]
>>> random.shuffle(x)               # 打乱元素顺序
>>> x
 [2, 3, 1, 0, 4, 5]
>>> list(zip(x,[1]*6))              # 多列表元素重新组合
[(2, 1), (3, 1), (1, 1), (0, 1), (4, 1), (5, 1)]
>>> list(zip(['a', 'b', 'c'],x))    # 两个列表不等长，以短的为准
 [('a', 2), ('b', 3), ('c', 1)]
```

> 👁️👁️👁️ **注意：**
> map()、filter()、zip()等对象只能从前往后访问其中的元素，没有任何方法可以再次访问已访问过的元素，也不支持使用下标访问其中的元素。当所有元素访问结束以后，如果需要重新访问其中的元素，必须重新创建该生成器对象。

例如：
```
>>> n = filter(None,range(10))
>>> n
<filter object at 0x000001A865660588>
>>> 1 in n
True
>>> 2 in n
True
>>> 2 in n
False                   # 元素 2 已经访问
>>> s = map(str,range(10))
>>> '2' in s
True
>>> '2' in s
False                   # 元素 2 已经访问
```

2. statistics 库

该库计算数值数据的基本统计属性（均值、中位数、方差等），用"import statistics"导入程序，以"statistics.函数名()"的形式引用。常用 statistics 库函数见表 4.1。

表 4.1　常用 statistics 库函数

函　　数	描　　述
mean(序列)	返回序列数据的算术平均数
fmean(序列)	将序列中的数据转换成浮点数，然后计算算术平均数
geometric_mean(序列)	返回序列数据的几何平均数（各统计变量连乘积的项数次方根）
harmonic_mean(序列)	返回序列数据的调和平均数（各统计变量倒数的算术平均数的倒数）
median(序列)	返回序列数据的中位数（中间值）
mode(序列)	返回序列数据的单个众数（出现最多的值）
multimode(序列)	返回序列数据的众数列表
pvariance(序列[, 平均数])	返回序列数据的方差（每个样本值与全体样本平均数之差的平方值的平均数），可选参数平均数省略会自动计算序列数据的算术均值，也可以设定为非该序列的均值
pstdev(序列[, 平均数])	返回序列数据的标准差（方差的平方根）
covariance(序列 1, 序列 2)	返回两个序列数据的样本协方差

例如：
```
>>> import statistics
>>> score = [90, 80, 85, 85, 70, 82, 60, 56, 85]
>>> statistics.mean(score)                    # 77
>>> statistics.median(score)                  # 82
>>> statistics.mode(score)                    # 85        （a）
>>> data = [100, 64, 10]
>>> statistics.geometric_mean(data)           # 40.0      （b）
>>> statistics.harmonic_mean(data)            # 23.88059701492537
>>> import random
>>> gausseq = []
>>> for i in range(100):
        temp = random.gauss(35, 1.5)          # （c）
        gausseq.append(temp)
>>> statistics.fmean(gausseq)                 # 35.25901790773193
>>> statistics.pstdev(gausseq, 35)            # 1.4733434259465663
```
说明：

（a）mode()函数求序列成绩中的众数，即出现最多的成绩值为 85。

（b）geometric_mean()函数计算几何平均数，将 100、64、10 三个数相乘的积开三次方得到。

（c）这里综合运用了前面 random 库中的 gauss(mu, sigma)函数，先用指定的均值（35）和标准差（1.5）生成一列按高斯正态分布的随机数，用 for 循环添加到序列 gausseq 中，然后通过 statistics 库的 fmean()、pstdev()两个函数反向算出此序列真实的均值和标准差，再与生成时设定的参数比较，可见它们是一致的。

4.5.2　序列相互转换

Python 字典和集合都使用哈希表来存储元素，元素查找速度非常快，关键字 in 作用于字典和集合时比作用于列表要快得多。实际编程时，针对不同功能要采用不同的序列，对于频繁使用的数据要先转换再操作。

list()、tuple()、dict()、set()、frozenset()用来把其他类型的数据转换成列表、元组、字典、可变集合和不可变集合，或者创建空列表、空元组、空字典和空集合。

1. 字符串、列表与元组的转换

Python 中字符串、列表与元组三者之间的互相转换涉及 3 个函数：str()、list() 和 tuple()。

例如：

```
>>> str = "python"
>>> list(str)              # ['p', 'y', 't', 'h', 'o', 'n']
>>> tuple(str)             # ('p', 'y', 't', 'h', 'o', 'n')
>>> tuple(list(str))       # ('p', 'y', 't', 'h', 'o', 'n')
>>> str([1,2,3])           # '[1, 2, 3]'
>>> str((1,2,3))           # '(1, 2, 3)'
>>> str({1,2,3})           # '{1, 2, 3}'
```

【例 4.16】 统计一个字符串中小写字母、大写字母、数字、其他字符个数，存入一个列表，前面元素包含各项的统计个数，字符串本身也作为一个元素添加到列表中，然后将这个列表转换成一个元组输出。

代码如下（strCont.py）：

```
"'统计一个字符串中小写字母、大写字母、数字、其他字符个数
    然后将其组成一个新元组"'
str1 = input("str=")
cont = [0,0,0,0]
for ch in str1:
    if ch.islower():
        cont[0] += 1
    elif ch.isupper():
        cont[1] += 1
    elif ch.isnumeric():
        cont[2] += 1
    else:
        cont[3] += 1
cont.append(str1)
mytup = tuple(cont)
print("小写字母=%d, 大写字母=%d,   数字=%d, 其他字符=%d"%(mytup[0], mytup[1], mytup[2], mytup[3]))
```

运行结果如下：

```
str=123ASg6H
小写字母=1, 大写字母=3,   数字=4, 其他字符=0
```

2. 列表、元组转换为字符串

列表和元组都可以通过 join() 函数转换为字符串。

例如：

```
>>> list1 = ['a','b','c']
>>> "".join(list1)         # 'abc'
>>> tuple1 = ('1','2','3')
>>> "".join(tuple1)        # '123'
```

3. 其他类型的相互转换

例如：

```
>>> dict1 = {1: 'one', 2: 'two', 3: 'three'}
>>> list1 = ['a','b','c']
>>> tup1 = tuple(dict1)    # (1, 2, 3)    字典的键组成的 tuple
>>> set(list1)             # {'c', 'a', 'b'}
>>> set(tup1)              # {1, 2, 3}
```

例如：

```
>>> list(range(5))         # 把 range 对象转换为列表
```

```
[0, 1, 2, 3, 4]
>>> tuple(_)                           # 一个下画线表示上一次正确的输出结果
(0, 1, 2, 3, 4)
>>> dict(zip('1234', 'abcde'))         # 两个字符串转换为字典
{'1': 'a', '2': 'b', '3': 'c', '4': 'd'}
>>> set('aacbbeeed')                   # 创建可变集合，自动去除重复内容
{'a', 'c', 'b', 'e', 'd'}
>>> _.add('f')
>>> _                                  # 上一次正确的输出结果
{'a', 'c', 'b', 'e', 'f', 'd'}
>>> frozenset('aacbbeeed')             # 创建不可变集合，自动去除重复内容
frozenset({'a', 'c', 'b', 'e', 'd'})
```

注意，不可变集合 frozenset 不支持元素添加与删除。

【综合实例】：区分中英文和 24 点游戏

【例 4.17】 把字符串分成中文和英文两部分。

代码如下（decChnEng.py）：

```
str = 'Python 就像 C++一样是一门 language,列表 list 元组 tuple 集合 set 字典 dict 是序列。'
cWordLst = []; eWordLst = []            # 分别存放中英文（分段子字符串）
cWord = ''; eWord = ''
for ch in str:
    if 'a'<=ch<='z' or 'A'<=ch<='Z':    # 英文字符范围
        if cWord:
            cWordLst.append(cWord)
            cWord = ''
        eWord += ch
    if 0x4e00<=ord(ch)<=0x9fa5:         # 中文 Uncode 编码范围
        if eWord:
            eWordLst.append(eWord)
            eWord = ''
        cWord += ch
if eWord:                               # 处理最后的分段子字符串
    eWordLst.append(eWord)
    eWord = ''
if cWord:
    cWordLst.append(cWord)
    cWord = ''
print(cWordLst)
print(eWordLst)
```

▶【例 4.17】

运行结果如图 4.9 所示。

```
['就像', '一样是一门', '列表', '元组', '集合', '字典', '是序列']
['Python', 'C', 'language', 'list', 'tuple', 'set', 'dict']
```

图 4.9　运行结果

👀 注意：
处理后非英文 ASCII 码的字符被忽略。

【例 4.18】 给出 4 个整数，找出通过四则运算构造的值恰好等于 24 的表达式，又称 24 点游戏。

代码如下（val24play.py）：

```
from itertools import permutations              # （1）
# 4 个数字和 3 个运算符可能组成的所有表达式形式
exps = ('((%s%s%s)%s%s)%s%s',                   # （2）
        '(%s%s%s)%s(%s%s%s)',
        '(%s%s(%s%s%s))%s%s',
        '%s%s((%s%s%s)%s%s)',
        '%s%s(%s%s(%s%s%s))')
ops = r'+-*/'

def expCal(v4one):
    lstResult = []
    # 全排列，枚举 4 个数的所有可能顺序
    for v4 in permutations(v4one):              # （1）
        print(v4)                               # 显示当前排列的 4 个数
        # （4）当前排列 4 个数能实现的表达式
        for exp in exps:                        # 遍历四则运算形式
            for op1 in ops:                     # 遍历运算符
                for op2 in ops:
                    for op3 in ops:
                        ls = exp % (v4[0], op1, v4[1], op2, v4[2], op3, v4[3])
                        try:                    # （3）
                            v = int(eval(ls))
                            if v == 24:
                                lstResult.append(ls)
                                # v = int(eval(exp % (v4[0], op1, v4[1], op2, v4[2], op3, v4[3])))
                                print(ls)
                        except:                 # （3）
                            pass
                            # print("err:",ls)
    return lstResult

my4v = (1, 2, 3, 4)
result = expCal(my4v)
if not result:
    print('没有等于 24 的组合！')
```

说明：

（1）导入 itertools 库的 permutations(v4one)函数，可以生成 v4one 元组的所有组合。

（2）exps 为元组，存放所有符合要求的含括号四则运算的字符串。

例如：exp = ((%s%s%s)%s%s)%s%s，采用

exp % (v0, op1, v1, op2, v2, op3, v3)

表示四则运算：((v0 op1 v1) op2 v2) op3 v3。

其中，op1,op2,op3 = +, −, *, /。

（3）因为四则运算表达式 eval(exp)枚举的所有情况中可能包含除数为 0 的组合，例如：2/((1+3)-4，为了防止程序中断运行，需要加入异常处理。异常处理语句 pass 仅占位，什么也不执行。这样，eval(exp)下面的循环体语句就不会执行，而是继续遍历其他组合。

（4）for exp in exps 枚举每一种运算表达式形式，对连接 4 个数的 3 个操作符枚举每一种运算构建成表达式：exp % (v4[0], op1, v4[1], op2, v4[2], op3, v4[3])。将表达式对应的字符串用 eval()函数转换为数值取整，如果等于 24，就将该元组加入列表保存。

上述四重 for 循环的功能也可以采用下面的列表推导式实现：

```
Result = [exp % (v4[0], op1, v4[1], op2, v4[2], op3, v4[3]) for op1 in ops \
    for op2 in ops for op3 in ops for exp in exps \
    if isVal24(exp % (v4[0], op1, v4[1], op2, v4[2], op3, v4[3]))]
```

其中，判断表达式是否等于 24 的函数 isVal24()代码如下：

```
def isVal24(exp):
    try:
        return int(eval(exp)) == 24
    except:
        return False
```

运行程序，结果如图 4.10 所示，因为满足条件的组合太多，这里仅列出前后两组。

```
                                        (4, 3, 2, 1)
                                        ['((4*3)*2)*1']
                                        ['((4*3)*2)/1']
                                        ['(4*3)*(2*1)']
                                        ['(4*3)*(2/1)']
                                        ['(4*(3*2))*1']
    (1, 2, 3, 4)                        ['(4*(3*2))/1']
    ['((1+2)+3)*4']                     ['4*((3+2)+1)']
    ['((1*2)*3)*4']                     ['4*((3*2)*1)']
    ['(1*2)*(3*4)']                     ['4*((3*2)/1)']
    ['(1+(2+3))*4']                     ['4*(3+(2+1))']
    ['(1*(2*3))*4']                     ['4*(3*(2*1))']
    ['1*((2*3)*4)']                     ['4*(3*(2/1))']
    ['1*(2*(3*4))']
```

图 4.10   运行结果

如果修改成下列语句，再运行程序，会显示"没有等于 24 的组合！"。

```
my4v = (1, 2, 3, 1)
```

【实训】

（1）修改【例 4.17】，统计字符串中汉字、大写字母、小写字母和其他字符个数。

（2）按照下列要求修改【例 4.18】，运行调试。

① 四则运算构造不允许包含括号。

② 四重 for 循环采用列表推导式实现。

第 5 章 自定义函数

函数是组织好的、可重复使用的，用来实现单一或相关联功能的代码段。函数能提高应用的模块性和代码的重复利用率。Python 提供了许多内置函数，比如 input()、print()。在没有合适的内置函数时，可以自己创建函数，称为自定义函数。

5.1 自定义函数和调用

5.1.1 函数定义与调用

1. 定义一个函数

定义一个函数的语句如下：

```
def 函数名([参数 1，参数 2，…]):
        函数体（语句块）
        [ return[表达式]]
```

说明：

（1）函数代码以 def 关键词开头，后接函数标识符名称和圆括号，圆括号之间可以用于定义参数。

（2）函数体：实现函数功能的语句块。

（3）return[表达式]：结束函数，返回一个值给调用方。不带表达式的 return 相当于返回 None。

2. 函数调用

用户通过函数名(参数 1，参数 2，…)来调用函数。

例如：

```
>>> def addxy(x,y):              # 定义双参数函数 addxy(x,y)
        return x+y
>>> addxy(-12.6,5)              # 调用 addxy()函数，没有赋值
-7.6                            # 函数返回结果
>>> sum=addxy(-12.6,5)         # 调用 addxy()函数，赋值给 sum 变量
>>> sum
-7.6
```

函数返回的表达式可以是列表、元组、集合、多个值。

```
>>> def divide( a,b) :
        n1=a//b;n2=a-n1*b
        return n1,n2
>>> x,y=divide( 123,5)
>>> x,y
(24, 3)
```

5.1.2 列表推导式调用函数

列表推导式中可以使用函数，这样列表推导式就可以根据用户要求进行推导。

例如（funInfer.py）：

```
lst=[1,-2,3,-4]
```

```
def func(val):
    if val% 2== 0:
        val= val*2
    else:
        val= val*3
    return val
print( [func(val)+1 for val in lst    if val>0] )
```

运行结果：

[4，10]

标准库 functools 中的函数 reduce(自定义函数, 序列)将接收两个参数的函数，以迭代累积的方式从左到右依次作用到一个序列或迭代器对象的所有元素上，并且允许指定一个初始值。

例如：

```
>>> from functools import reduce
>>> def addxy(x,y):                    # 定义双参数函数 addxy(x,y)
        return x+y
>>> list1 = [1, 2, 3, 4, 5]
>>> reduce(addxy,list1)                # 15
```

其中，reduce()函数执行过程如下：

x=1, y=2, addxy(x,y)=1+2

x=3, y=3, addxy(x,y)=3+3

x=6, y=4, addxy(x,y)=6+4

x=10, y=5, addxy(x,y)=10+5

如果把 addxy()函数换成乘（*），则上述过程就能够实现计算 5!。

如果把 addxy()函数的参数换成字符串，则上述过程就能够实现列表所有字符串元素的连接。

5.2 参数传递

函数定义时表达的是形参，调用时使用实参。例如，def addxy(x,y)中 x,y 是形参，addxy(-12.6,5)中的-12.6,5 就是实参。

将实参传给形参有两种方式：传址和传值。传值就是传入一个参数的值，传址就是传入一个参数的地址，即内存的地址。它们的区别是函数内对传值参数赋值不会改变函数外变量值，传址就会改变函数外变量值。

传值和传址是根据传入参数的类型来选择的，如果是一个可变对象（比如字典或者列表）的引用，就采用传址方式。如果函数收到的是一个不可变对象（比如数字、字符串或者元组）的引用，就采用传值方式。

例如：

```
>>> def add1(x,y):
        x=x+y
        return x
>>> x=-12.6;   y=5
>>> add(x,y)
-7.6
>>> x
-12.6
```

其中，因为 x 属于数字类型，所以采用传值方式，函数外的 x 值不变。

例如：

```
>>> def add2(x):
        x[0]=x[0]+x[1]
        return x[0]
>>> lst=[10,20]
>>> add2(lst)
30
>>> lst[0]
30
```

其中，因为 x 的类型是列表，所以采用传址方式，lst[0]的值会改变。

5.2.1　定长参数

调用函数时参数包括位置参数、参数名、默认值参数、定长参数。

位置参数实参须以形参相同顺序传入函数，参数名（或关键字）确定传入的参数对应关系。用户可以跳过不传的参数或者乱序传参。如果没有传入参数的值，则认为是默认值。

例如：

```
>>> def pout(a,b,c=3):
        print(a,b,c)
>>> pout(10,20,30)                  #位置参数
10 20 30
>>> pout(b=123,a="abc",c=[4,5,6])   #参数名，b 在 a 之前不影响对应关系
>>> pout(1,2)                       #默认值参数，c 采用默认值
1 2 3
```

【例 5.1】　定义函数，实现可变个数数值相加。

代码如下（argsSum.py）：

```
def mysum(*args):
    sum=0
    for x in args:
        sum+=x
    return sum
print(mysum(1,2,3,4,5,6))
print(mysum(1,2))
print(mysum(2))
```

运行结果：

```
21
3
2
```

5.2.2　可变长参数

可变长参数在定义函数时主要有两种形式："*参数"或者"**参数"，"*参数"用来接收任意多个实参并将其放在一个元组中，"**参数"显式地将多个实参放入字典中。

例如：

```
def poutx (*x) :
        print (x)
>>> poutx(1,2,3)
(1, 2, 3)
>>> poutx(1,2,3,4,5,6)
(1, 2, 3, 4, 5, 6)
```

例如：

```
>>> def poutkx(**x):
        for item in x.items() :
            print(item)
>>> poutkx(a=1,b=2,c=3)
('a', 1)
('b', 2)
('c', 3)
```

注意，尽管可以同时使用位置参数、关键参数、默认值参数和可变长参数，但只能在必要时使用，否则代码可读性会变差。

5.2.3　序列解包

序列作为实参，解包也有"*参数"和"**参数"两种形式。

1. 一个星号*的形式

调用含有多个参数的函数时，可以使用列表、元组、集合、字典以及其他可迭代对象作为实参，并在实参名前加一个星号*，Python 解释器将自动进行解包，然后把序列中的值分别传递给形参。

例如：

```
>>> def drt(a,b,c):
        d=b*b-4*a*c
        return d
>>> lst= [1, 2 , 3]
>>> print( drt(*lst) )                #对列表进行解包
-8
>>> dic={1: 'a',2: 'b',3: 'c'}
>>> print( drt(*dic) )                #用字典键值传递
-8
```

对于元组和集合，方式与列表相同。

如果执行：

```
>>> print( drt(*dic.values()) )
```

就会出现错误。

2. 两个星号**的形式

如果实参是字典，可以使用两个星号**对其进行解包，并要求实参字典中的所有键都必须是函数的形参名称，或者与函数中两个星号的可变长参数相对应。

例如：

```
>>> def dout(**d):
        for item in d.items():
            print(item)
>>> d={'one':1, 'two':2, 'three':3}
>>> dout(**d)
('one', 1)
('two', 2)
('three',3)
```

3. 采用多种形式接收参数

如果函数需要以多种形式来接收参数，则定义时的顺序如下：位置参数→默认值参数→一个星号的可变长参数→两个星号的可变长参数。调用函数时，一般也按照这个顺序进行参数传递。

调用函数时如果对实参使用一个星号*进行序列解包，那么解包后的实参将被当作普通位置参数对待，并且会在关键参数和使用两个星号**进行序列解包的参数之前进行处理。

例如：

```
>>> def pout(a,b,c=3):
    print (a,b,c)
>>> pout(*[1,2,3])                   #列表解包
1 2 3
>>> pout(1,*(2,),3)                  #位置参数和元组解包
1 2 3
>>> pout(1,*(2,3))                   #元组解包相当于位置参数
1 2 3
>>> pout(*(3,),**{ 'c':1, 'b':2})    #元组解包、字典对应名字
3 2 1
```

5.3　变量作用域

在函数外部和内部定义的变量，其作用域是不同的，在函数内部定义的变量一般为局部变量，在函数外部定义的变量为全局变量。不管是局部变量还是全局变量，其作用域都是从定义的位置开始的，在此之前无法访问。

在函数内部定义的局部变量只在该函数内可见，当函数运行结束后，在其内部定义的所有局部变量将被自动删除而不可访问。

但是，在函数内部使用 global 定义或者声明的变量就是全局变量，函数运行结束以后仍然存在，并且可以访问。注意下列几种情况。

（1）一个变量已在函数外定义就是全局变量，如果在函数内需要修改这个变量的值，并将修改的结果反映到函数之外，可以在函数内用关键字 global 明确声明要使用已定义的同名全局变量。

（2）在函数内部直接使用 global 关键字将一个变量定义为全局变量，如果在函数外没有定义该全局变量，在调用这个函数之后，会创建新的全局变量。

（3）在函数内如果只引用某个变量的值而没有为其赋新值，则该变量为函数外变量。如果在函数内为变量赋值，该变量就被认为是局部变量。

示例代码如下（funLocal.py）：

```
sum1=0                              #全局变量
sum2=0
def addxy( x, y):
    global sum2
    s= x + y                        #局部变量
    sum1=s                          #局部变量
    sum2=s                          #全局变量
    print("s=",s)
    return
addxy( -12.6, 8)                    #调用 addxy()函数
print("sum1=",sum1)                 #显示原值
print("sum2=",sum2)                 #显示相加值
```

运行结果：

```
 s= -4.6
 sum1= 0
 sum2= -4.6
```

（4）变量的四种作用域。

局部作用域对应于函数本身，外部作用域对应于外部函数（如果有的话），全局作用域对应于模块（或文件），Python 作用域对应于 Python 解释程序。

Python 解释程序有一个预建的，或者叫自带的模块（__builtin__），可以在 Python 解释程序中导入该模块，并查看其中预定义的名称，包括变量名和函数名。

可以在一个单独的模块中定义好全局变量，在需要使用全局变量的模块中将定义的全局变量模块导入。

5.4　函数的嵌套与递归

5.4.1　函数的嵌套

Python 允许在定义函数的时候，其函数体内又包含另一个函数的完整定义，这就是通常所说的嵌套定义。凡是其他语句可以出现的地方，同样可以出现 def 语句。

定义在其他函数内的函数称为内部函数，内部函数所在的函数称为外部函数。函数可以多层嵌套，除最外层和最内层的函数之外，其他函数既是外部函数又是内部函数。

说明：

（1）嵌套函数的作用域。

内部函数定义的变量只在内部有效，包括其嵌套的内部函数，对外部函数无效。

（2）变量名的查找顺序。

当某个函数引用一个变量时，首先在该函数的局部作用域中查找该变量，如果在局部作用域中有对该变量的赋值语句，并且没有用关键词 global，即没有将其声明为全局变量，则相当于在该函数内部定义了一个局部变量。如果在当前函数的局部作用域中没有找到该变量的定义，并且当前函数是某个函数的内部函数，那么继续由内向外在所有外部函数中查找该变量的定义，并且将最先找到的赋值语句作为它的定义，并将第一个赋给它的值作为要找的变量的值。如果在所有外部函数中都没有找到该变量的定义，或者根本就没有外部函数，那么继续在全局作用域中查找。如果在全局作用域中还没有找到定义，那么就到 Python 内建的作用域去找。如果四个作用域都没找到的话，则说明引用了一个未加定义的变量，这时 Python 解释器就会报错。

（3）函数嵌套时的执行顺序。

在使用 def 语句定义函数时，Python 并不会立即执行其语句体中的代码，只有调用该函数时，对应 def 语句的语句体才会被执行。所以，当分析嵌套函数的执行顺序时，遇到 def 语句可以跳过（包括其语句体），然后调用函数时，再查看对应 def 语句的语句体。

（4）嵌套作用域的静态性。

函数内定义的局部变量只在函数执行时有效，当函数退出后就不能再访问了。这是因为局部变量是动态分配的，当函数执行时为其分配临时内存，函数执行后马上释放。这反映了局部变量的动态性。但是当出现函数嵌套时，如果内部函数引用了外部函数的局部变量，那么外部函数的局部变量将被静态存储，即当函数退出后，其局部变量所占内存也不会被释放。

【例 5.2】　函数的嵌套演示。

代码如下（funNest1.py）：

```
x=0
def fun1():
    x1=1
    def fun2():
```

```
            global x2
            x2=2
            print('func2a:x0,x1,x2=', x, x1, x2)
            def fun3():
                x=31
                x2=23
                x3=3
                print('func3:x, x1,x2,x3=', x, x1, x2, x3)
            fun3()
            print('func2b:x0,x1,x2=', x, x1, x2)
            x2=22
        fun2()
        print('func1:x,x1,x2=', x, x1, x2)
        #x=10
    fun1()
    print('x,x2=', x, x2)
```

运行结果：

```
func2a:x0,x1,x2= 0 1 2
func3:x, x1,x2,x3= 31 1 23 3
func2b:x0,x1,x2= 0 1 2
func1:x,x1,x2= 0 1 22
x,x2= 0 22
```

【例 5.3】　函数的嵌套演示。

代码如下（funNest2.py）：

```
def myOP(optab, opc, opval):              #自定义函数
    if opc not in '+-*/':
        return 'OP Err!'
    def OP(opitem):                       #自定义函数
        return eval(repr(opitem)+opc+repr(opval))
    return map(OP, optab)                 #使用在函数内部定义的函数
print(list(myOP(range(6), '+', 2)))       #调用 myOP()实现[0,1,2,3,4,5]+2
print(list(myOP(range(6), '/', 2)))       #调用 myOP()实现[0,1,2,3,4,5]/2
```

运行结果：

```
[2, 3, 4, 5, 6, 7]
[0.0, 0.5, 1.0, 1.5, 2.0, 2.5]
```

5.4.2　函数的递归

递归是一个不断地将一个问题分成更小的子问题，最终找到一个简单的基础问题，再由基础问题的解决逐步向上解决初始问题的过程。递归其实分为一个向下的递推过程和一个向上的回溯过程。

在递归过程中，存在栈的先进后出的过程。在调用函数的时候，Python 会分配一个栈来处理该函数的局部变量。当函数返回时，返回值就在栈的顶端，以供调用者访问。栈限定了函数所用变量的作用域。尽管反复调用相同的函数，但是每一次调用都会为函数的局部变量创建新的作用域。

递归形式上就是函数的自我调用。

假设有一个函数 A，在它的函数体中又调用 A，这样自己调用自己，自己再调用自己……，当某个条件得到满足时就不再调用了，然后一层一层地返回，直到该函数的第一次调用，如图 5.1 所示。

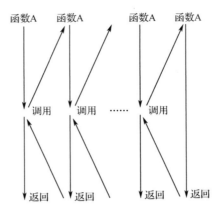

图 5.1　函数递归调用示意图

【综合实例】: 阶乘、斐波那契和汉诺塔

【例 5.4】　利用递归求阶乘 $n!$。

1）普通方法

$$n!=1×2×3×\cdots×(n-2)×(n-1)×n$$

代码如下（funNest3.py）：

```
def fact1( n):
    s=1
    for i in range(1,n+1):
        s=s*i
    return s
num = int(input("n="))
print(num, '!=', fact1(num))
```

运行结果：

```
n=5
5 != 120
```

2）递归方法

$$n! = \begin{cases} 1 & n = 0 \\ n×(n-1)! & n > 0 \end{cases}$$

代码如下：

```
def fact2(n) :
    if n == 0:   s = 1
    else:
        s=n * fact2(n-1)
    return s
num=int(input("n="))
print(num, '!=',fact2(num))
```

运行结果：

```
n=5
5 != 120
```

► 【例 5.4】

【例 5.5】 用递归函数实现斐波那契数列。

$$f(n)=\begin{cases} 0 & n=0 \\ 1 & n=1或2 \\ f(n-1)+f(n-2) & n>2 \end{cases}$$

代码如下（nestFibon1.py）：

```
def fib(n):
    if n==0: return 0
    elif n==1: return 1
    else: return fib(n-2)+ fib(n-1)
num=int(input("n="))
print('sum=',fib(num))
```

运行结果：

```
n=10
sum= 55
```

用集合记录中间运算结果，可以修改程序如下（nestFibon2.py）：

```
fset={0,1}
def fib(n):
    if n==0: return 0
    elif n==1: return 1
    else: s= fib(n-2)+ fib(n-1); fset.add(s);return s
num=int(input("n="))
print('sum=',fib(num))
print(fset)
```

运行结果：

```
n=10
sum= 55
{0, 1, 2, 3, 34, 5, 8, 13, 21, 55}
```

其中：

（1）集合是无序的，不要认为上述输出顺序是斐波那契数列的生成顺序。

（2）集合采用地址引用，所以在自定义函数中可以操作函数外的集合。

另外，函数递归可以把一个大型的复杂问题层层转化，只需要很少的代码就可以描述过程中需要的大量重复计算。

【例 5.6】 列表平铺。

如果列表包含多级嵌套或者不同子列表嵌套深度不同，需要平铺，可以使用函数递归实现。

代码如下（lstFlat.py）：

► 【例 5.6】

```
def flatList (mylst):
    lst=[]                          #存放结果列表
    def nested(mylst):              #函数嵌套定义
        for item in mylst:
            if isinstance (item,list):
                nested (item)       #递归子列表
            else:
```

```
                    lst.append (item)              #扁平化列表
            nested (mylst)                         #调用嵌套函数
            return lst                             #返回结果
list1=[[1,2,3],[4,[5,6]],[7,[8,[9]]]]
list2=flatList (list1)
print(list2)
```

运行结果：

```
[1, 2, 3, 4, 5, 6, 7, 8, 9]
```

【例 5.7】 塔内有 3 个底座 A、B 和 C，A 上有 n 个大小不同的盘子，大的在下，小的在上。假设要把这 n 个盘子从 A 移到 C，每次只允许移动一个盘子，在移动盘子的过程中可以利用 B，但任意时刻 3 个底座上的盘子都必须保持大盘在下、小盘在上。如果只有一个盘子，可直接将盘子从 A 移动到 C。如果初始包含 64 层就是汉诺塔问题，如图 5.2 所示。

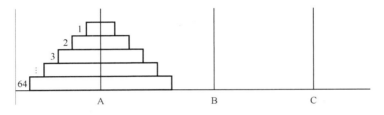

►【例 5.7】

图 5.2　汉诺塔问题

下面基于递归算法来解决汉诺塔问题（Thanoi.py）。

```
# num：盘子个数，src：原来的底座，dst：目标底座，temp：临时底座
def hanoi(num, src, dst, temp=None):
    global times                         # times 变量记录移动次数

    # 只剩最后或只有一个盘子需要移动，函数递归调用结束
    if num == 1:
        print('第{0}次：{1} ==> {2}'.format(times, src, dst))
        times += 1
    else:
        # 先把除最后一个盘子之外的所有盘子移动到临时底座上
        hanoi(num-1, src, temp, dst)
        # 把最后一个盘子直接移动到目标底座上
        hanoi(1, src, dst)
        # 把除最后一个盘子之外的其他盘子从临时底座移动到目标底座上
        hanoi(num-1, temp, dst, src)
#==========
times = 1
#4 个盘子，A 是原来的底座，C 是目标底座，B 是临时底座
hanoi(4, 'A', 'C', 'B')
print("="*15)
times = 1
#3 个盘子，B 是原来的底座，C 是目标底座，A 是临时底座
hanoi(3, 'B', 'C', 'A')
```

运行结果如图 5.3 所示。

第1次：A ==> B
第2次：A ==> C
第3次：B ==> C
第4次：A ==> B
第5次：C ==> A
第6次：C ==> B
第7次：A ==> B
第8次：A ==> C
第9次：B ==> C

第10次：B ==> A   第1次：B ==> C
第11次：C ==> A   第2次：B ==> A
第12次：B ==> C   第3次：C ==> A
第13次：A ==> B   第4次：B ==> C
第14次：A ==> C   第5次：A ==> B
第15次：B ==> C   第6次：A ==> C
                  第7次：B ==> C

图 5.3 运行结果

【实训】

1. 修改【例 5.2】，进行下列操作。

```
x=0
def fun1():
    x1=1
    def fun2():
        global x2                 # （a）
        x2=2

    ...
    print('func1:x,x1,x2=', x, x1, x2)
    #x=10                         # （b）
fun1()
print('x,x2=', x, x2)
```

（a）将该句加注释，运行程序，会重新什么情况？

（b）删除该句加注释，运行程序，会重新什么情况？

2. 修改【例 5.3】，增加整除功能，测试 " [11, 15, 8] %4" 的运行结果。

3. 修改【例 5.4】，采用递归计算 1+2+3+4+...+n。

4. 参考【例 5.5】，采用非递归方法实现斐波那契数列。

5. 按照下列要求修改【例 5.7】，运行调试：

（1）4 个盘子，最初放置盘子第 1 个柱子，第 3 个是目标柱子，第 2 个是临时柱子。

（2）1 个盘子，最初放置盘子第 3 个柱子，第 2 个是目标柱子，第 1 个是临时柱子。

5.5 应用程序构成

一个简单的应用由一个 .py 文件组成。一个复杂的问题通常需要分解成一系列小问题，然后将小问题继续划分成更小的问题，当问题细化得足够简单时，就可以通过编写函数、类等来解决了，这就是模块化程序设计。

5.5.1 模块

在 Python 中模块包含 Python 内置模块、第三方模块和自定义模块。模块化程序设计是指自定义模块。

自定义模块是将包含变量、函数、类等的程序代码和数据封装起来以便重用的文件，以“.py”为后缀，Python 将.py 文件视为模块。自定义模块组成如图 5.4 所示。

图 5.4　自定义模块组成

自定义模块也经常引用其他模块，例如 time、math、re 等。

一个 Python 应用由若干个模块组成，这些模块中有一个主模块，也就是启动应用的文件，即程序运行的入口。

5.5.2 包

一个应用程序可能存放在若干.py 文件中，简单来说，Python 中的包（Package）就是一个目录，里面存放了.py 文件，外加一个__init__.py。通过目录的方式来组织众多的模块，包就是用来管理和分类模块的，如图 5.5 所示。

引入包之后，实现不同功能的同名的模块可以放在不同的包中，以避免名称冲突，采用“包.模块名称”进行引用，如图 5.6 所示。

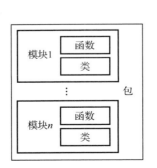

图 5.5　Python 包结构示意图

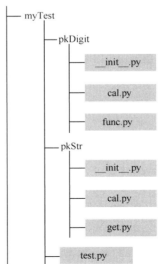

图 5.6　包和模块文件存放实例

说明：在图 5.6 中，用户 Python 存放文件的 myTest 目录（也可认为这是最外面的包）下，包含 pkDigit、pkStr 包，每个包中存放了若干.py 文件，即自定义模块程序。

1. pkDigit 包

cal.py 代码如下：

```
from pkDigit import func              # （1）
def div(a=0,b=1):                      # （2）
    if b!=0:
        ab=a/b
        return ab
    else:
        return none
def abcArea(a=0,b=0,c=0):
    p=(a+b+c)/2
    area=func.mySqrt(p*(p-a)*(p-b)*(p-c))
    return area
```

说明：

（1）引用包中模块需要使用 from 包 import 模块，而不能直接使用 import 模块。

（2）模块中的函数的参数需要默认值。

func.py 代码如下：

```
import math
PI=3.14
def mySqrt(x=0):
    if x>=0:
        y=math.sqrt(x)
    else:
        y=-1
    return y
def mySin(x=0):
    radian=x/180*PI
    y=math.sin(radian)
    return y
```

说明：引入 math 系统内置模块，PI 是全局变量，整个应用的其他模块均可使用。

2. pkStr 包

cal.py 代码如下：

```
def adds(s1=' ',s2=' '):
    s=s1+s2
    return s
def muls(s1=' ',n=1):
    s=s1*n
    return s
```

说明：不同包中的模块文件名可以相同，但构建一个应用需要的所有包中的函数名不能相同，否则以最后导入的模块的函数为准。

get.py 代码如下：

```
def left(s='',n=0):
    s1=s[:n]
    return s1
def subs(s='',n1=0,n=0):
    n2=n1+n
    if n2<=len(s):
```

```
        s1=s[n1:n1+n]
    return s1
```

5.5.3　引用包模块

1.　__init__.py

只有包含一个__init__.py 文件的目录才会被认为是一个包，有了该文件，搜索有效模块时，可少搜索一些无效路径。

例如：

1）pkDigit 包：__init__.py

```
from pkDigit.cal import *
from pkDigit.func import *
pkDigitStr="本模块包含算术运算、平方根和正弦函数"
```

说明：该文件也是 Python 程序，可以包含程序语句，但一般仅包括共有内容。这里，pkDigitStr 是本包的函数说明，方便使用者查看。

也可以写成下列形式：

```
import pkDigit.cal
import pkDigit.func
```

不过，在引用模块函数时需要加"模块."作为前缀。

或者采用列表给__all__变量赋值：

```
__all__ = ['cal','func']
```

其他包也需要"模块."引用，而且不能同名。

2）pkStr 包：__init__.py

```
import pkStr.cal
import pkStr.get
```

2.　导入和引用

下列程序引用 pkDigit 模块和 pkStr 模块。

test.py 代码如下：

```
a=3; b=4
from   pkDigit import *
from   pkStr import *

n=div(a,b);print('a/b=',n)
print('sin(30)=',mySin(30));
print('PI=',PI)
s=cal.muls('xyz',2); print(s)
s=get.subs(pkDigitStr,5,8); print(s)

area=abcArea(2,3,4)
print(area)
```

运行结果：
```
a/b= 0.75
sin(30)= 0.4997701026431024
PI= 3.14
xyzxyz
算术运算
2.9047375096555625
```

3.　模块单独运行和调用模块

pkDigit 包中的 cal.py 作为模块使用的同时又引用了其他模块，代码如下：

```
from pkDigit import func
    …
```

```
def abcArea(a=0,b=0,c=0):
    p=(a+b+c)/2
    area=func.mySqrt(p*(p-a)*(p-b)*(p-c))
    return area
```

模块单独运行，就会出现错误，需要修改导入语句如下：

```
import func
```

但作为模块被调用就会出现错误。

1）__name__变量

例如：

```
if __name__=='__main__':
    import func
else:
    from pkDigit import func
...
def abcArea(a=0,b=0,c=0):
    p=(a+b+c)/2
    area=func.mySqrt(p*(p-a)*(p-b)*(p-c))
    return area
if __name__=='__main__':
    print("cal:",abcArea(3,4,5))
```

2）获取 log 路径，并且添加到 os.path 中

```
import sys, os
sys.path.insert(0,
os.path.dirname(os.path.dirname(os.path.abspath(__file__))))
from pkDigit import func
...
```

【综合实例】：报数游戏

【例 5.8】 有 n（例如 n=16）个人围成一圈，从 1 开始编号，从第一个人开始到 js（例如 js=5）报数，报到 js 的人退出圈子，剩下的人重新组成圈子，从下一个人继续游戏，问最后留下的人的编号。

代码如下（cycle1.py）：

► 【例 5.8】

```
from itertools import cycle

def leave(lst, js):
    mylst = lst[:]                          # 保存当前圈子人员编号
    while len(mylst) > 1:                    # 游戏一直进行到只剩下最后一个人
        # 创建 cycle 对象
        cLst = cycle(mylst)
        # 从 1 到 js 报数
        for i in range(js):
            c1 = next(cLst)
        lstOut.append(c1)                   # 保存出局编号
        index = mylst.index(c1)
        mylst = mylst[index + 1:] + mylst[:index]    #删除出局编号
    return mylst[0]

lstOut=[]
lst=list(range(1, 16))
lstOut.append(leave(lst, 5))
print(lstOut)
```

运行结果：

[5, 10, 15, 6, 12, 3, 11, 4, 14, 9, 8, 13, 2, 7, 1]

说明：模块导入 itertools 模块中的 cycle 对象，通过 cLst = cycle(mylst)，使 cLst 对象为一个头尾相连的环，用 next(cLst)方法找当前的下一个成员。

【实训】

商品销售信息列表如下：

```
lst_sale = [
    (2, '1A', 'easy-bbb.com', 29.80, 2),
    (6, '1B', 'easy-bbb.com', 69.80, 1),
    (2, '1A', '231668-aa.com', 29.80, 1),
    (1002, '1B', 'sunrh-phei.net', 16.90, 2)
]
```

包括商品号、类别编号、购买用户账号、价格、购买数量，其中类别编号的意义如下：

1A 表示苹果，1B 表示梨，其中，1 表示水果大类。

按照下列要求编程：

（1）定义全局变量 dictCType，存放类别编号字典。

（2）自定义函数 insertSale()，在 lst_sale 列表中增加商品分类名列。

（3）自定义函数 calCtype()，根据商品分类统计列表数据中每一类商品的销售额。

（4）自定义函数 lstSort()，参数指定列表和排序列，不影响原来的列表。

调用自定义函数，实现上述功能。

第 *6* 章 文件操作

程序运行时变量、序列、对象等中的数据暂时存储在内存中，当程序终止时它们就会丢失。为了能够永久地保存程序的相关数据，需要将它们存储到磁盘或光盘中。

数据在操作系统中是以文件形式存在的。按数据的组织形式，可以把文件分为文本文件和二进制文件两大类。

1. 文本文件

文本是书面语言的表现形式，从文学角度说，通常是具有完整、系统含义的一个句子或多个句子的组合。一个文本可以是一个句子、一个段落或者一个篇章。

在计算机中构成一个文本最基本的元素是字符，如英文字母、汉字、数字等。这些字符在计算机中保存的是它们的编码，英文字母、数字等的最常见的编码是 ASCII 编码，表达汉字的编码有 GBK 等。能够把全世界的符号一起进行编码的是 Unicode 编码。

文本文件存储的是常规字符串组成的文本行，每行以换行符结尾，"记事本"等文本编辑器能正常显示和编辑。在 Windows 平台中，扩展名为 txt、log、ini 的文件都属于文本文件。如果采用某个编码写入，则需要采用同样的编码读取，否则会出现乱码。

2. 二进制文件

图形图像文件、音视频文件、可执行文件、资源文件、数据库文件等都属于二进制文件。一个程序经过编译形成的二进制文件可以直接执行。

二进制文件把信息以字节串（bytes）的形式进行存储，一般无法用"记事本"或其他字处理软件直接进行编辑和阅读，需要使用对应的软件（例如 HexEditor 等）才能操作。

6.1 文件及其操作

无论是文本文件还是二进制文件，其操作流程基本是一致的，首先打开文件并创建文件对象，然后通过该文件对象对文件内容进行读取、写入、删除、修改等操作，最后关闭并保存文件内容。

6.1.1 打开和关闭文件

1. 打开文件

open()函数可以用指定模式打开指定文件并创建文件对象。

```
文件对象=open(文件名, 模式,…)
```

其中：

（1）"文件名"指定要打开（文件已经存在）或创建（文件不存在）的文件名称，如果该文件不在当前目录中，可以使用相对路径或绝对路径，使用原始字符串表达，因为文件路径分隔符需要转义字符（/）。

（2）"模式"指定打开文件后的处理方式。例如，"只读""只写""读写""追加""二进制只读""二进制读写"等，默认为"只读"。以不同方式打开文件时，文件指针的初始位置略有不同。以"只读"和"只写"模式打开时文件指针的初始位置是文件头，以"追加"模式打开时文件指针的初始位置为文件尾。以"只读"方式打开的文件无法进行任何写操作。

模式说明见表 6.1。

表 6.1　模式说明

模　式	说　明
r	以只读方式打开文件，文件的指针将会放在文件的开头，这是默认模式
rb	以二进制格式打开一个文件用于只读，文件指针将会放在文件的开头，这是默认模式
r+	用于读写，文件指针将会放在文件的开头
rb+	以二进制格式打开一个文件用于读写，文件指针将会放在文件的开头
w	只用于写入。如果该文件已存在，则将其覆盖；如果该文件不存在，则创建新文件
wb	以二进制格式打开一个文件只用于写入。如果该文件已存在，则将其覆盖；如果该文件不存在，则创建新文件
w+	打开一个文件用于读写。如果该文件已存在，则将其覆盖；如果该文件不存在，则创建新文件
wb+	以二进制格式打开一个文件用于读写。如果该文件已存在，则将其覆盖；如果该文件不存在，则创建新文件
a	打开一个文件用于追加。如果该文件已存在，文件指针将会放在文件的结尾。也就是说，新的内容将会被写到已有内容之后。如果该文件不存在，则创建新文件进行写入
ab	以二进制格式打开一个文件用于追加。如果该文件已存在，文件指针将会放在文件的结尾。也就是说，新的内容将会被写到已有内容之后。如果该文件不存在，则创建新文件进行写入
a+	打开一个文件用于读写。如果该文件已存在，文件指针将会放在文件的结尾，文件打开时处于追加模式。如果该文件不存在，则创建新文件用于读写
ab+	以二进制格式打开一个文件用于追加。如果该文件已存在，则文件指针会放在文件的结尾；如果该文件不存在，则创建新文件用于读写

如果 open()函数执行正常，返回一个文件对象，则通过该文件对象可以对文件进行读写操作。如果指定文件不存在、访问权限不够、磁盘空间不够或其他原因导致创建文件对象失败，则抛出异常。

2. 关闭文件

close()函数刷新缓冲区中还没写入文件的信息，存放到文件中并关闭该文件。当一个文件对象的引用被重新指定给另一个文件时，会关闭之前的文件。

3. 上下文管理

对于文件处理，需要获取一个文件句柄给文件对象，向文件中写入数据、从文件中读取数据，然后关闭文件句柄。

例如：

```
myf1= open("myFile.dat")
…
data1 = myf1.read()
…
file.close()
```

但可能会忘记关闭文件句柄，此时占用的系统资源没有释放；或者文件读写数据发生异常，没有进行任何处理，程序出现中断。处理异常虽然可以采用 try-except-finally，但程序比较烦琐。采用 with 可以很好地处理上下文环境产生的异常，方法简便。

例如：

```
with open("myFile.dat") as myf1:
    …
    data1 = myf1.read()
    file.close()
```

with 加在原来的 open 语句上可以自动管理资源，不论因为什么原因跳出 with 块，总能保证文件被正确关闭。

例如：

```
with open("FileTest4.txt","wb+")as myf:
    myf.write(bytes("with Test\n",encoding='utf-8'))
    myf.seek(0, 0)
    print(myf.readline(),myf.tell())
    myf.close()
pass
```

with 虽然没有异常处理语句，但出现异常时程序不会中断执行，所以除了用于文件操作，还常用于数据库连接、网络通信连接、多线程与多进程同步时的锁对象管理等场合。

6.1.2　数据操作

1．写入数据

文件对象. write(字符串, encoding="utf-8"）：可将任何字符串（包括二进制数据）写入一个打开的文件。该方法不在字符串的结尾添加换行符（'\n'）。

文件对象. writelines(序列)：把序列的内容多行一次性写入文件，不会在每行后面加上任何内容。

例如：

```
fo = open("FileTest1.txt","w+")              # 打开一个文件
fo.write("Test1 Line \n")
fo.write("Test2 Line ")
list1 = ['one ' , 'two ' , 'three ']
fo.writelines(list1)
print("name 属性：",fo.name)                  # name 属性：FileTest1.txt
fo.close()                                   # 关闭打开的文件
```

运行程序，在当前目录下用"记事本"打开 FileTest1.txt，内容如图 6.1 所示。

2．读取数据

文件对象.read([个数])：在一个打开的文件中从开头读取一个字符串（或者二进制数据），参数是要从已打开文件中读取的字节数。如果没有"个数"参数，会尝试尽可能多地读取内容，直到文件的末尾。

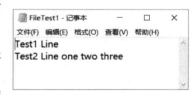

图 6.1　文件 FileTest1.txt 的内容

文件对象.readline([个数])：从文件中读取单独的一行，换行符为'\n'。如果返回一个空字符串，说明已经读取到最后一行。如果包括"个数"参数，则读取一行中指定个数的部分。

文件对象.readlines([长度])：将返回该文件包含的所有行，并把文件每一行作为一个 list 的成员，返回这个 list。如果提供"长度"参数，表示读取内容的总长，也就是说可能只读取文件的一部分。

例如：

```
fo = open("FileTest1.txt","r+")
str1 = fo.read(17)
str2 = fo.readline()
list1 = fo.readlines()
print(str1)
print(str2)
print(list1)
fo.close()
```

程序输出：

```
Test1 Line
Test2
```

```
    Line one two three
    []
```

说明：前两行是"print(str1)"输出的内容，共 17 字节（包括空格和换行符）；第 3 行是"print(str2)"输出的当前位置所在行剩下的全部内容；在执行过前两个 print 语句后，文件指针已经到达文件结尾处，此时已读不到任何内容，故"print(list1)"返回空列表。若想通过 readlines()读取所有行，可用 seek(0,0)将文件指针重定位到文件开头。

3．文件定位方法

tell()：给出文件的当前位置（字节数），下一次读写会从该位置开始。

seek(字节数[,参考位置])：按照"参考位置"（0 表示文件的开头，1 表示当前的位置，2 表示文件的末尾），将当前文件指针位置移动"字节数"。

例如：

```
fo = open("FileTest3.txt","wb+")                                  # （1）
fo.write(bytes("2 进制:01\n",encoding='utf-8'))                    # （2）
fo.write(bytes("8 进制:01234567\n",encoding='utf-8'))
fo.write(bytes("16 进制:0123456789abcdef\n",encoding='utf-8'))
fo.seek(0,0)                                                       # （3）
print(fo.readline(),'当前位置： ',fo.tell())                        # （4）
print(fo.readline(),'当前位置： ',fo.tell())
fo.seek(-17,2)                                                     # （5）
print(fo.readline(),'当前位置： ',fo.tell())
fo.close()
```

运行结果如图 6.2 所示。

```
b'2\xe8\xbf\x9b\xe5\x88\xb6:01\n' 当前位置： 11
b'8\xe8\xbf\x9b\xe5\x88\xb6:01234567\n' 当前位置： 28
b'0123456789abcdef\n' 当前位置： 54
```

图 6.2　运行结果

其中：

（1）以二进制格式打开一个文件（FileTest3.txt）用于读写（wb+）。

（2）字节串采用 UTF-8 编码，写入前需要采用 bytes(字符串,encoding='utf-8')函数把字符串变成字节串。

（3）定位到文件开头。

（4）从当前位置读取一行后，位置=1+2×3+4=11，一个汉字保存 3 字节。

（5）从文件尾部定位 17 字节，从后面数位置=-(1+3×7+16)=-38

6.1.3　二进制文件和序列化操作

对于二进制文件，需要进行序列化处理。

所谓序列化，简单地说，就是把内存中的数据在不丢失其类型信息的情况下转换成二进制形式的过程，对象序列化后的数据经过正确的反序列化过程应该能够准确无误地恢复为原来的对象。Python 中常用的序列化模块有 struct、pickle、shelve 和 marshal，下面以 pickle 模块为例介绍二进制文件的读写操作。

pickle 模块实现了基本的数据序列化和反序列化。通过 pickle 模块的序列化操作能够将程序中运行的对象信息永久保存到文件中。通过 pickle 模块的反序列化操作，能够从文件中创建上一次程序保存的对象。

基本接口如下。

数据序列化文件：pickle.dump(数据, 文件对象)

文件反序列化到数据：数据=pickle.load(文件对象)

【例6.1】　pickle 模块数据序列化。

代码如下（pickle_test.py）：

```
import pickle, pprint
fpick = open('FileTest5.pkl','wb+')
dict1 = {1: 'one ', 2: 'two', 3: 'three'}
list1 = [-23, 5.0, 'Python', 12.8e+6]
pickle.dump(dict1,fpick)                    # pickle 字典使用默认的 0 协议
pickle.dump(list1,fpick,-1)                 # pickle 列表使用最高可用协议
fpick.seek(0,0)
dict1 = pickle.load(fpick)                  # 反序列化对象到 dict1
list1 = pickle.load(fpick)                  # 反序列化对象到 list1
pprint.pprint(dict1)                        # 输出数据对象 dict1
pprint.pprint(list1)                        # 输出数据对象 list1
fpick.close()                               # 关闭保存的文件
```

运行结果如图 6.3 所示。

```
{1: 'one ', 2: 'two', 3: 'three'}
[-23, 5.0, 'Python', 12800000.0]
```

图 6.3　运行结果

6.1.4　文件（文件夹）操作

Python 对文件或文件夹操作时经常要用到 os 模块、os.path 模块或 shutil 模块。

例如：

```
import shutil
shutil.copyfile('my1.txt','my1.bak')        # 复制 my1.txt 文件
import os
os.rename('my1.bak','my1.tmp')              # 将 my1.bak 改名为 my1.tmp
os.remove('my1.tmp')                        # 删除 my1.tmp 文件
os.mkdir("e:\myPython\test")                # 创建子目录 test
os.chdir("e:\myPython\test")                # 修改当前目录为 e:\myPython\test
print(os.getcwd())                          # 显示当前目录
os.rmdir("e:\myPython")                     # 删除 e:\myPython，但不能删除，因为该目录不为空
os.rmtree("e:\myPython\test")               # 删除 e:\myPython\test，该目录不为空
import time
# 得到文件的状态
fState = os.stat(r"e:\pythonFile\第 1 章.doc")
print(fState)                               # 显示文件状态信息
print(time.localtime(fState.st_ctime))      # 文件创建时间
```

【综合实例】：商品分类和用户账号管理

【例6.2】　创建包含商品分类（类别编号和名称）的文本文件，初始内容如图 6.4 所示。

（1）从键盘输入类别编号和类别名称。

（2）到 category.txt 中查找是否存在类别编号，如果存在，则显示提示信息；如果不存在，则保存在文本文件中。

category - 记事本
文件(F) 编辑(E) 格式(O) 查看(V) 帮助(H)
1,水果
1A,苹果
1B,梨
2,肉禽
2A,猪肉
3,海鲜水产
3A,鱼

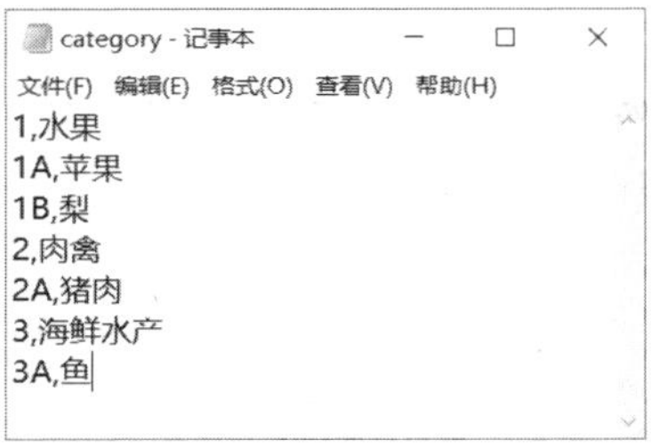

►【例 6.2】

图 6.4　文件初始内容

（3）输入结束后将该文件中的记录全部显示出来。

代码如下（category.py）：

```
with open("category.txt","r+",encoding='utf-8') as fc:
    dict = {}
    while True:
        cate = fc.readline()
        if cate == '':
            break
        k,v = cate.strip().split(',')
        dict[k] = v
    tcode = input('输入类别编号：')
    tname = input('输入类别名称：')
    if tcode in dict.keys():
        print('类别已经存在！')
    else:
        fc.write('\n' + tcode + ',' + tname)
        print('已保存到文件。')
    fc.seek(0,0)                              # 重定位到文件开头，读取并显示全部记录
    while True:
        cate = fc.readline()
        if cate == '':
            break
        k,v = cate.strip().split(',')
        print(k,v)
    fc.close()
```

说明：本例运用了字典，将读取的类别信息以键值对形式存放到字典中，便于按键（类别编号）进行检索以查找是否存在。

运行结果如图 6.5 所示。

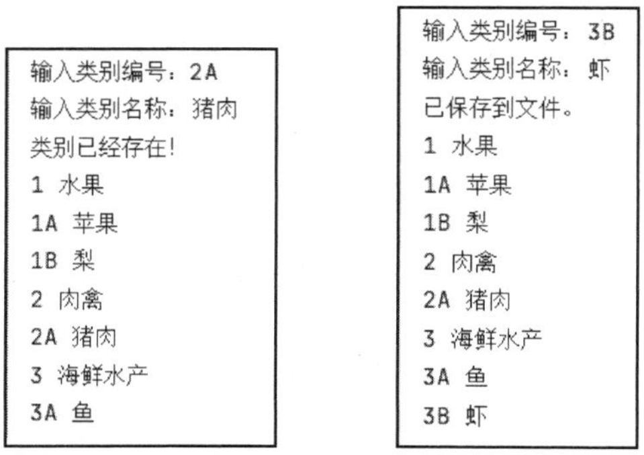

输入类别编号：2A
输入类别名称：猪肉
类别已经存在!
1 水果
1A 苹果
1B 梨
2 肉禽
2A 猪肉
3 海鲜水产
3A 鱼
输入类别编号：3B
输入类别名称：虾
已保存到文件。
1 水果
1A 苹果
1B 梨
2 肉禽
2A 猪肉
3 海鲜水产
3A 鱼
3B 虾

图 6.5　运行结果

【例 6.3】 创建用户账号二进制文件，写入并显示账号信息。

（1）已有用户的"账号名"保存在账号名集合中。

（2）从键盘输入账号名，先判断当前输入的账号名在账号名集合中是否存在，如果存在，则显示提示信息后退出程序；如果不存在，就进一步接收键盘录入的用户详细信息（含姓名、性别、年龄、信用评分、联系地址，其中，联系地址为字典类型），保存到二进制文件中。

（3）录入结束后将二进制文件中新建的账号信息输出显示。

►【例 6.3】

解决方案：

本例使用 Python 的 struct 模块对二进制文件进行读写操作，其基本使用流程如下。

（1）在程序开头以"import struct"导入 struct 模块。

（2）采用 open()方法打开二进制文件。

（3）使用 pack()方法把数据对象按指定的格式进行序列化，对于字符串形式的数据，则用 encode()方法将其编码为字节串。

（4）使用文件对象的 write()方法将序列化（或编码为字节串）的数据写入二进制文件。

（5）使用文件对象的 read()方法按字节数读取二进制文件的内容。

（6）使用 unpack()方法反序列化（或 decode 解码）出原来的信息并显示。

代码如下（user.py）：

```python
import struct                                    # 导入 struct 模块

u_set = {'231668-aa.com','sunrh-phei.net'}       # 集合存储已有用户账号
addr = {'prov': '江苏','city': '南京','area': '栖霞','pos': ''}
                                                 # 联系地址为字典类型

ucode = input('输入账号名：')
if ucode in u_set:
    print('账号名已经存在！')
else:
    print('请录入用户详细信息——')
    name = input('姓  名：')
    sex = bool(input('性别（男？y）：'))          #（1）
    age = int(input('年  龄：'))
    eva = float(input('信用评分：'))
    addr['pos'] = input('联系地址：')            #（2）
    with open('user.dat', 'wb+') as fu:
        fu.write(name.encode())                  # 写入编码后的姓名
        detail = struct.pack("?if", sex, age, eva)  #（3）
        fu.write(detail)                         # 写入序列化的用户详细信息
        fu.write(str(addr).encode())             # 字典转为字符串后编码保存
        fu.close()
    with open('user.dat', 'rb') as fu:
        uname = fu.read(len(name.encode())).decode()  #（4）
        print('新建账号')
        print('用户： ' + ucode + ' ' + uname)
        uinfo = fu.read(len(detail))             #（4）
        s,a,e = struct.unpack("?if", uinfo)      # 序列解包
        if s:
            print('性别：男')
        else:
            print('性别：女')
```

```
print('年龄：',a)
print('信用评分：',e)
uaddr = fu.read(len(str(addr).encode())).decode()
                                              # (4)

print('地址：',uaddr)
fu.close()
```

说明：

（1）在 Python 中，任何非空字符串都被视为 True，因此这里无论用户输入什么，当转换为布尔值时都将是 True（表示性别为男）；若要表示性别为女，则直接回车即可。

（2）本例的联系地址字典中，所在省（prov）、市（city）、区（area）都已经预置了默认值，唯有具体位置为空（需要用户输入），程序在接收用户输入后修改字典键'pos'对应的值即得到完整的地址信息。

（3）struct 模块的 pack()方法使用参数指定的格式对数据进行序列化处理，这里的'?if'就是序列化格式，其中，?表示布尔值（性别），i 表示整数（年龄），f 表示实数（信用评分）。

（4）read()方法按字节读取二进制数据，这里的字节指的是经 struct 模块序列化（或编码）后的内容的字节数，而非用户输入原始数据的字节数。

运行程序，创建一个用户账号，过程如图 6.6 所示。

```
输入账号名：easy-bbb.com
请录入用户详细信息——
姓  名：易斯
性别（男？y）：y
年  龄：65
信用评分：98.5
联系地址：仙林大学城文苑路1号
新建账号
用户：easy-bbb.com 易斯
性别：男
年龄：65
信用评分：98.5
地址：{'prov': '江苏', 'city': '南京', 'area': '栖霞', 'pos': '仙林大学城文苑路1号'}
```

图 6.6　创建用户账号的过程

【实训】

（1）修改【例 6.2】，输入类别编号和类别名称后从文件中读取并显示增加的内容。

（2）修改【例 6.3】，性别直接输入'男'或者'女'，年龄改成出生时间。

6.2　CSV 文件和 Excel 文件操作

6.2.1　CSV 文件操作

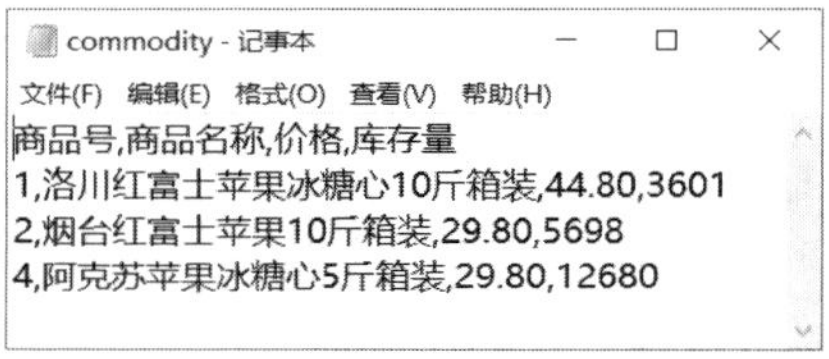

图 6.7　一个典型的 CSV 文件

CSV 文件以纯文本形式存储表格数据，行之间以换行符分隔，每行由列（又称字段）组成，通常所有记录具有完全相同的列序列，列间常用逗号或制表符进行分隔。

例如，一个典型的 CSV 文件（commodity.csv）如图 6.7 所示。

Python 通过 csv 模块的 reader 类和 writer 类读写序列化的数据。

1．读 CSV 文件对象：reader(文件，…)方法

返回 CSV 文件对象，用于逐行遍历 CSV 文件。

例如：

```
import csv
with open("commodity.csv", "r", encoding="utf-8") as fc:
    csvr = csv.reader(fc)
    for row in csvr:
        print(row)
```

运行结果如图 6.8 所示。

```
['商品号', '商品名称', '价格', '库存量']
['1', '洛川红富士苹果冰糖心10斤箱装', '44.80', '3601']
['2', '烟台红富士苹果10斤箱装', '29.80', '5698']
['4', '阿克苏苹果冰糖心5斤箱装', '29.80', '12680']
```

图 6.8　运行结果

说明：如果 CSV 文件需要自定义分隔符，可以先用 register_dialect(名称, delimiter=分隔符, …)方法注册。

2．向 CSV 文件写数据：writer(文件名，…)方法

返回 CSV 文件对象，通过该对象将 CSV 数据转换为带分隔符的字符串并保存到文件中。

例如：

```
import csv
udata = [
    ('Name', 'Age', 'Sex'),
    ('easy', '65', '男'),
    ('周何骏', '19', '男'),
    ('sunrh', '38', '女'),
]
with open('user.csv', 'w', newline='') as fu:
    csvw = csv.writer(fu)
    csvw.writerows(udata)
```

运行程序后，打开 user.csv 文件，内容如图 6.9 所示。

```
📄 user - 记事本                  —    □    ×
文件(F)  编辑(E)  格式(O)  查看(V)  帮助(H)
Name,Age,Sex
easy,65,男
周何骏,19,男
sunrh,38,女
```

图 6.9　写入 CSV 文件的内容

另外，可以使用 DictReader 类和 DictWriter 类以字典的形式读写 CSV 文件。

【综合实例】：商品订单管理

【例 6.4】　创建订单表 CSV 文件，内容包括：订单号、用户账号、支付金额和下单时间，初始内容如图 6.10 所示。

（1）判断指定目录中是否存在保存商品订单表的 CSV 文件（orders.csv），如果存在，则显示该文件最后修改时间，并将文件中已有的记录全部显示出来；如果不

►【例 6.4】

存在，则创建该文件，显示创建时间。

(2) 从键盘以元组类型输入订单信息记录。

(3) 查询并显示指定订单号的记录。

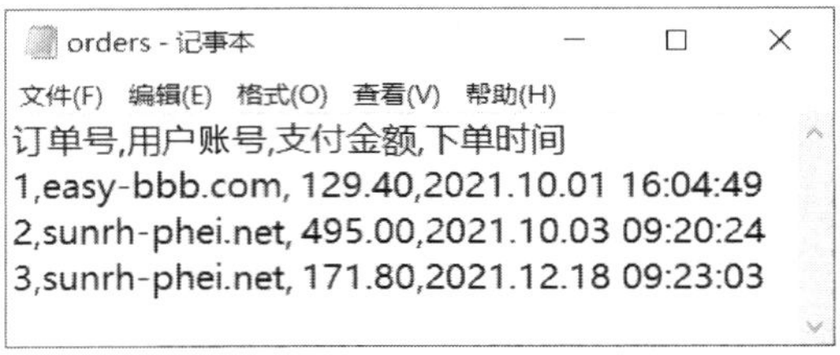

图 6.10　CSV 文件初始内容

代码如下（orders.py）：

```python
import os
import time
import datetime
import csv


csvf = r'orders.csv'                                    # 含路径的 CSV 文件名
tfmt = '%Y-%m-%d %H:%M:%S'                               # 时间和日期格式化字符串
# 首先判断文件是否存在
if os.path.lexists(csvf):                                # 如果存在
    fstat = os.stat(csvf)
    print('最后修改时间：',time.strftime(tfmt,time.localtime(fstat.st_mtime)))
    with open(csvf, "r+") as fo:                         # 读取并显示已有的全部订单记录
        reader = csv.reader(fo)
        for row in reader:
            print(row)
        fo.close()
else:                                                   # 如果不存在
    with open(csvf, "w+") as fo:                         #w+打开不存在的文件时会自动创建
        print('最近创建时间：',datetime.datetime.now().strftime(tfmt))
        fo.close()
# 接收用户输入新的订单项信息记录
order = input('输入订单项：')
tup = eval(order)                                        # 字符串转化为元组类型
with open(csvf, "a") as fo:                              # 以 a 方式追加到文件尾（避免影响原有记录）
    writer = csv.writer(fo)
    writer.writerow(tup)
    fo.close()
# 查询指定订单号的记录
id = input('输入订单号：')
with open(csvf, "r") as fo:
    reader = csv.reader(fo)
    print('订单号　用户账号　　支付金额　　下单时间')
    for row in reader:
        oid,ucode,paymoney,paytime = row
        if oid == id:
            print(oid,ucode,paymoney,paytime)
            break
```

运行程序，按提示输入内容，典型的执行过程如图 6.11 所示。

```
最后修改时间: 2022-04-23 14:49:04
['订单号', '用户账号', '支付金额', '下单时间']
['1', 'easy-bbb.com', '129.40', '2021.10.01 16:04:49']
['2', 'sunrh-phei.net', '495.00', '2021.10.03 09:20:24']
['3', 'sunrh-phei.net', '171.80', '2021.12.18 09:23:03']
输入订单项: (4,'231668-aa.com','29.80','2022.01.12 10:56:09')
输入订单号: 4
订单号    用户账号      支付金额      下单时间
4 231668-aa.com 29.80 2022.01.12 10:56:09
```

图 6.11　典型的执行过程

若原来的 orders.csv 文件不存在，则执行过程如图 6.12 所示。

```
最近创建时间: 2022-04-23 15:09:17
输入订单项: (4,'231668-aa.com','29.80','2022.01.12 10:56:09')
输入订单号: 4
订单号    用户账号      支付金额      下单时间
4 231668-aa.com 29.80 2022.01.12 10:56:09
```

图 6.12　orders.csv 文件不存在时的执行过程

【实训】

按照下列要求修改【例 6.4】。

（1）显示已有订单的支付金额合计。

（2）删除指定订单号的订单记录。

6.2.2　Excel 文件操作

Excel 软件有完善的电子表格处理和计算功能，可在表格特定的单元格上定义公式，对其中的数据进行批量运算处理。用 Python 操作 Excel 文件，巧妙地借助单元格的运算功能可辅助执行大量原始数据的计算，减轻 Python 程序的计算负担。

Python 操作 Excel 的库有很多种，最流行的方式是使用第三方 openpyxl 库。openpyxl 是一个开源项目，是一个读写新版 Excel（Excel 2010 及更高版本）文档的 Python 库。它能够同时读取和修改 Excel 文档，可以对 Excel 文件内的单元格进行设置，甚至支持图表插入、打印设置等。

在介绍操作 Excel 前先复习下列几个概念。

工作簿：用 Excel 创建的文件称为工作簿（后缀为.xls 或.xlsx），它由若干个工作表组成。当启动 Excel 时，系统会自动打开一个工作簿，同时打开一个工作表。

工作表：工作表就是常说的电子表格，当新建一个工作簿时系统默认创建 1 个工作表：Sheet1。

工作表由许多横向和纵向的网格组成，这些网格又称单元格。横向称为行，每行用一个数字标示，单击行号可选取整行单元格；纵向称为列，每列分别用字母来表示，单击列标可选取整列单元格。

单元格：单元格是工作表的最小单位，由地址来标示和引用。

地址：单元格地址就是它所在的行号和列标所确定的坐标，能唯一地标示或引用当前工作表中的任意一个单元格，书写时列标在前、行号在后，如 C3 就表示该单元格在第 C 列的第 3 行。

openpyxl 库对应 Excel 基本组件提供了三个对象：Workbook（对应 Excel 的工作簿，是一个包含多个工作表的 Excel 文件）、Worksheet（对应 Excel 的工作表，一个 Workbook 有多个 Worksheet）、Cell（对应 Excel 的单元格，存储具体的数据）。

使用 openpyxl 库编程操作 Excel 通行的流程如下。

1）导入 openpyxl 库

```
import openpyxl
```

如果需要导入库中具体的功能类，可以使用以下语句：

```
from openpyxl import 类名
```

2）获取 Workbook（工作簿）对象

通过调用 openpyxl.load_workbook()函数获取 Workbook 对象，例如：

```
book = openpyxl.load_workbook('./netshop.xlsx')
```

其中，参数为要打开操作的 Excel 文件名（含路径），这里是相对路径，也可以用绝对路径，如果路径中包含中文字符，前面需要加 r，例如：

```
book = openpyxl.load_workbook(r"d:\MyPython\数据文件\netshop.xlsx")
```

也可以使用 openpyxl.Workbook()创建一个新的工作簿，例如：

```
book = Workbook()
```

3）获取 Worksheet（工作表）对象

通过调用 get_active_sheet()或 get_sheet_by_name()函数获取 Worksheet 对象，例如：

```
sheet = book.get_sheet_by_name('订单表')
```

更简单地，还可以直接以工作簿对象引用表名得到工作表，例如：

```
sheet = book['订单表']
```

4）读取/编辑 Cell（单元格）数据

使用索引或工作表的 cell()函数，带上行和列参数，获取 Cell 对象，然后读取或编辑 Cell 对象的 value 属性，例如：

```
ucode = sheet['A2'].value
ucode = sheet.cell(row=2, column=1).value
```

5）保存 Excel

直接调用工作簿的 save()函数即可保存修改过的 Excel 文档，例如：

```
book.save('netshop.xlsx')
```

【综合实例】：订单统计分析

【例 6.5】　创建 Excel 文件 netshop.xlsx，其中有一个"订单表"工作表存放所有订单记录，初始内容如图 6.13 所示。

	A	B	C	D
1	订单号	用户账号	支付金额	下单时间
2	1	easy-bbb.com	129.4	2021.10.01 16:04:49
3	2	sunrh-phei.net	495	2021.10.03 09:20:24
4	3	sunrh-phei.net	171.8	2021.12.18 09:23:03
5	4	231668-aa.com	29.8	2022.01.12 10:56:09
6	5	easy-bbb.com	119.6	2022.01.06 11:49:03
7	6	sunrh-phei.net	33.8	2022.03.10 14:28:10
8	8	easy-bbb.com	358.8	2022.05.25 15:50:01
9	9	231668-aa.com	149	2022.11.11 22:30:18
10	10	sunrh-phei.net	1418.6	2022.06.03 08:15:23
11				

订单表　Sheet2　Sheet3　⊕

►【例 6.5】

图 6.13　初始内容

操作要求：

（1）整行读取并输出第 1 条订单记录（字典）。

（2）分单元格读取并输出第 2 条订单记录（字典）。

（3）整列读取并输出所有用户账号（集合）。

（4）添加一个"合计"栏（醒目设置），统计所有订单的支付总金额。

代码如下（netshop.py）：

```python
import openpyxl
from openpyxl.styles import Alignment,PatternFill                      # （1）（2）

book = openpyxl.load_workbook('netshop.xlsx')
sheet = book['订单表']
# 读取表格的整行
key_list = [cell.value for cell in tuple(sheet.rows)[0]]               # （3）标题行
val1_list = [cell.value for cell in tuple(sheet.rows)[1]]              # （3）记录行 1
order1_dict = dict(zip(key_list,val1_list))                           # 合成为字典
print('第 1 条订单：',order1_dict)
# 读取指定单元格                                                        # 记录行 2
oid = sheet['A3'].value                                               # 订单号
ucode = sheet['B3'].value                                            # 用户账号
paymoney = sheet['C3'].value                                         # 支付金额
paytime = sheet['D3'].value                                          # 下单时间
val2_list = []                                                        # 存放单元格值的列表
val2_list.append(oid)
val2_list.append(ucode)
val2_list.append(paymoney)
val2_list.append(paytime)
order2_dict = dict(zip(key_list,val2_list))                          # 合成为字典
print('第 2 条订单：',order2_dict)
# 读取表格的整列
ucode_set = set()                                                     # 存放用户账号的集合
for cell in tuple(sheet.columns)[1][1:]:                             # （3）
    ucode_set.add(cell.value)
print('所有用户账号：',ucode_set)
# 合并单元格，设置单元格样式，公式统计
rn = str(sheet.max_row + 1)                                          # 合计栏所在的行号
sn = str(sheet.max_row)                                              # 定义公式用的行号
sheet.merge_cells('A' + rn + ':B' + rn)                             # 合并单元格
sheet['A' + rn].alignment = Alignment(horizontal='center')          # （1）
color = '00FFFF00'                                                   # 黄色
sheet['A' + rn].fill = PatternFill(start_color=color,end_color=color,fill_type='solid')    # （2）
sheet['A' + rn] = '合计'
sheet['C' + rn].alignment = Alignment(horizontal='center')          # （1）
sheet['C' + rn].fill = PatternFill(start_color=color,end_color=color,fill_type='solid')    # （2）
sheet['C' + rn] = '=sum(C2:C' + sn + ')'                            # 定义合计公式
book.save('netshop.xlsx')
```

说明：

（1）openpyxl.styles.Alignment 是 openpyxl 库中设置对齐方式的类，此类功能强大，除了用于对齐，还可以使用它来旋转文本、设置文本换行和缩进等。这里设置 horizontal='center'将"合计"二字居中。

（2）openpyxl 提供了一个名为 PatternFill 的类，可以使用它来更改单元格的背景颜色。PatternFill

类接收以下参数：

● patternType=None（单元格填充底纹样式）

● fgColor=Color()（前景色）

● bgColor=Color()（背景色）

● fill_type=None（填充样式）

● start_color=None（起始颜色）

● end_color=None（结束颜色）

本例把 fill_type（填充样式）设为'solid'，表示用纯色填充。

（3）openpyxl 以 sheet.rows/sheet.columns 获取工作表整行或整列的数据，它们都返回一个生成器，里面存放的是每一行（列）的数据，而每一行（列）又由一个 tuple（元组）包裹，通过引用索引就可以获取想要的某一行（列）的数据内容。

运行程序，输出结果如图 6.14 所示。

```
第 1 条订单：{'订单号': 1, '用户账号': 'easy-bbb.com', '支付金额': 129.4, '下单时间': '2021.10.01 16:04:49'}
第 2 条订单：{'订单号': 2, '用户账号': 'sunrh-phei.net', '支付金额': 495, '下单时间': '2021.10.03 09:20:24'}
所有用户账号：{'easy-bbb.com', 'sunrh-phei.net', '231668-aa.com'}
```

图 6.14 输出结果

程序执行后再打开 Excel 文件 netshop.xlsx，可看到其中内容如图 6.15 所示。

	A 订单号	B 用户账号	C 支付金额	D 下单时间
1	订单号	用户账号	支付金额	下单时间
2	1	easy-bbb.com	129.4	2021.10.01 16:04:49
3	2	sunrh-phei.net	495	2021.10.03 09:20:24
4	3	sunrh-phei.net	171.8	2021.12.18 09:23:03
5	4	231668-aa.com	29.8	2022.01.12 10:56:09
6	5	easy-bbb.com	119.6	2022.01.06 11:49:03
7	6	sunrh-phei.net	33.8	2022.03.10 14:28:10
8	8	easy-bbb.com	358.8	2022.05.25 15:50:01
9	9	231668-aa.com	149	2022.11.11 22:30:18
10	10	sunrh-phei.net	1418.6	2022.06.03 08:15:23
11	合计		2905.8	

订单表　Sheet2　Sheet3　⊕

图 6.15 程序执行后 Excel 文件的内容

除了传统的 xlrd/xlwt/xlutils 和流行的 openpyxl，还有很多第三方库也可以实现对 Excel 的操作，如 xlwings、xlswriter、win32com、DataNitro 和 pandas 等，有兴趣的读者可以尝试使用。

【实训】

（1）修改【例 6.5】，以表格形式输出指定用户记录。

（2）表格增加"备注列"，以表格形式输出所有记录。

第 7 章 面向对象编程

Python 支持面向对象程序设计。Python 除了内置类，其标准库中还包装了各种类，把指定标准库导入程序，程序就可以使用它的类。第三方库中包装了某些功能的类，安装到 Python 中后再导入程序就可使用包含的类。此外，用户可以创建类，构建它的属性、方法等。通过类继承不仅使代码的重用性得以提高，还可以清晰描述事物间的层次关系，通过继承父类，子类可以获得父类所拥有的方法和属性，并可以添加新的属性和方法来满足新的需求。多态性是指不同类型的对象可以响应相同的消息。

类实例化后就是对象，面向对象程序设计的主要内容就是类和对象。本章主要介绍创建类及其对象的操作。

7.1 类

7.1.1 类和对象

1. 类

自然界中的各种事物都可以分类，例如房子、学生、汽车等。类包含属性、事件和方法，通过属性表示它的特征，通过方法实现它的功能，通过事件做出响应。

例如：

汽车类属性：车轮、方向盘、发动机、车门等。

汽车类方法：前进、倒退、刹车、转弯、听音乐、导航等。

汽车类事件：车胎漏气、油用到临界值、遇到碰撞等。

轿车类是汽车类的子类，除了具有汽车类的共性，又有自己的个性。

2. 对象

对象则是类的具体化，是类的实例。一个类可以创建很多对象，通过唯一的标识名加以区分。类与对象的关系如图 7.1 所示。例如，"比亚迪汉"是轿车类的一个实例。

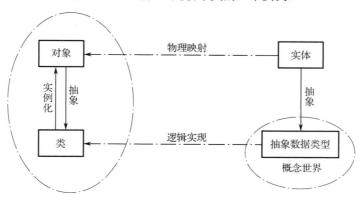

图 7.1　类与对象的关系

在 Python 中，可以创建自己的类，再把创建的类实例化成对象，然后就可对类和对象进行操作了。

【例 7.1】　学生类的创建和简单操作。

代码如下（studentClass.py）：

```python
# 创建学生类：Student
class Student:
    depart="计算机"
    def __init__( self, name ,sex='男', score=0) :
        self.name = name
        self.sex=sex
        self.score = score
    def display( self) :
        print(self.name,end=' ')
        print(self.sex,end=' ')
        print(self.depart,end=' ')
        print(self.score)
# 实例化学生类（Student）：stu1,stu2
stu1=Student("周俊","女",1)
stu2=Student("王一平")


# 操作对象
print(Student.depart,stu1.name, stu2.name)        # 计算机 周俊 王一平
stu1.display()                                     # 周俊 女 计算机 1
stu2.score=stu2.score + 4
stu2.display()                                     # 王一平 男 计算机 4
stu2.depart='软件工程'
stu1.display()                                     # 周俊 女 计算机 1
stu2.display()                                     # 王一平 男 软件工程 4
Student.depart='通信工程'
stu1.display()                                     # 周俊 女 通信工程 1
stu2.display()                                     # 王一平 男 软件工程 4
```

运行结果如图 7.2 所示。

```
计算机 周俊 王一平
周俊 女 计算机 1
王一平 男 计算机 4
周俊 女 计算机 1
王一平 男 软件工程 4
周俊 女 通信工程 1
王一平 男 软件工程 4
```

图 7.2　运行结果

7.1.2　类的定义与使用

1．新建类、属性和方法

```
class 类名:
    类体
```

使用 class 关键字来定义类。类名的首字母一般要大写，类体由类成员、方法、数据属性等组成。

创建类时用变量形式表示特征的成员称为数据成员（attribute，即属性），用函数形式表示对象行为的成员称为成员方法（method），数据成员和成员方法统称类的成员。

例如：

数据成员（属性）：depart

成员方法（方法）：__init__()、display()

2．构造方法和析构方法

（1）构造方法__init__(参数，…)：用来为数据成员设置初始值或进行其他必要的初始化工作，在实例化对象时被自动调用和执行。如果用户没有设计构造方法，Python 执行默认的构造方法进行必要的初始化工作。

例如：

```python
def __init__( self, name ,sex='男', score=0) :
    # 判断 name 值只能是字母和汉字
    # 判断 sex 值只能是男或者女
    # 判断 score 只能是 0、1、2、3、4、5
```

（2）析构方法__del__()：一般用来释放对象占用的资源，在 Python 删除对象和收回对象空间时被自动调用和执行。如果用户没有编写析构方法，Python 将执行默认的析构方法进行必要的清理工作。

3．数据成员

数据成员分为属于对象的数据成员和属于类的数据成员。

（1）属于对象的数据成员：一般在构造方法__init__()中定义，当然也可以在其他成员方法中定义，访问时以 self 作为前缀，通过对象名访问。同一个类的不同对象（实例）之间互不影响。

（2）属于类的数据成员：为该类所有对象共享。可以通过类名或对象名访问。

例如：name、sex、score 是属于对象的数据成员（属性），depart 是属于类的数据成员（属性）。

4．实例化对象

定义了类之后，就可以用下列方法对类创建实例化对象。

对象=类([参数, …])

例如：

stu1=Student("周俊","女",1)
stu2=Student("王一平")

在实例化对象时，__init__(参数, …)方法自动执行，用实际的参数值为相应的属性赋值。若省略参数，则采用默认值。

5．访问、修改类和对象属性

圆点 "." 是数据成员访问运算符。类的属性是共享的，没有赋值的对象属性取类的属性值。

1）访问类和对象属性

访问类属性：类名.属性名

访问对象属性：对象名.属性名

例如：

Student.depart;　stu1.depart

2）修改类和对象属性

修改类属性：类名.属性名 = 值

👀👀 **注意：**

类属性修改后，已经赋值的对象属性不会被修改。

例如：

Student.depart = "软件工程"

修改对象属性：对象名.属性名 = 值

👀👀 **注意：**

修改对象属性只会影响该对象，不会改变类属性值。

例如：

stu2.depart='软件工程'
stu2.score=stu2.score + 4

7.2　数据成员和数据成员方法

7.2.1　数据成员

数据成员包括公有成员、保护成员、私有成员和系统特殊成员。通过不同数量下画线（_）开头加以区分。

（1）公有成员是公开的，既可以在类的内部进行操作，也可以在类的外部进行操作。

例如：name、sex、score、depart 属于公有成员。

（2）以一个下画线开头的变量为保护成员，只有类对象和子类对象可以访问这些成员，在类的外部一般不建议直接访问。

（3）以两个或更多下画线开头的变量为私有成员，一般只有类对象自己能访问，子类对象也不能访问该成员，但在对象外部可以通过"对象名.__类名__xxx"这样的特殊方式来访问。

（4）以两个或更多下画线开头和两个或更多下画线结束的变量为系统特殊成员。

在模块中使用一个或多个下画线开头的成员不能用'from 模块名 import *'导入，除非在模块中使用__all__变量明确指明这样的成员可以被导入。

7.2.2 数据成员方法

数据成员方法一般对应类绑定的函数，通过对象调用方法时，对象名本身将被作为第一个参数自动传递过去，普通函数并不具备这个特点。

数据成员方法包括构造方法、析构方法和一般成员方法。一般成员方法可分为公有方法、私有方法、静态方法、类方法和抽象方法。公有方法、私有方法和抽象方法为对象的实例方法，静态方法和类方法是针对类的。

1．静态方法和类方法

静态方法和类方法不属于任何实例，只能访问属于类的成员，可以通过类名和对象名调用。类方法定义时一般以 self 作为第一个参数表示该类，在调用类方法时不需要为该参数传递值，静态方法则可以不接收任何参数。

类方法用@classmethod 修饰器标识，静态方法用@staticmethod 修饰器标识。

2．实例方法

每个对象都有自己的公有方法和私有方法，都可以访问属于类和对象的成员。公有方法通过对象名直接调用，私有方法只能在其实例方法中通过前缀 self 进行调用或在外部通过特殊的形式来调用。所有实例方法的第一个 self 参数代表当前对象，在实例方法中访问实例成员时需要以 self 作为前缀，但在外部通过对象名调用对象方法时并不需要传递这个参数。如果在外部通过类名调用属于对象的公有方法，需要显式地为该方法的 self 参数传递一个对象名，用来明确指定访问哪个对象的成员。

在 Python 3.x 中，公有数据成员可以在外部访问和修改，这方便了对数据成员的操作，但数据是否符合要求需要自己判断。可以将其定义为私有数据成员，然后设计公有成员方法来对私有数据成员进行读取和修改操作。在修改私有数据成员之前可以对值进行合法性检查，也就是把合法性判断封装在其内部。

【例 7.2】　演示方法实例。

代码如下（testMethod.py）：

```python
class Test:
    __cnt = 0                          # 类私有成员
    def __init__(self, value):
        self.__value = value
        Test.__cnt += 1
    def disp1(self):                   # 公有方法访问私有数据成员
        print('对象 value:', self.__value)
        print('类 cnt:', Test.__cnt)
    @classmethod                       # 类方法声明（修饰器）
    def disp2 (myobj):                 # 类方法
        print('对象 cnt:',myobj.__cnt)
```

```
        @staticmethod                              # 静态方法声明（修饰器）
        def disp3():                               # 静态方法
            print('类（静态）:',Test.__cnt)
    # 构建对象实例和操作对象
    test1 = Test(100)                              # 构建 Test 类实例 test1，value=100
    test1.disp1()                                  # 公有方法访问成员
    test1.disp2()                                  # 通过对象来调用类方法
    test2 = Test(-200)                             # 构建 Test 类实例 test2，value=-200
    test2.disp1()                                  # 普通实例方法访问实例成员
    test2.disp3 ()                                 # 通过对象来调用类静态方法
```

运行结果如图 7.3 所示。

7.2.3　特性方法

特性（property）方法结合了公有数据成员和成员方法的优点，既可以像成员方法那样对值进行必要的检查，乃至进行全面的保护，又可以像数据成员一样灵活地访问。用@property 修饰器标识特性方法。

```
对象value: 100
类cnt: 1
对象cnt: 1
对象value: -200
类cnt: 2
类（静态）: 2
```

图 7.3　运行结果

【例 7.3】　计算圆面积。

代码如下（circleProperty1.py）：

```
class Circle(object):
    def __init__( self, radius):
        self.__radius = radius
    def area(self):
        return 3.14 * self.__radius   ** 2
    def setRadius(self,vradius):
        self.__radius=vradius
    def dispRadius(self):
        print(self.__radius)
    #------------------------
c1=Circle(1.0)
print(c1.area())                        # 3.14
c1.setRadius(3.0)
c1.dispRadius()                         #3.0     修改了私有数据成员值
print(c1.area())                        #28.26
# print(c1.radius)                      # 语句不能执行
c1.radius=4.0                           # 语句可以执行，值不能修改
c1.dispRadius()                         #3.0
```

（1）设置属性为只读。

代码如下（circleProperty2.py）：

```
...
#------------------------
    @property
    def radius(self):                   #只读，无法修改和删除
        return self.__radius
c1=Circle(1.0)
print(c1.area())                        # 3.14
c1.setRadius(3.0)
c1.dispRadius()                         #3.0     修改了私有数据成员值
print(c1.area())                        #28.26
print(c1.radius)                        #3.0
# c1.radius=4.0                         # 语句不能执行
```

（2）把属性设置为可读、可修改、可删除。

代码如下（circleProperty3.py）：

```python
class Circle(object):
    def __init__( self, radius) :
        self.__radius = radius
    def area (self):
        return 3.14 * self.__radius ** 2
    def __get(self):                          # 读取私有数据成员值
        return self.__radius
    def __set(self, radius):                  # 修改私有数据成员值
        self.__radius = radius
    def __del(self):                          # 删除对象的私有数据成员
        del self.__radius
    radius = property(__get, __set, __del)    # 属性


c1=Circle(3.0)
print(c1.area())
print(c1.radius)                              #3.0
c1.radius=4.0                                 # 能修改
print(c1.radius)                              #4.0
del c1.radius                                 # 删除
print(c1.radius)                              # 显示错误，因为没有 radius
```

7.2.4　动态性

在 Python 中，类与对象具有动态性。动态性是指可以动态为自定义类及其对象增加新的属性和行为，俗称混入机制。

【综合实例】：圆面积、周长和圆柱体积

【例 7.4】　计算圆面积，根据需要加入计算圆周长和计算圆柱体积的方法。

代码如下（circleDAdd.py）：

```python
class Circle(object):
    def __init__( self, radius) :
        self.radius = radius
    def area (self):                          # 计算圆面积
        return 3.14 * self.radius ** 2
#----------------------------------------
import types
def perimeter(self):                          # 计算圆周长
    return 2 * 3.14 * self.radius
def volume(self):                             # 计算圆柱体积
    return 2 * 3.14 * self.radius ** 2 * Circle.height


c1=Circle(1.0)
c2=Circle(3.0)
print("r=1.0 圆面积",c1.area())
print("r=3.0 圆面积",c2.area())

c2.perimeter=types.MethodType(perimeter,c2)   # 动态增加计算圆周长方法
print("r=3.0 圆周长",c2.perimeter())          # 调用计算圆周长方法
```

```
Circle.height=12.0                          # 动态增加圆柱高度数据成员
c2.volume=types.MethodType(volume,c2)       # 动态增加计算圆柱体积方法
print(Circle.height)
print("r=3.0 圆柱体积",c2.volume())         # 调用计算圆柱体积方法
```

运行结果如图 7.4 所示。

```
r=1.0圆面积  3.14
r=3.0圆面积  28.26
r=3.0圆周长  18.84
12.0
r=3.0圆柱体积  678.24
```

图 7.4　运行结果

【实训】

修改半径属性为共享，定义圆类，包含计算周长，用原数据运行测试。

▽ 7.3　子类

创建由类派生的子类的语句如下：

```
class 子类名[(父类, … )]:
    类体
```

与定义类相同，使用 class 关键字，但需要包括派生类的父类（基类）。类名的首字母一般要大写，类体由类成员、方法、属性等组成。

7.3.1　继承

继承用来实现代码复用机制，是面向对象程序设计的重要特性之一。原有的类称为父类（基类），而新类称为子类（派生类）。子类继承父类的所有属性和方法，还可以定义自己的属性和方法。

子类可以继承父类的公有成员，但是不能继承其私有成员。如果需要在子类中调用父类的方法，可以使用内置函数 super()或者"基类名.方法名()"。

【综合实例】：学生课程数据操作

【例 7.5】　在学生类继承普通人类的基础上加入课程和学分操作。

代码如下（stuInherit.py）：

```
#------父类继承于 objec-------
class Person(object):
    def __init__(self, name, sex='男'):
        # 调用方法初始化，以便对实参值合法性进行控制
        self.setName(name)
        self.setSex(sex)
    def setName(self,name):
        self.__name=name
    def setSex (self,sex) :
        self.__sex=sex
    def disp(self):
        print (self.__name, self.__sex, end=' ' )
#-----子类继承于 Person------
class Student(Person) :
    def __init__( self, name, sex='男', score=0, course= '计算机基础' ):
        Person.__init__( self,name, sex)      # 初始化基类的私有数据成员
        # 初始化子类的数据成员
        self.setScore(score)
        self.__course = course
    def setScore(self,score) :
        if type(score)!=int  or score<0  or score>5:
```

```
                raise Exception('学分不符合要求！')
            self.__score = score
        def disp(self) :
            super (Student,self).disp()
            print(self.__score, self.__course)
if __name__ =='__main__':
    p1= Person ('王一明','男')                          # 创建父类对象
    p1.disp(); print();
    stu1=Student( '李红','女')                          # 创建子类对象
    stu1.disp()
    stu1.setScore(3)                                    # 修改学分
    stu1.disp()
    stu2=Student( '周平','男',5,'Python 程序设计')       # 创建子类对象
    stu2.disp()
```

运行结果如图 7.5 所示。

```
王一明 男
李红 女 0 计算机基础
李红 女 3 计算机基础
周平 男 5 Python程序设计
```

图 7.5　运行结果

【实训】

定义教师类 Teacher，继承 Person 类，增加教师类数据成员：任教课程、联系电话。在原数据基础上增加教师实例数据并运行测试。

7.3.2　多重继承

多重继承是指子类（例如 C）可以有两个以上父类（例如 A、B），父类可以是类，也可以是子类。C 中可以使用 A 与 B 中的属性与方法。如果 A 与 B 中具有相同名字的方法，则子类会找到靠近 C 的父类（A 或 B）。

【综合实例】：学生课程成绩数据操作

【例 7.6】　普通人类、课程类的继承和操作。

创建普通人类（Person）和课程类（Course），学生子类（Student）继承 Person 类，Sample 子类多重继承 Course 类和 Student 类。

代码如下（scInherit.py）：

```python
import time
# Person 类定义
class Person:
    name =' '
    __age =0
    def __init__(self,name,age):
        self.name = name
        self.__age = age
    def speak(self):
        print(self.name,self.age)
# Course 类定义
class Course():
    cname =' '
    topic =' '
```

```
        def __init__(self,cname,topic):
            self.cname = cname
            self.topic = topic
        def speak(self):
            print(self.cname,self.topic)
# Student 子类：单继承 Person
class Student(Person):
    score = ''
    def __init__(self,name,age,score):
        Person.__init__(self,name, age)        # 调用父类的构造函数
        self.score = score
    def speak(self):                            # 覆盖父类的方法
        print(self.name,self.age,self.score)
# Sample 子类：多重继承 Course,Student
class Sample(Course,Student):
    stime = ''
    def __init__(self,name,age,score,cname,topic):
        Student.__init__(self,name,age,score)
        Course.__init__(self,cname,topic)
        self.stime=time.ctime(time.time())
    def pout(self):
        print(self.name,self.score,self.cname,self.topic)
        print(self.stime)

samp1 = Sample("王平",25,4,"Python","二级等考")
# 调用方法同名：采用排在前面的父类方法
samp1.speak()
samp1.pout()
```

运行结果如图 7.6 所示。

```
Python 二级等考
王平 4 Python 二级等考
Thu May 12 14:16:50 2022
```

图 7.6　运行结果

【实训】

（1）修改【例 7.6】，把继承子类中的数据成员变成私有，父类数据成员变成共享，用原数据运行测试。

（2）按照下列要求修改【例 7.4】，运行测试。

① 增加参数 h 表示高度，默认 h=0，增加计算圆柱体积方法。

② 分别创建新圆类 h=0 和 h>0 实例（对象），调用方法计算周长、面积和体积。

7.3.3　多态

多态（polymorphism）是指基类的同一个方法在不同子类对象中具有不同的表现和行为，可能增加某些特定的行为和属性，还可能会对继承来的某些行为进行一定的改变。

【例 7.7】　多态测试实例。

代码如下（poly1.py）：

```
class Parent(object):
    def disp(self):
        print("Parent-disp")
class Sub1(Parent):
    def disp(self):
        super(Sub1,self).disp()
        print("Sub1-disp")
```

```
class Sub2(Parent):
    def disp(self):
        super(Sub2 ,self).disp()
        print("Sub2-disp")
p=Parent()
s1=Sub1()
s2=Sub2()
p.disp()
s1.disp()
s2.disp()
```

```
Parent-disp
Parent-disp
Sub1-disp
Parent-disp
Sub2-disp
```

图 7.7　运行结果

运行结果如图 7.7 所示。

抽象方法一般定义在抽象类中，并且要求子类必须重新实现，否则不允许子类创建实例。抽象方法用@abc.abstractmethod 修饰器标识。

代码如下（poly2.py）：

```
import abc
class A(metaclass=abc.ABCMeta):          # 抽象类
    def func1(self):                      # 实例方法
        print("func1 Demo!")
    @abc.abstractmethod                   # 抽象方法
    def func2(self):
        print("func2 A-Demo!")
class B(A):                               # 定义 B 类，其父类为 A 类
    def func2(self):                      # 重新实现父类中的抽象方法
        print("func2 B-Demo!")
myb = B()
myb.func1()                               # func1 Demo!
myb.func2()                               # func2 B-Demo!
```

第8章 画图、图表和图形界面程序设计

数据可视化就是将数据处理结果用图形方式展现出来。Python 常用的绘图功能很强大,本身包含的 turtle 库可以画线、画圆等。matplotlib 是提供数据绘图功能的第三方库,对绘制各种图表非常方便。虽然 Python 包含的 Tkinter 库提供了图形界面编程框架,但 PyQt5 是目前最流行的功能强大的第三方库。

8.1 画图模块及应用

下面介绍采用 Python 的 turtle 库绘图的基本概念及其绘图函数。

1. 画布

turtle 画布位置由屏幕左上角(startx, starty)确定,画布大小通过(width, height)确定,画布正中央(x=0, y=0)为坐标原点。由此,四个方向分别称为前进方向、后退方向、左侧方向和右侧方向,如图 8.1 所示。

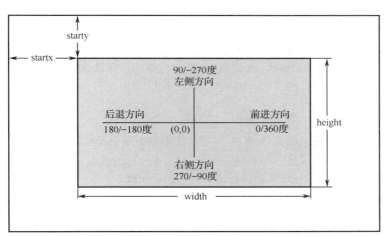

图 8.1　turtle 画布

1)设置画布与屏幕位置

`turtle.setup(width,height,startx,starty)`

width、height:宽和高为整数表示像素,为小数表示占据屏幕的比例。

startx、starty:如果为空,则画布位于屏幕中心。

2)设置画布

`screensize(canvwidth=None,canvheight=None,bg=None)`

没有设置画布,则采用默认值。

2. 画笔

与人工绘图相似,turtle 绘图也要采用画笔。

(1)落下画笔,之后移动画笔将绘制形状,可以绘制指定形状。

pendown()/ pd()/ down()

（2）抬起画笔，之后移动画笔不绘制形状。

penup() / pu()/up()

（3）设置画笔，包括画笔尺寸、颜色等。

pensize(n) /width(n)：设置画笔宽度为 n，n 如果为 None 或空，则返回当前画笔宽度。

pencolor(color)：color 可以为字符串。

color(画笔颜色，背景填充颜色)：设置画笔和背景填充颜色。

几种典型颜色见表 8.1。

表 8.1　几种典型颜色

字符串名称	(r,g,b)表达	十六进制表示	颜　　色
white	255,255, 255	#FFFFFF	白色
black	0, 0 ,0	#000000	黑色
gray	128,128,128	#808080	灰色
darkgreen	0,100,0	#006400	深绿色
gold	255,215, 0	#FFD700	金色
violet	238,130,238	#EE82EE	紫罗兰色
purple	128,0,128	#800080	紫色

（4）画笔的形状和大小。

shape(name=None)：设置形状。

name 包括 arrow、turtle、circle、square、triangle、classic。若无参数，则采用当前值。

shapesize(stretch_wid=None,stretch_len=None,outline=None)：设置拉伸大小和轮廓宽度。

其中，stretch_wid 是垂直方向拉伸，stretch_len 是水平方向拉伸，outline 是轮廓宽度。若无参数，则采用当前值。

3．控制画笔动作

画笔初始时位于坐标原点（x=0，y=0），采用一个面朝 x 轴正方向的三角图标表示。

1）改变指定角度

seth(角度)/setheading(角度)：设置当前行进方向为指定角度。

rt(角度)/right(角度)：向右旋转指定角度。

lt(角度)/left(角度)：向左旋转指定角度。

2）行进指定距离和指定位置

fd(距离) /forward(距离)：向当前方向前进指定距离（像素值），负数为相反方向。

bk(距离)/back(距离)/backward(距离)：沿着当前相反方向后退指定距离。

goto(x,y)：行进至绝对坐标(x,y)处。

setx(x),sety(y)：跳到坐标(x,y)处。

begin_poly()：当前的位置是多边形的第一个顶点。

end_poly()：当前的位置是多边形的最后一个顶点，将与第一个顶点相连。

3）填色

begin_fill()：开始填色。

end_fill()：结束填色。

4．弧形、圆和正切多边形

circle(半径,角度=None, steps=多边形边数)：按照指定半径和角度绘制弧形。

当半径为正数时，弧形在左侧；当半径为负数时，弧形在右侧。当不设置角度或设置为 None 时，绘制整个圆形。含 steps 参数，则绘制正切多边形。

5．写文本

write(字符串[, font=("字体",大小,"类型")])：输出 font 字体的字符串。

6．控制显示绘图动作

1）显示绘图动作

tracer(逻辑值)

逻辑值为 False，不显示画图轨迹；为 True，显示画图轨迹。

2）控制绘图速度

speed(速度)

设置画笔的绘制速度，参数为 0～10。0 表示没有绘图动作，数值越大，速度越快。超过 10，则等同于 0。

3）停止绘图启动事件

done()

mainloop()

turtle 常用函数可参考网络文档。

【例 8.1】 画五色梅花。

代码如下（tur5Circle.py）：

```python
import turtle
lstColor = ['red', 'orange', 'yellow', 'green', 'blue']
for i in range(5):
    c1= lstColor[i]
    turtle.color('black',c1)        # 画笔为黑色，背景颜色取列表元素值
    turtle.begin_fill()             # 开始填色
    turtle.rt(360 / 5)              # 右转 72°
    turtle.circle(50)               # 画半径为 50 像素的圆
    turtle.end_fill()               # 停止填色
turtle.done()                       # 启动绘图
```

运行结果如图 8.2 所示。

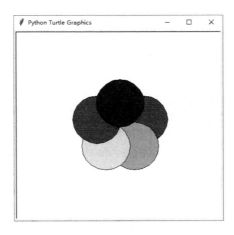

图 8.2　运行结果

【综合实例】：实时时钟

【例 8.2】 画实时时钟。

►【例 8.2】

分析：时钟包括外框和时、分、秒指针。文字包括时位置显示（1～12）、中文日期和星期。需要

分别注册时、分、秒指针形状为 turtle。每隔 1 秒，根据实时时间画时、分、秒指针。

代码如下（turtleClock.py）：

```python
import turtle
from datetime import *

# 画笔前移指定距离 d
def turSkip(d):
    turtle.penup()
    turtle.forward(d)
    turtle.pendown()

# 注册时、分、秒指针形状为 turtle
def turReg(name, length):
    turtle.reset()
    turSkip(-length * 0.1)                   # 从原点位置前 0.1*length
    turtle.begin_poly()                      # 开始记录多边形的顶点
    turtle.forward(length * 1.1)             # 到 1.1*length 位置
    turtle.end_poly()                        # 停止记录多边形的顶点
    myform = turtle.get_poly()               # 获得多边形
    turtle.register_shape(name, myform)      # 注册指定 name 和 length 的多边形 turtle
# 时、分、秒指针和显示文本 turtle 初始化
def clockInit():
    global turSec, turMin, turHur, turText
    turtle.mode("logo")                      # 置 turtle 指向北

    # 建立三个表针 turtle 并初始化
    turReg("turHur", 90)                     # 注册时针 turtle，长度为 90
    turHur = turtle.Turtle()
    turHur.shape("turHur")

    turReg("turMin", 120)                    # 注册分针 turtle，长度为 120
    turMin = turtle.Turtle()
    turMin.shape("turMin")

    turReg("turSec", 160)                    # 注册秒针 turtle，长度为 160
    turSec = turtle.Turtle()
    turSec.shape("turSec")

    for hand in turSec, turMin, turHur:      # 设置秒、分、时 turtle 画笔大小
        hand.shapesize(1, 1, 3)
        hand.speed(0)

    # 建立输出文字 turtle
    turText = turtle.Turtle()
    turText.hideturtle()                     # 隐藏画笔 turtle
    turText.penup()

# 显示时钟 1~12 文本
def clockFrame(r):
    turtle.reset()
    turtle.pensize(6)
```

```
        for i in range(60):
            turSkip(r)
            if i % 5 == 0:
                turtle.forward(20)
                if i == 0:
                    turtle.write(int(12),                  # 写文字 12
                        align="center", font=("Courier New", 16, "bold"))
                elif i == 30:
                    turSkip(25)
                    turtle.write(int(i / 5),               # 写文字 6
                        align="center", font=("Courier New", 16, "bold"))
                    turSkip(-25)
                elif (i == 25 or i == 35):
                    turSkip(20)
                    turtle.write(int(i / 5),               # 写文字 5 和 7
                        align="center", font=("Courier New", 16, "bold"))
                    turSkip(-20)
                else:
                    turtle.write(int(i / 5),               # 写文字 1,2,3,4,8,9,10,11
                        align="center", font=("Courier New", 16, "bold"))
                turSkip(-r - 20)
            else:
                turtle.dot(5)
                turSkip(-r)
            turtle.right(6)


def cWeek(cTime):
    lstWeek = ["星期一", "星期二", "星期三", "星期四", "星期五", "星期六", "星期日"]
    return lstWeek[cTime.weekday()]                # 当前时间的中文星期表示


def cDate(cTime):
    cy = cTime.year
    cm = cTime.month
    cd = cTime.day
    return "%s 年%d 月%d 日" % (cy, cm, cd)         # 当前时间的中文格式
# 绘制时钟的动态时、分、秒指针
def clockHMS():
    cTime = datetime.today()
    second = cTime.second
    minute = cTime.minute
    hour =    cTime.hour
    turSec.setheading(6 * second)                 # 秒指针对应角度=6 * second
    turMin.setheading(6 * minute)                 # 分指针对应角度=6 * minute
    turHur.setheading(30 * hour)                  # 时指针对应角度=30 * hour

    turtle.tracer(False)
    turText.forward(65)                           # 原点上写星期 X
    turText.write(cWeek(cTime), align="center",font=("Courier", 16, "bold"))
    turText.back(130)                             # 原点下写年、月、日
    turText.write(cDate(cTime), align="center",font=("Courier", 16, "bold"))
    turText.home()
    turtle.tracer(True)
```

```
# -------------------------
turtle.setup(600,600,300,200)
turtle.tracer(False)
clockInit()
clockFrame(200)
turtle.tracer(True)
turtle.hideturtle()

while True:
    clockHMS()
    turtle.delay(1000)

turtle.mainloop()
```

运行结果如图 8.3 所示。

图 8.3　运行结果

说明：

（1）下列程序为死循环：

```
while True:
    clockHMS()
    turtle.delay(1000)
```

每隔 100ms 就执行一次 clockHMS() 函数，更新实时时、分、秒指针位置，实现实时显示。

clockHMS() 函数执行需要的时间每台计算机均不相同，所以无法给 turtle.delay.(x).中的 x 准确延时从而使得 1 秒钟执行一次，所以延时时间太大就不能实现 1 秒钟界面秒针跳一次。

（2）可以用 clockHMS() 嵌套代替上述循环：

```
def clockHMS():
    ...
    turtle.ontimer(clockHMS, 100)
...
turtle.hideturtle()
clockHMS()
turtle.mainloop()
```

【实训】

（1）按照下列要求修改【例 8.1】代码，运行调试。

① 画 3 个圆，线加粗为原来的两倍。

② 画奥运 5 环标志。

（2）按照下列要求修改【例 8.2】代码，运行调试。

① 2、3、4、7、8、9 文字位置适当向外调整。

② 时钟变大，时、分、秒指针加粗一倍，长度适当加长。

③ 用 time.sleep(1)控制延时 1s。如果要让时、分、秒指针看上去连续运行，如何调整？

④ 采用函数嵌套调用实现时、分、秒指针动态刷新。

8.2　图表处理及应用

matplotlib 是提供数据绘图功能的第三方库，功能很强大，其中 matplotlib.pyplot 子模块提供了一套绘图接口函数以实现各种数据展示图形的绘制，一般可以从函数名辨别函数的功能。

matplotlib 库需要通过 pip 命令装入 Python 才能使用。matplotlib.pyplot 引用方式如下：

```
import  matplotlib.pyplot as plt
```

下面介绍 plot 绘图的几个概念。

1. 坐标体系

该库有两个坐标体系——图形坐标和数据坐标。图形坐标将左下角视为原点，向右为 x 方向，向上为 y 方向。数据坐标以当前绘图区域的坐标轴为参考，显示每个数据点的相对位置，这与坐标系标记数据点一致。数据、标注和图形一起生成，如图 8.4 所示。

2. 中文字体

matplotlib 库默认不支持图表标注文字的汉字编码，需要用户在程序中设置，通过 matplotlib 库的字体管理器可以载入操作系统支持的任何汉字字体，否则直接使用中文字体会显示乱码。为了正确显示中文字体，可以采用下列方法更改默认字体设置。

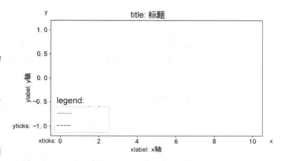

图 8.4　数据、标注和图形一起生成

```
matplotlib.rcParams['font.family']='字体英文表示'
matplotlib.rcParams['font.sans-serif']=['字体英文表示']
```

字体名称的中英文对照见表 8.2。

表 8.2　字体名称的中英文对照

字　　体	字体英文表示	字　　体	字体英文表示
宋体	SimSun	仿宋	FangSong
黑体	SimHei	幼圆	YouYuan
楷体	KaiTi	华文宋体	STSong
微软雅黑	Microsoft YaHei	华文黑体	STHeiti
隶书	LiSu		

3. Figure 和 Auix

Figure 是一块画布，一开始可以通过 Figure 指定画布的大小，绘图是在 Auix 上进行的，一个 Figure

上默认有一个 Auix，绘图在默认的 Auix 上进行。如果在一块画布上画几个子图，则一个 Figure 就包含几个 Auix。每个 Auix 需要指定在 Figure 中的位置。

8.2.1 基本绘图

常用绘图函数见表 8.3。

表 8.3 常用绘图函数

操 作	描 述
plot(x, y, 格式字符串, label)	根据 x、y 值和指定格式绘制直线
title(标题字符串)	设置标题字符串
xlabel(标签字符串)	设置 x 轴标签
ylabel(标签字符串)	设置 y 轴标签
xlim(最小值, 最大值)	设置当前 x 轴取值范围
ylim(最小值, 最大值)	设置当前 y 轴取值范围
xticks(x, 标注内容)	设置 x 轴标尺
xscale()	设置 x 轴缩放
yscale()	设置 y 轴缩放
text(x,y,字符串)	在(x,y)位置显示字符串
annotate(字符串, 箭头顶点, 文字显示起点, 箭头样式)	显示箭头和文字
fill_between(x,y1,y2, where=条件, facecolor=颜色, alpha=透明度)	对 x 符合条件范围内 y1 和 y2 之间填充指定透明度颜色
grid(逻辑值)	显示坐标网格
legend()	放置绘图图例
fgsave(文件名)	将绘制的图形写入指定文件中
show()	显示绘制的图形

说明：每一个函数均有很多参数可以指定，否则使用默认值。下面对 plot(x, y, 格式字符串, label) 函数参数进行介绍。

● x, y：x 轴和 y 轴数据，可以是列表或数组。
● 格式字符串：控制曲线的格式——颜色、标记、风格，可取三者的组合，如 g--、r-D。如果不用组合，则用 color、marker、linestyle 三个参数分别指定。

画线颜色见表 8.4。

表 8.4 画线颜色

颜 色 字 符	说 明	颜 色 字 符	说 明
'b'	蓝色	'm'	洋红色
'g'	绿色	'y'	黄色
'r'	红色	'k'	黑色
'c'	青绿色	'w'	白色
'#008000'	某颜色	'0.8'	灰度值字符串

风格见表 8.5。

表 8.5　风格

风 格 字 符	说　明	风 格 字 符	说　明
'-'	实线	':'	虚线
'--'	破折线	" "	无线条
'-.'	点画线		

标记：一般采用默认标记。

● label：添加图例的说明。

【例 8.3】　绘制 $y=x^2$ 的曲线。

代码如下：

►【例 8.3】

```
import matplotlib.pyplot as plt
import numpy as np
xMax=20
x = np.arange(0, xMax, 0.01)          # 在 0～20 范围内生成数据，间隔为 0.01
plt.plot(x, x**2)


plt.grid(True)
plt.xlabel("x-Auix",color="g",fontsize=16)
plt.ylabel("y-Auix",color="b",fontsize=16)
plt.title("Figure.1")
plt.text(0.5*xMax-2,(0.5*xMax)**2,"$y=x^2$",color='red',fontsize=16)


yMax=xMax**2
plt.annotate('(xMax,yMax)', xy=(xMax,yMax), xytext=(xMax-6,yMax-6 ),
        arrowprops=dict(facecolor='red', shrink=0.02),)
plt.show()
```

运行结果如图 8.5 所示。

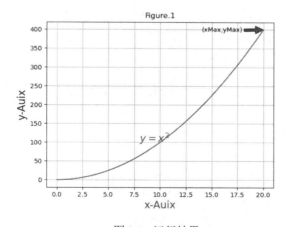

图 8.5　运行结果

【综合实例】：指数衰减的曲线和三维图

【例 8.4】　绘制按照指数规律衰减的曲线。

$y_1=\cos(x^2)$

►【例 8.4】

$y_2 = e^{-x}$

$z = \cos(x^2) \cdot e^{-x}$

代码如下（plotCosExp.py）：

```python
import numpy as np                                    # （1）
import matplotlib.pyplot as plt
import matplotlib                                      # 字体为非子plot模块内容
pi=3.14159                                             # 也可直接用np.pi代替
x = np.linspace(0,6.3,100)                             # （1，3）
y1 = np.cos( 2*pi*x )                                  # （1）
y2 = np.exp(-x)                                        # （1）
z=    y1* y2                                           # （1）

matplotlib.rcParams['font.family']='SimHei'           # 设置默认字体
matplotlib.rcParams['font.sans-serif'] = ['SimHei']   # 设置默认字体

plt.plot(x,y1+1.0,"g--", label="$cos(x^2)$", linewidth=1)   # （2）绿色虚线，线宽为2
plt.plot(x,y2+1.0,"b--", label="$exp(-x)$", linewidth=1)    # （2）蓝色虚线，图例为exp(-x)
plt.plot(x,z+1.0,label="$cos(x^2)*exp(-x)$", color="red",\
        linewidth=2, linestyle="-")

plt.xlabel('x 坐标', fontsize=16)
plt.ylabel('y 坐标',fontsize=16)
plt.title("f(x)=cos(2$\pi$x).exp(-x)函数",fontsize=16)

plt.xlim(0,2*pi)                                       # （3）x轴显示范围（0,2π）
plt.ylim(0,2)                                          # （3）y轴显示范围（0,2）

plt.xticks([pi/3,2* pi/3,pi,4*pi/3,5*pi/3,2*pi] \
        ,['$1\pi/3$','$2\pi/3$','$\pi$','$4\pi/3$','$5\pi/3$','$2\pi$'])      # （4）
plt.fill_between(x,z+1.0,0, where=(x>0.5*pi) & (x<1.5*pi), facecolor='grey', alpha=0.25)
                                                       # （5）

plt.legend()
plt.savefig('sample.JPG')
plt.show()
```

运行结果如图8.6所示。

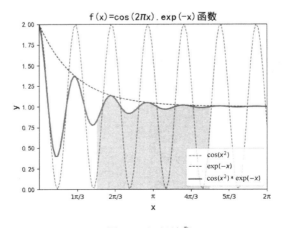

图 8.6　运行结果

说明:

（1）numpy 是一个常用的科学技术库，通过它可以快速对数组进行操作，包括批量生成数据、排序、选择、输入输出、离散傅里叶变换、基本线性代数、基本统计运算和随机模拟等。

采用下列语句在 0~10 范围内均匀生成 100 个数据，存放在数组 x 中:

```
x = np.linspace(0, 10, 100)
```

生成的数组 x 如下:

```
array([ 0.        ,  0.1010101 ,  0.2020202 ,  0.3030303 ,  0.4040404 ,
        0.50505051,  0.60606061,  0.70707071,  0.80808081,  0.90909091,
        1.01010101,  1.11111111,  1.21212121,  1.31313131,  1.41414141,
        1.51515152,  1.61616162,  1.71717172,  1.81818182,  1.91919192,
        2.02020202,  2.12121212,  2.22222222,  2.32323232,  2.42424242,
        2.52525253,  2.62626263,  2.72727273,  2.82828283,  2.92929293,
        ...
        8.58585859,  8.68686869,  8.78787879,  8.88888889,  8.98989899,
        9.09090909,  9.19191919,  9.29292929,  9.39393939,  9.49494949,
        9.5959596 ,  9.6969697 ,  9.7979798 ,  9.8989899 , 10.        ])
```

（2）下列语句:

```
x = np.linspace(0,6.3,100)              # （1，3）
y1 = np.cos( 2*pi*x )                   # （1）
y2 = np.exp(-x)                         # （1）
z=  y1* y2                              # （1）
```

分别生成了以 x 作为参数的 y1、y2 和 z 数组。

其中: $y1(i)= \cos(2*3.14159*x(i)), i=0,1,2,3,\cdots,100$

$\qquad y2(i)= \exp(-x(i)), i=0,1,2,3,\cdots,100$

$\qquad z(i)=\quad y1(i)* y2(i)$

为了使 y 轴右下角点为（0，0），采用 y1、y2 和 z 数据画图时上移 1.0。

（3）绘制图形 plot(x,y) 就是将（x1,y1）、（x2,y2）、（x3,y3）、（x4,y4）等点用直线连接起来，数据越多，图形越细致。

因为需要同时绘制 y1、y2、z=y1*y2 这 3 个图形，所以 y1、y2 采用虚线。

plt.plot(x,y) 会根据(xi,yi)分别画出直线，整体看起来就像一幅图形。

（4）因为下列语句:

```
x = np.linspace(0,6.3,100)
```

生成的 x 数据最大，6.3>2π，所以画图时超过 2π 的数据就不出现在图上，可以采用下列语句:

```
plt.xlim(0,2*pi)
```

（5）下列语句标注 x 轴上的 π/3、2π/3、π、4π/3、5π/3、2π。

```
plt.xticks([pi/3,2*pi/3,pi,4*pi/3,5*pi/3,2*pi] \
          ,['$1\pi/3$','$2\pi/3$','$\pi$','$4\pi/3$','$5\pi/3$','$2\pi$'])
```

相当于 [v1,v2 ,v3 ,v4 ,v5,v6] ['s1','s2','s3','s4','s5','s6']，在 x=vi 的位置显示 si。

（6）下列语句标注阴影部分。

```
plt.fill_between(x,z,where=(x>0.5*pi) & (x<1.5*pi), facecolor='grey', alpha=0.25)
```

标注函数 y1=f(x) 的阴影部分，条件: x=0.5π~1.5π，灰色，透明度为 0.25。

【例 8.5】　根据三维数据绘制图形。

代码如下（d3sincos.py）:

```
import numpy as np
import matplotlib.pyplot as plt
fig = plt.figure()
# 建立一个三维坐标系
```

```
ax1 = plt.axes(projection='3d')

n=5
z = np.linspace(-n, n, 10*n)
x = n * np.sin(z)
y = n * np.cos(z)

# 进行三维绘图
ax1.plot3D(x, y, z, 'blue')

# 定义 x 与 y 的坐标
plt.xlabel("x-Auix",color="g",fontsize=12)
plt.ylabel("y-Auix",color="b",fontsize=12)
plt.title("3D Figure")

# 显示图形
plt.show()
```

运行结果如图 8.7 所示。

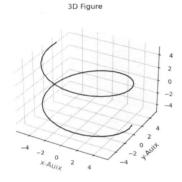

图 8.7　运行结果

【实训】

（1）按照下列要求修改【例 8.3】代码，运行测试。

① 箭头标注指向中点位置，内容为 $y=x^2$。

② 在图上加画 $y=1/x$。

③ 图、x 和 y 标题采用中文。

（2）按照下列要求修改【例 8.4】代码，运行测试。

① π 用 np.pi 实现。

② $\cos(x^2)$ 和 $\exp(-x)$ 图形改成细实线。

③ 在 $x=(0\sim\pi)$ 之间加阴影。

④ x 轴终点坐标修改为 $5\pi/3$。

8.2.2　绘制图表

plot 能够绘制各种基础图表（例如折线图、条形图、饼图等），基础图表函数见表 8.6。

表 8.6　基础图表函数

函　　数	描　　述
plot(x, y, 格式字符串, label)	根据 x、y 数据绘制直线
bar(left,height,width,bottom)	绘制柱状图
barh(bottom,width,height,left)	绘制横向条形图
pie(数据 explode)	绘制饼图
scatter()	绘制散点图
step(x,y,where)	绘制步阶图
hist(x,bins,normed)	绘制直方图
axes(projection='3d')	建立一个三维坐标系
plot3D(x, y, z, 颜色)	根据 x、y、z 数据绘制指定颜色直线
imread("图像文件名")	读取图像文件数据
imshow(图像数据)	根据图像数据显示图像

1. 绘制常见图表

plot()函数实际上是画直线的，因为数据太密，所以看上去就是连续的。因此，plot()函数可以画折线图。下面介绍如何绘制柱状图和饼图。

1）绘制柱状图

采用 bar()函数绘制柱状图。

```
bar(数据, 高度数据, 参数)
```

参数如下。

- width：柱子的宽度，即在 x 轴上的长度，默认是 0.8。
- align：对齐方式。
- color：柱子的填充色。
- edgecolor：柱子边框的颜色，默认为 None。
- linewidth：柱子边框的宽度，默认为 0，表示没有边框。
- yerr：指定误差值的大小，用于在柱子上添加误差线。
- ecolor：表示误差线的颜色。
- bottom：柱子底部的 baseline，默认为 0。

例如：

```
plt.bar(x =lstX, height =lstData, width = 0.8, edgecolor = 'black', linewidth = 2, align = 'center', color = 'g', yerr = 0.5, ecolor = 'r')
```

柱状图还可以有很多的变种，可以绘制水平方向的柱状图。在单一柱状图的基础上，通过叠加可以实现以下两种柱状图。

实现堆积柱状图，例如：

```
plt.bar(x =lstX, height = lstData1, label = 'A')
plt.bar(x = lstX, height =lstData2, bottom = lstX, label = 'B')
plt.legend()
```

将第一组柱子的顶部作为第二组柱子的底部，即 bottom 参数，从而实现堆积的效果。

实现分组柱状图，例如：

```
w = 0.4
plt.bar(x = lstX – w/2 , height =lstData1, width = w label = 'A')
plt.bar(x = lstX – w/2, height =lstData2, width = w, label = 'B')
plt.legend()
```

根据宽度值计算柱子的中心坐标，然后自然叠加就可以形成水平展开的分组柱状图。

用下列程序可在柱状图的柱子上标注数值：

```
for x,y in enumerate(y):
    plt.text(x,y,'%d' %y ,ha='center')
plt.show()
```

2）绘制饼图

常用的参数如下。

- labels：设置饼图中每部分的标签。例如：

```
plt.pie(x=lstX, labels= x 对应的标签列表)
```

- autopct：设置百分比信息的字符串格式化方式，默认值为 None，不显示百分比。

autopct 设置饼图上的标记信息，有以下两种设置方式。

设置字符串格式化，例如：

```
plt.pie(x=lstData, labels= x 对应的标签列表,autopct='%.1f%%')
```

用函数来进行设置，例如：

```
plt.pie(x= lstData,, labels= x 对应的标签列表, autopct=lambda
    pct:'({:.1f}%)\n{:d}'.format(pct, int(pct/100 * sum(lstData))))
```

- shadow：设置饼图的阴影，使其看上去有立体感，默认值为 False。
- startangle：饼图中第一部分的起始角度。

例如：

```
plt.pie(x=lstData, labels= x 对应的标签列表, autopct='%1.1f%%',
    startangle=90)
```

- radius：饼图的半径，数值越大，饼图越大。
- counterclock：设置饼图的方向，默认值为 True，表示逆时针方向，值为 False 表示顺时针方向。
- colors：调色盘，默认值为 None，会使用默认的调色盘。
- explode：用于突出显示饼图中的指定部分，用间隔突出的方式进行显示。

例如：

```
pot.pie(x=lstData,labels= x 对应的标签列表, autopct='%1.1f%%', explode = [0, 0, 0.05, 0])
```

对于饼图而言，在单张图片中，饼图的内容总是会和图例重叠。为了将图例和内容区分开来，可以通过 legend()方法的 bbox_to_anchor 参数设置图例区域在 figure 上的坐标，其值为 4 个元素的元组，分别表示 x、y、width、height。例如：

```
plt.pie(x=lstData,labels=labels,autopct=lambda pct:'(
    {:.1f}%)\n{:d}'.format(pct, int(pct/100 * sum(data))))
plt.legend(labels, loc="upper left",bbox_to_anchor=(1.2, 0, 0.5, 1))
```

x 的值大于 1，表示图例的位置位于 axes 右侧区域，x 的值越大，图例和饼图之间的空隙越大。

2．在子图区域同时绘图

绘图区域函数见表 8.7。

表 8.7　绘图区域函数

函　　　数	描　　　述
figure(figsize=(宽度,高度), facecolor=None)	创建一个全局绘图区域
axes(rect,axisbg='w')	创建一个坐标系风格的子图区域
subplot(行,列,当前位置)	在全局绘图区域中创建一个子图区域
subplots_adjust()	调整子图区域的布局

说明：

（1）figure()函数创建一个全局绘图区域，并且使它成为当前的绘图对象，figsize 参数可以指定绘图区域的宽度和高度，单位为英寸。绘制图像之前不调用 figure()，会自动创建一个默认的绘图区域。

（2）subplot()用于在全局绘图区域内创建子图区域，其参数表示将全局绘图区域分成指定行和列，并在当前位置生成一个坐标系。

plt.subplot(324)：表示全局绘图区域被分割成 3×2 的网格，在第 4 个位置绘制一个坐标系。

add_subplot(331)：表示加入一个 3×3 的子图阵列序号为 1 的子图，阵列中的子图是按照从左往右、从上往下、自 1 开始的自然数顺序编号的。

（3）axes()默认创建一个 subplot(111)坐标系，变量的范围都为[0,1]，表示坐标系与全局绘图区域的关系，axisbg 指背景色，默认为 white。

（4）每一个子图都对应一个 axes 坐标对象，在使用主界面 figure 对象的 add_subplot()方法添加子图时，返回的就是这个子图的 axes 对象，接下来调用哪个子图 axes 对象的 plot()方法，就表示在该子图上画图。axes 对象不仅仅是画图的句柄，也通过它来设置其对应子图的各项属性，比如，用 set_title()方法设置子图标题，用 set_xlim()、set_ylim()设置子图坐标轴刻度范围等。

【综合实例】：学生课程成绩等级图表

【例 8.6】　绘制学生课程成绩等级柱状图、散点图、折线图和饼图。

在子图区域直接画图，代码如下（plotSub1.py）：

```python
import matplotlib.pyplot as plt
import numpy as np

grade = ['<60', '60-69', '70-79','80-89', '90-100']
nScore1 = [3, 15, 24, 12, 8]
nScore2 = [2, 25, 14, 16, 3]

plt.figure(figsize=(10,6))
plt.subplot(2,2,1)              #构建 2×2 张图中的第 1 张子图
plt.bar(grade, nScore1)        #柱状图
plt.bar(grade, nScore2)

plt.subplot(2,2,2)
plt.scatter(grade, nScore1)     #散点图
plt.scatter(grade, nScore2)

plt.subplot(2,2,3)
plt.plot(grade, nScore1)        #折线图
plt.plot(grade, nScore2)

plt.subplot(2,2,4)
plt.pie(nScore1,labels=grade,radius=1.2,autopct='%1.1f%%',explode=[0,0,0.1,0,0])
                               #饼图
plt.suptitle('学生课程成绩等级分布',fontname='SimHei',fontsize=18)
plt.show()
```

运行结果如图 8.8 所示。

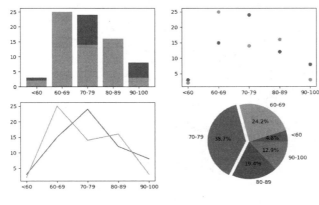

图 8.8　运行结果

【例 8.7】　采用子图对象画图。

代码如下（plotSub2.py）：

```python
import numpy as np
import matplotlib.pyplot as plt
```

► 【例 8.7】

```
fig = plt.figure(figsize=(6,6))                          #建立一个大小为 6×6 的画板
# 在 fig 画板上创建 2 个子图区域
ax1 = fig.add_subplot(211)                               #在画板上添加画布
ax2 = fig.add_subplot(212)

girl = plt.imread("形体动作 01.jpg")                       #(a)
ax1.imshow(girl)                                         #(a)

n = 60
x = np.random.rand(n)*80
y = np.random.rand(n)*100
n1 = np.random.rand(n)                                   #生成 n(n = 60)个 0～1 之间的随机数放入 n1 数组
n2 = np.random.rand(n)
area = np.pi * (15 * n1)**2
color = 2 * np.pi * n2
ax2.scatter(x, y, s=area, c=color, alpha=0.5, cmap=plt.cm.hsv)   #(b)

plt.show()                                               #(b)
```

运行结果如图 8.9 所示。

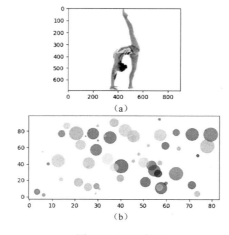

图 8.9　运行结果

【例 8.8】　初等函数功能图形对比。

（1）本例展示基本的初等函数。

指数函数：$y = \mathrm{e}^x$

幂函数：$y = x^2$、$y = x^3$

对数函数：$y = \ln x$

正切函数：

三角正切：$y = \tan x$

双曲正切：$y = \tanh x$

三角函数：$y = \sin x$、$y = \cos x$

双曲函数：

双曲正弦：$y = \sinh x$

双曲余弦：$y = \cosh x$

（2）子图布局。

根据上述初等函数的特点，安排子图布局，如图 8.10 所示。

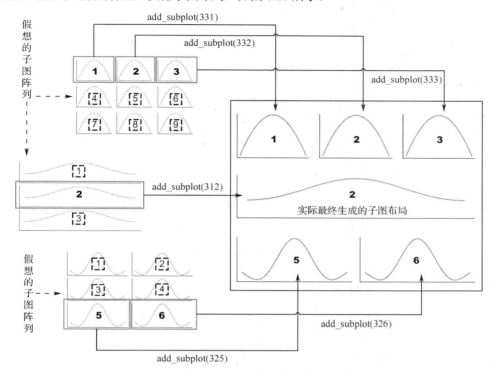

图 8.10 初等函数子图布局

代码如下（plotSubfunc.py）：

```
import numpy as np
import matplotlib.pyplot as plt
import matplotlib
plt.rcParams['font.sans-serif'] = ['SimHei']                # 默认中文字体
plt.rcParams['axes.unicode_minus'] = False                 # 显示坐标值负号
gbk = matplotlib.font_manager.FontProperties(fname = \
    'C:\Windows\Fonts\simkai.ttf')                         # （1）指定字体
myfg = plt.figure()
myfg.patch.set_color("lightgreen")                         # （2）
myfg.suptitle("基本初等函数",
fontweight = 'bold', fontsize = 'large')                   # 字加粗
#-----3 行 3 列中第 1 个图-----
axs1 = myfg.add_subplot(331)
x = np.linspace(-1, 1, 10000)
axs1.plot(x, np.e**x, color = "green", linewidth = 1.0)    # （3）
axs1.set_title("指数函数", fontsize = 'small')
#-----3 行 3 列中第 2 个图-----
axs2 = myfg.add_subplot(332)
axs2.plot(x, x**2, label = u'偶函数', color = "red", linewidth = 0.8)
axs2.plot(x, x**3, "b-.", label = u'奇函数', linewidth = 0.7)
axs2.set_title("幂函数", fontsize = 'small')
axs2.legend(prop = gbk)
#-----3 行 3 列中第 3 个图------
```

```
axs3 = myfg.add_subplot(333)                              # 3 行 3 列中第 3 个图
x = np.linspace(0.001, 1, 10000)
axs3.plot(x, np.log(x), color = "green", linewidth = 1.0)
axs3.set_title("对数函数", fontsize = 'small')
x = np.linspace(-1, 1, 10000)
#------3 行 1 列中第 2 个图：第 2 行占一整行
axs4 = myfg.add_subplot(312)
x = np.linspace(-4.5, 4.5, 10000)
axs4.plot(x, np.tanh(x), label = "$y = thx$", color = "black", linewidth = 1.1)
axs4.plot(x, np.tan(x), "r--", label = "$y = tanx$", linewidth = 1.1)
axs4.set_ylim(-1.2, 1.2)
axs4.patch.set_color("y")
axs4.set_title("正切函数", fontsize = 'medium')
axs4.legend()
#------3 行 2 列中第 5 个图：第 3 行分为两列（第 5、6 个子图）
axs5 = plt.subplot(325)
x = np.linspace(-2*np.pi, 2*np.pi, 10000)
axs5.plot(x, np.sin(x), label = u'正弦', color = "b", linewidth = 1.0)
axs5.plot(x, np.cos(x), "g-.", label = u'余弦', linewidth = 0.7)
axs5.patch.set_color("cyan")
axs5.set_title("三角函数", fontsize = 'small', loc = 'left')
axs5.legend(prop = gbk)
#------3 行 2 列中第 6 个图------
axs6 = plt.subplot(326)
x = np.linspace(-5, 5, 10000)
axs6.plot(x, np.sinh(x), label = u'正弦', color = "b", linewidth = 1.0)
axs6.plot(x, np.cosh(x), "g-.", label = u'余弦', linewidth = 0.7)
axs6.patch.set_color("cyan")
axs6.set_title("双曲函数", fontsize = 'small', loc = 'left')
axs6.legend(prop = gbk)

plt.subplots_adjust(hspace = 0.5)                         # 调整子图行间距
plt.show()
```

说明：

（1）由于 matplotlib 库默认不支持图表标注文字的汉字编码，程序中除可以使用 plt.rcParams[…]设置默认汉字字体外，通过 matplotlib 库的字体管理器可以载入操作系统支持的任何汉字字体，步骤如下。

① 导入 matplotlib 库。之前绘图使用 matplotlib.pyplot 引入的仅仅是该子库中的类，默认并不包含 matplotlib 库的全部类，要使用字体管理器，还必须导入整个库：

```
import matplotlib
```

② 加载汉字字体。使用 matplotlib.font_manager 字体管理器加载计算机控制面板已安装的字体（位于 C:\Windows\Fonts\下的字体文件）：

```
gbk = matplotlib.font_manager.FontProperties(fname = 'C:\Windows\Fonts\simkai.ttf')
```

这里加载的是一种楷体。

③ 设置中文字符转码。加载了字体属性后，还需要在程序中涉及显示指定中文字体的地方加上字符转码标记，例如：

```
axs2.plot(x, x**2, label = u'偶函数', color = "red", linewidth = 0.8)
```

为显示中文"偶函数"，就要将显示内容放在一对单引号内，并在之前加上"u"，表示需要转码。

④ 加标注时传入汉字编码属性。所有需要显示指定中文字体标注的子图，在为其加标注的语句

中都必须传入一个表示字符编码类型的属性，这个属性值也就是第 2 步 matplotlib.font_manager 字体管理器返回的变量值，比如：

axs2.legend(prop = gbk)

经以上设置后，就可以在任何一个图表的图例标注中使用中文了。

（2）Figure 绘图对象和 Axes 坐标对象都有一个 patch 属性表示其背景，通过 set_color()方法来设置背景色。例如：

myfg.patch.set_color("lightgreen")

将整个界面的背景设为亮绿色。同理，可将界面上某一子图的背景设为黄色：

axs4.patch.set_color("y")

故通过 patch 属性可以为界面及其上任一子图设置背景色。

（3）通过 Axes 对象来设置其对应子图的各项属性。

运行结果如图 8.11 所示。

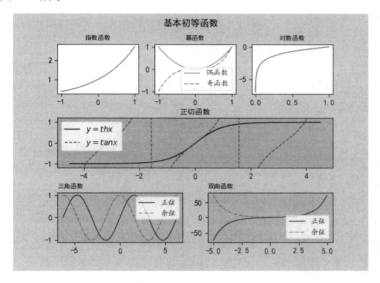

图 8.11　运行结果

【实训】

（1）将【例 8.6】中的子图改成 4 行 1 列，同步调整画布大小，分别用柱状图显示两门课程的成绩。

（2）将【例 8.7】中的两个子图分别画成两幅图，并且设置大小为（8, 6）。将柱状图上的连线删除，将颜色设置为蓝色。将饼图中的缝隙删除，加上阴影。

8.3　最优图形界面程序设计

前面例子的程序都采用 Python 内置的 input()函数接收输入，采用 print()函数输出结果，均为命令行运行方式，这在学习 Python 语言及其程序设计初期是可以的，但在实际应用开发中，即使编写规模不大的程序，也建议采用图形界面作为输入输出的交互接口，以增强易用性和改善用户体验。

Python 常见的 GUI 库包括 Tkinter、wxPython、PyQt 等，用它们可以开发出具有图形界面的 Python 应用程序。其中，PyQt 是对著名的 Qt C++图形界面库的完全封装，囊括了 Qt 几乎所有的功能，能轻松开发出专业的图形界面，成为了目前 Python 下应用系统界面开发的首选。本节就以 PyQt5 为基本环境来介绍 Python 图形界面程序的设计开发。

8.3.1　PyQt5 开发环境安装

1．安装 PyQt5

PyQt5 是封装了 Qt 5 界面库的 Python 库，它有 620 个类、6000 多个函数和方法，包含了可在 Python 环境下使用的种类繁多的界面 UI 组件。安装命令：

```
pip install pyqt5
```

2．安装 QtTools

采用 PyQt5 制作程序 GUI 界面，可以通过 GUI 制作工具和纯代码编写两种方式来实现。初学者可以使用 GUI 制作工具，这样可以避免 GUI 代码干扰主要的功能实现代码。

要采用 PyQt5 制作程序 GUI 界面，须安装与 PyQt5 配套的开发工具包。安装命令：

```
pip install pyqt5-tools
```

QtTools 中包含以下两个最关键的开发工具。

1）图形界面设计工具 Qt Designer

它支持以可视化方式设计程序界面，安装后位于 Python 安装目录的\Lib\site-packages\qt5_applications\Qt\bin\路径下，其中有一个 designer.exe，双击即可启动 Qt Designer，如图 8.12 所示。在"新建窗体"对话框中选择要创建的 GUI 窗体类型（默认是 Main Window），单击"创建"按钮，新建一个可用鼠标设计的窗体界面。

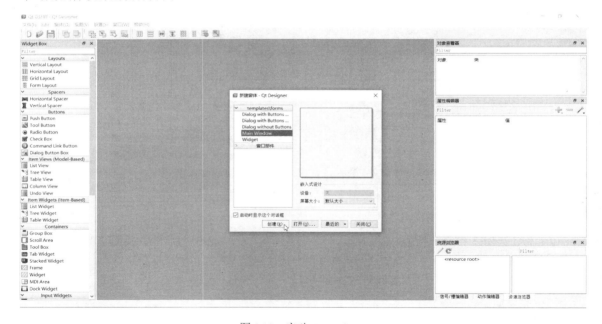

图 8.12　启动 Qt Designer

2）UI 文件转换工具 PyUic

在 Qt Designer 中设计好的窗体被保存为界面文件的形式，需要通过 PyUic 将其转换为 Python 源文件（.py）才能成为 Python 程序。PyUic 安装后位于 Python 安装目录的\Scripts\路径下，可看到其中有一个 pyuic5.exe。由于在安装 Python 环境时已经自动将 PyUic 所在的\Scripts\路径添加到当前用户的环境变量里，故可在 Windows 命令行下直接运行命令启动 PyUic 来执行转换操作，如下：

```
pyuic5 -o 源文件名.py 界面文件名.ui
```

8.3.2　PyQt5 窗口与控件

通过 PyQt5 开发 Python 程序主要使用窗口与控件。

1. 窗口及其属性

在 Qt Designer 中新建了窗体后，屏幕中央区域就出现了一个可设计的窗口界面，如图 8.13 所示。系统默认创建的窗口顶部有菜单栏、底部有状态栏，但通常开发简单程序时并不需要，可在其上右击并选择相应菜单命令将它们移除。

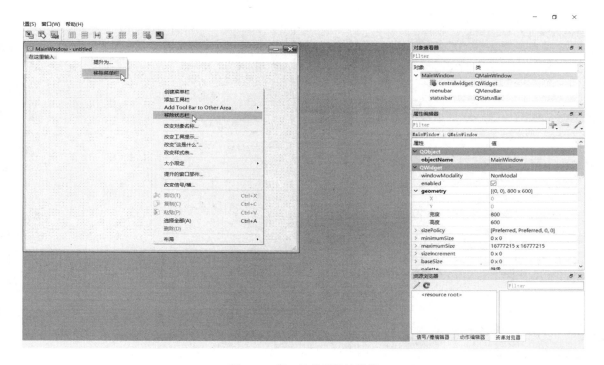

图 8.13　窗口及其属性编辑器

窗口包含一些基本的属性，如对象名称、大小、标题、图标等，它们皆可以通过 Qt Designer 界面右侧的"属性编辑器"窗口进行设置。

下面简单介绍一些常用属性的设置。

（1）objectName：设置窗口的对象名称，它相当于窗口标识，是唯一的，编程时对窗口的任何设置和使用都是通过该名称进行操作的。

（2）geometry：设置窗口的大小，其下有 4 个子属性，如图 8.14 所示。实际使用时更改宽度和高度的值即可，但要注意其值只能是整数，不能是小数。

（3）windowTitle：设置窗口的标题栏名称，也就是显示在窗口标题栏上的文本。

（4）windowIcon：新建的窗口图标是系统默认的图标，如果想更换窗口的图标，可以选中窗口，在"属性编辑器"中选中该属性，这时会出现带下拉列表的按钮，如图 8.15 所示，单击"选择文件"，弹出"选择一个像素映射"对话框，选择新的图标文件，单击"打开"按钮即可将所选图标设为窗口图标。

（5）windowOpacity：设置窗口透明度。透明度是指该窗口相对于其他界面的透明显示度，其值为 0～1，0 表示完全透明，1 表示完全不透明，默认为不透明，设置为 0.5 则表示半透明。

geometry		[(0, 0), 800 x 600]
X		0
Y		0
宽度		800
高度		600

图 8.14　geometry 的子属性

windowIcon	[Theme]	... ▾
windowOpacity	1.0000	选择资源…
toolTip		选择文件…
toolTipDuration	-1	Set Icon From Theme…

图 8.15　设置图标

2．控件及其分类

控件是 GUI 界面上用户用来输入或操作数据的对象。PyQt5 的控件完全来自 Qt，种类十分丰富，在 Qt Designer 界面左侧的工具箱中列出了所有控件，如图 8.16 所示，设计界面时只需要用鼠标拖曳所需控件至中央设计区的窗体上，即可"画"出程序的图形界面来，这种可视化的设计方式非常方便。

图 8.16　Qt Designer 的控件工具箱

PyQt5 控件的基类是 QFrame，而 QFrame 类继承自 QWidget 类，QWidget 是所有用户界面对象的基类，所以 Qt Designer 的控件工具箱又称"Widget Box"，从图 8.16 可见，已经对控件按类别进行了分组，各分组及其包含的控件的属性、方法和事件可查阅有关资料。

8.3.3　常用基本控件

下面仅对 PyQt5 中一些常用控件进行简单介绍。

PyQt5 控件分组

1．Label：标签控件

标签控件主要用于界面显示标识文字，对应 PyQt5 的 QLabel 类。

常用属性如下。

（1）text：标签显示的文字。程序运行时用 setText('显示的字符串')方法修改。图 8.17 中有 3 个标签，其显示的文字分别为"半径="、"周长="、"面积="。

（2）pixmap：标签显示的图片。程序运行时用 setPixmap(显示的图像)方法修改，该图像是一个 QPixmap 对象。

标签若要用于显示图片，通常还要将它的 frameShape 属性设为 Box、frameShadow 属性设为 Sunken，使其具有凹陷边框，达到类似图片框的外观效果，如图 8.18 所示。

（3）scaledContents：标签自适应文字内容大小。

（4）alignment：标签文本的对齐方式，包括水平对齐方式和垂直对齐方式。

（5）wordWrap：文本可换行显示。

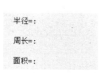

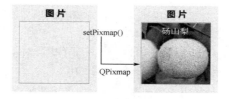

图 8.17　用于显示文本的标签　　　　　图 8.18　用于显示图片的标签

2．Line Edit：单行文本框

单行文本框接收用户输入的单行文本字符串。

常用属性如下。

（1）text：文本框文本内容。程序运行时由用户输入，或用 setText('文本内容')方法修改，通过 text()获取文本内容。

（2）alignment：文本对齐方式。

（3）readOnly：文本框只读。

（4）enabled：文本框可用性。

（5）echoMode：文本框字符显示模式。默认是 Normal，以明文字符显示；若用于输入密码，则设为 Password，以密码字符显示，如图 8.19 所示。

3．QSpinBox：数字选择框

这是一个整数数字选择控件，其右侧提供一对上下箭头，用户可单击选择数值，也可以直接输入数值，如图 8.20 所示。

图 8.19　单行文本框的两种显示模式

图 8.20　数字选择框取值

常用属性如下。

（1）minimum：最小值。

（2）maximum：最大值。

（3）singleStep：用户每单击一次上下箭头所增减的步长值，默认为 1。

（4）value：控件当前值。

运行程序时，如果用户输入的数值大于设置的最大值，或者小于设置的最小值，将不会接收。

4．QPushButton：命令按钮

命令按钮一般用于用户通过单击来执行操作，其上既可以显示文字，也可以显示图标。运行时可通过有关方法修改显示的内容，图 8.21 展示了按钮的几种不同显示效果。

图 8.21　按钮的几种不同显示效果

常用属性如下。

（1）text：按钮上的文字内容。

（2）icon：按钮上的图标。在程序运行时用 setIcon(图像)方法设置，该图像必须转换成一个 QIcon 对象。

（3）enabled：按钮可用性（默认为可用，True）。在程序运行时以 setEnabled(逻辑值)方法控制按钮可用性，逻辑值为 False 时按钮不可用。

命令按钮最常用的信号是 clicked，当按钮被单击时，会发射该信号执行相应的操作。

5. Radio Button：单选按钮

单选按钮提供两个及以上的选项，同一组中用户只能选中一个选项。单选按钮对应 PyQt5 中的 QRadioButton 类。属性 checked 指示按钮的选中状态（默认未选中，False）。setChecked()方法设置单选按钮的状态，isChecked()返回单选按钮的当前状态。其显示效果如图 8.22 所示。

6. Check Box：复选框

复选框提供多个选项，主要包括选中（Checked）和未选（Unchecked）两种状态。它对应 PyQt5 中的 QCheckBox 类。

7. Combo Box：组合框

组合框，又称下拉组合框，以一个下拉列表的形式提供可选择的项目。组合框对应 PyQt5 中的 QComboBox 类。

8. Group Box：组框

这是一个容器类控件，主要为其他控件提供分组，按组来细分不同的窗口区域，可使界面功能模块更加明晰，易于用户操作。组框对应 PyQt5 中的 QGroupBox 类。使用 setTitle()方法设置分组标题，使用 setFlat()方法设置以扁平样式显示。

9. Tab Widget：选项卡

当一个窗口的功能比较多，需要设计成多页时就要用到选项卡，运行程序时单击其顶部的标签可切换至不同的页面，如图 8.23 所示。

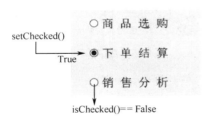

图 8.22　单选按钮的显示效果

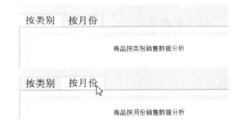

图 8.23　选项卡显示效果

选项卡对应 PyQt5 中的 QTabWidget 类。通过 currentTabText 属性设置标签的文字内容，通过 currentIndex 属性设置当前页的索引，使用 currentIndex()方法获取当前索引。

【综合实例】：计算圆面积

为使大家对 PyQt5 的基本使用和开发流程有个全面的了解，接下来设计开发一个简单的具备图形界面的圆面积计算程序。

【例 8.9】　采用 PyQt5 设计一个计算圆面积的程序。

1. 设计界面

启动 Qt Designer，创建一个 MainWindow 类型的窗口，进入可视化设计环境，设计界面如图 8.24 所示。

►【例 8.9】

（1）在中央窗体的顶部和底部分别右击，选择相应菜单命令来移除菜单栏和状态栏（因为本实例不需要菜单栏和状态栏）。调整窗体到适当的尺寸（宽度为 350、高度为 200），设置窗口标题 windowTitle 属性为"计算圆面积"。

图 8.24　设计界面

（2）从左侧控件工具箱中拖曳 3 个标签控件 Label、3 个单行文本框 LineEdit 和 1 个命令按钮 PushButton 放置到窗体上，根据表 8.11 在"属性编辑器"窗口分别设置各控件的属性。

表 8.11　各控件的属性

编　　号	控件类别	名称属性 (objectName)	属 性 说 明
	MainWindow	默认	windowTitle 为"计算圆面积"
①	Label	默认	text 为"半径=:"
②	Label	默认	text 为"周长=:"
③	Label	默认	text 为"面积=:"
④	LineEdit	lineEdit_r	—
⑤	LineEdit	lineEdit_length	enabled：取消勾选，表示文本框不可输入
⑥	LineEdit	lineEdit_area	enabled：取消勾选，表示文本框不可输入
⑦	PushButton	pushButton_cal	text 为"计算"

（3）用鼠标调整界面上各个控件的大小和相对位置，设计完成后从 Qt Designer 的"对象查看器"窗口可看到界面中各对象的名称及其控件类。

2. 绑定信号与槽

界面设计完成后，为使界面上的各控件在程序运行时能够响应用户操作，执行相应的功能，必须为其信号绑定槽。

信号（signal）与槽（slot）是 Qt 的核心机制，也是 PyQt5 对象之间通信的基础。在 PyQt5 中，每一个对象（包括各种窗口和控件）都支持这个机制，通过信号与槽的关联，当信号发射时，与之连接的槽（函数）将会自动执行。

本例我们希望在用户单击"计算"按钮（发出 clicked 信号）时，执行计算圆面积的函数（calc 槽，自定义）；另外，若用户在第一个文本框中输入半径值后直接回车（发出 returnPressed 信号），也会执行同样的圆面积计算函数（calc 槽）。

为实现上述功能，需要先往系统中添加 calc 槽，然后将按钮的 clicked 信号、文本框的 returnPressed 信号都关联到这个 calc 槽。

下面是具体的操作步骤。

1）添加槽

右击"对象查看器"窗口中的 MainWindow，在弹出的快捷菜单中选择"改变信号/槽"命令，弹出"MainWindow 的信号/槽"对话框，单击上部"槽"列表左下角的![加号]按钮，列表中出现可编辑条目，输入 calc()，单击"OK"按钮即可，如图 8.25 所示。

2）切换到"信号/槽"编辑模式

Qt Designer 环境默认处于"窗口部件"编辑模式，要绑定信号与槽，必须切换到"信号/槽"编辑模式。切换方法：单击工具栏上的 （编辑信号/槽）按钮或选择主菜单"Edit"→"编辑信号/槽"命令即可，如图 8.26 所示。

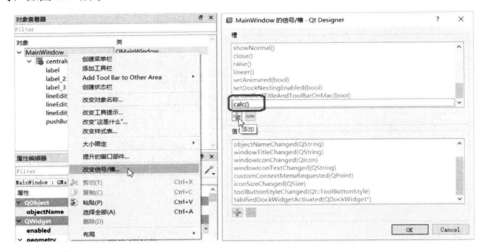

图 8.25　添加槽

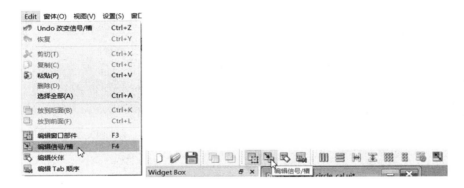

图 8.26　切换到"信号/槽"编辑模式

　　完成绑定信号与槽的操作后，可单击工具栏上的 （编辑窗口部件）按钮或选择主菜单"Edit"→"编辑窗口部件"命令切换回"窗口部件"编辑模式。

　　3）clicked 信号连接槽

　　在"信号/槽"编辑模式下，移动鼠标指针到"计算"按钮上，按钮周边出现红色边框，按下左键拖曳鼠标，会从按钮上拉出一条接地线，如图 8.27 所示，在窗体中任意空白区域释放鼠标，接地线固定后弹出"配置连接"对话框。

　　在对话框左边"计算"按钮的信号列表中选中"clicked()"，在右边主窗口的槽列表中选中"calc()"，单击"OK"按钮，就将 clicked 信号连接到了 calc 槽。

　　4）returnPressed 信号连接槽

　　操作方法与第 3 步类似，在"信号/槽"编辑模式下，用鼠标拖曳半径文本框接地，在弹出的"配置连接"对话框中，分别选中 returnPressed 信号与 calc 槽，单击"OK"按钮即可。

　　5）保存界面文件

　　单击工具栏 （编辑窗口部件）按钮退出"信号/槽"编辑模式，再单击"保存"按钮将已经设计好的界面文件保存到一个指定的路径下，如图 8.28 所示。编者存盘路径为 D:\MyPython\Code\PyQt5\ui，文件名为 ui_circle_cal.ui。

图 8.27　绑定 clicked 信号与 calc 槽　　　　　　　图 8.28　保存设计好的界面文件

3. 转换界面文件

在 Windows 命令行下执行相关命令。

（1）进入界面文件保存的目录，执行命令：

cd D:\MyPython\Code\PyQt5\ui

读者请进入自己的目录。

（2）转换界面文件，执行命令：

pyuic5 -o ui_circle_cal.py ui_circle_cal.ui

这里为简单起见，将转换成的 Python 源文件取为与界面文件同名（ui_circle_cal.py）。当然，读者也可以另取其他的名字，在命令参数中指定即可。

生成的 .py 文件（这里称之为"界面 Py 文件"，下同）与 .ui 文件位于同一目录中。

说明：转换生成的界面 Py 文件只是计算圆面积界面程序，还没有程序启动入口和业务逻辑功能代码，所以是不能直接运行的。

4. 查看、修改界面 Py 文件

启动 Python 自带的 IDLE，选择主菜单"File"→"Open"命令，进入 ui_circle_cal.py 所在目录，打开可看到其源码，如图 8.29 所示。

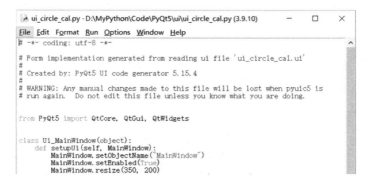

图 8.29　界面 Py 文件源码

可见，生成的界面 Py 文件程序就定义了一个 Ui_MainWindow 类，继承自 Python 抽象 object 类。为了使将要定义的 Python 程序能基于这个 Ui_MainWindow 类生成图形化窗口，需要将其修改为继承

QMainWindow（主窗口类）。修改如下：

修改后的界面 Py 文件

```
from PyQt5 import QtCore, QtGui, QtWidgets
from PyQt5.QtWidgets import QMainWindow          # 导入 PyQt5 的主窗口类

class Ui_MainWindow(QMainWindow):                # 明确其父类是主窗口类
    def setupUi(self, MainWindow):
        MainWindow.setObjectName("MainWindow")
        MainWindow.setEnabled(True)
        MainWindow.resize(350, 200)
        ...
```

5. 编写启动入口及计算功能程序

虽然启动入口及计算功能程序可以与界面 Py 文件写在同一个文件中，但为了实现业务功能和界面分离，以便开发和维护应用程序，这里新建一个.py 文件，实现程序启动及圆面积计算功能。

用 Python 自带的 IDLE 新建一个 Python 源文件 circle_cal.py，存放在 ui 文件夹的上级目录中。代码如下：

```
from ui.ui_circle_cal import Ui_MainWindow          #（1）
from PyQt5.QtWidgets import QApplication
import sys

class MainWindow(Ui_MainWindow):                      #（2）
    def __init__(self):                               # 初始化函数
        super(MainWindow, self).__init__()
        self.setupUi(self)                            # 加载图形界面

    def calc(self):                                   #（3）计算圆面积功能函数
        r1 = int(self.lineEdit_r.text())             # 获取用户输入的半径值
        if r1 >= 0:
            length1 = 2 * 3.14159 * r1               # 计算周长
            area1 = 3.14159 * r1 * r1                # 计算圆面积
            self.lineEdit_length.setText(str(length1))
            self.lineEdit_area.setText(str(area1))

if __name__ == '__main__':                            #（4）程序启动入口
    app = QApplication(sys.argv)                      # 初始化应用
    win_main = MainWindow()                           # 创建主窗口
    win_main.show()                                   # 显示主窗口
    sys.exit(app.exec_())                             # 在主线程中退出
```

说明：

（1）由于界面 Py 文件位于 ui 子目录下，故要声明从"ui.界面 Py 文件名"导入其中的 Ui_MainWindow 类，才能借助它来生成图形界面。

（2）自定义的程序主类 MainWindow 继承自 Ui_MainWindow 类，也就具备了其加载图形界面的能力，可在其初始化函数中直接调用 setupUi()函数来生成所有的界面控件。

（3）这是实现程序业务逻辑功能的函数，界面设计中信号所绑定的每一个槽函数在主程序中都必须有其定义，并带一个 self 参数，在函数功能代码中通过 self 引用界面上的控件或调用其他函数。

（4）这是程序的启动代码，单窗体的程序必须在最后加上这段代码才能启动运行；对于多窗体程序，主窗体源文件也必须有这段代码，其余子窗体则没有启动代码，由主窗体来启动它们。

6. 运行程序

在 IDLE 打开的 circle_cal.py 源文件窗口中，选择主菜单"Run"→"Run Module"命令，程序成

功启动运行，出现界面，输入半径并回车或单击"计算"按钮，输出结果，运行效果如图 8.30 所示。

图 8.30 运行效果

【实训】

（1）修改【例 8.9】为计算圆柱体积，增加输入圆柱高度的文本框，删除周长标签，将面积改成体积。同时修改"计算"按钮的程序，实现计算圆柱体积。

（2）设计计算器，如图 8.31 所示。

图 8.31 计算器

第*9*章 典型应用实例

9.1 文本分词、语音合成和播放

Python 的语音模块包括音频合成 pydub 库和语音播放 PyAudio 库，本节将用语音模块来实现一个公交车语音播报应用，该应用还涉及 Python 的分词库 jieba。

1. 扩展库安装

1）安装 jieba

直接在 Windows 命令行联网安装：

```
C:\...>pip install jieba
```

> ◎◎ **注意**:
> jieba 为库名，而不是需要安装的文件名，所以不需要事先下载该库文件。

2）安装 pydub

从相关网站下载 pydub，得到安装文件 pydub-0.25.1-py2.py3-none-any.whl，存盘后在 Windows 命令行执行：

```
C:\...>pip install 文件路径\pydub-0.25.1-py2.py3-none-any.whl
```

进行本地安装。

3）安装 PyAudio

从相关网站下载 PyAudio，选择与自己所用 Python 及计算机操作系统相适配的 PyAudio 版本，编者的是 Python 3.9/64 位 Windows 10 系统，故选择下载 PyAudio-0.2.11-cp39-cp39-win_amd64.whl，存盘后在 Windows 命令行用 pip 命令进行本地安装。

2. jieba 库的基本使用

jieba 库的使用非常方便，具体如下。

1）导入 jieba 库

只需要在程序开头使用语句：

```
import jieba
```

2）调用分词函数

jieba 提供了 4 个分词函数：cut()、lcut()、cut_for_search()、lcut_for_search()，它们均接收一个需要分词的字符串作为参数。其中，cut()、lcut()采用精确模式或全模式进行分词，精确模式将字符串文本精确地按顺序切分为一个个单独的词语，全模式则把句子中所有可以成词的词语都切分出来；cut_for_search()、lcut_for_search()采用搜索引擎模式进行分词，在精确模式的基础上对长词进行进一步切分。

3）处理结果

jieba 分词的结果以两种形式返回。其中，cut()、cut_for_search()函数返回一个可迭代的 generator 对象，lcut()、lcut_for_search()函数返回的是列表对象。用户可根据需要选择不同函数以得到不同形式的结果。

4）自定义词典

jieba 默认使用内置的词典进行分词，但在某些应用场合，需要识别特殊的专有词汇，这时就要由用户来自定义词典。自定义的词典以 UTF—8 编码的文本文件保存，其中每个词占一行（每行还可带上以空格隔开的词频和词性参数）。编程时用 load_userdict()函数载入自定义的词典，这样 jieba 在分词时就会优先采用用户词典里定义好的词。

【例 9.1】　分别使用 jieba 内置和自定义词典对以下这段文字执行分词操作，并以不同形式输出结果。

> 206 路无人售票车开往南京站北广场东请有序排队主动让座文明乘车下一站王家湾要下车的乘客请往后门走做好下车准备

这段文字中的"南京站北广场东""王家湾"是公交站名，不可以拆分；而"路无人售票车""请有序排队主动让座文明乘车""要下车的乘客请往后门走做好下车准备"都是模式化的公交提示语，也不宜分割。故在此应用场景下，要将它们定义为新的词汇。

（1）定义词典。

在项目目录下创建文本文件 dict.txt，其中编辑如下内容：

```
路无人售票车
下一站
南京站北广场东
王家湾
请有序排队主动让座文明乘车
要下车的乘客请往后门走做好下车准备
```

（2）编写程序。

代码如下（jieba_test.py）：

```
import jieba

str = '206 路无人售票车开往南京站北广场东请有序排队主动让座文明乘车下一站王家湾要下车的乘客请往后门走做好下车准备'
# 使用内置词典
result1 = jieba.cut(str)                            # 调用 cut()函数
for a in result1:
    print(a, end='; ')                             # 迭代输出
print('\n')
# 使用自定义词典
jieba.load_userdict('dict.txt')                    # 载入词典
result2 = jieba.cut(str)                            # 调用 cut()函数
for a in result2:
    print(a, end='; ')                             # 迭代输出
print('\n')
# 列表形式输出
lresult = jieba.lcut(str)                           # 调用 lcut()函数
print(lresult)                                      # 直接输出
```

（3）运行。

运行程序，输出结果如图 9.1 所示。

```
Building prefix dict from the default dictionary ...
Loading model from cache C:\Users\b0202\AppData\Local\Temp\jieba.cache
Loading model cost 0.590 seconds.
Prefix dict has been built successfully.
206; 路; 无人售票; 车; 开往; 南京站; 北广场; 东请; 有序; 排队; 主动; 让座; 文明; 乘车; 下; 一站; 王家; 湾; 要; 下车; 的; 乘客; 请; 往后; 门; 走; 做好; 下车; 准备;

206; 路无人售票车; 开往; 南京站北广场东; 请有序排队主动让座文明乘车; 下一站; 王家湾; 要下车的乘客请往后门走做好下车准备;

['206', '路无人售票车', '开往', '南京站北广场东', '请有序排队主动让座文明乘车', '下一站', '王家湾', '要下车的乘客请往后门走做好下车准备']
```

图 9.1　输出结果

可见，第一行因为用了 jieba 内置词典，把整个句子拆得四分五裂；而第二、三行改用了自定义词典，分词结果才更符合实际，便于应用。

【综合实例】：公交车语音播报

【例 9.2】 以【例 9.1】为基础，结合 Python 的 pydub 和 PyAudio 库实现一个公交车语音播报应用。

► 【例 9.2】

1. 录制音频

用录音软件录制音频文件，以 .wav 格式保存在项目 audio 目录下，如图 9.2 所示。

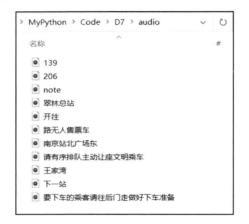

图 9.2 录制的音频文件

其中，note 是公交车铃音，在每段播报的开头响起。为简单起见，这里直接将语音的内容（词汇）作为音频文件名以方便程序查找。

2. 编写程序

程序根据用户提供的文本用 jieba 分词，pydub 根据分词结果查找对应名称的所有音频文件，再将它们合成为完整语音，最后通过 PyAudio 播放出来。

代码如下（busvoice.py）：

```
import jieba                                        # 导入 jieba 分词库
from pydub import AudioSegment                      # 导入 pydub 库
import pyaudio                                      # 导入 PyAudio 库
import wave                                         # 导入 Python 内置音频库


str = '206 路无人售票车开往南京站北广场东请有序排队主动让座文明乘车下一站王家湾要下车的乘客请往后门走做好下车准备'
# 分词操作
jieba.load_userdict('dict.txt')
result = jieba.cut(str)
lresult = jieba.lcut(str)
print(lresult)
# 合成语音
voice = AudioSegment.from_wav('audio/note.wav')               # （1）
for v in result:
    voice += AudioSegment.from_wav('audio/' + v +'.wav')[450:] # （2）
voice.export('audio/voice.wav', format='wav')                 # （3）
# 播放语音
busvoice = wave.open('audio/voice.wav', 'rb')                 # （4）
```

```
pa = pyaudio.PyAudio()
mystream = pa.open(format = pa.get_format_from_width(
                    busvoice.getsampwidth()),          # 取样量化格式
                    channels = busvoice.getnchannels(),  # 声道数
                    rate = busvoice.getframerate(),      # 取样频率
                    output = True)                       # 开启输出流
chunk = 1024
while True:
    mdata = busvoice.readframes(chunk)                # 读取音频数据
    if mdata == "":
        break
    mystream.write(mdata)
mystream.close()                                       # 关闭音频流
pa.terminate()
```

说明：

（1）**voice = AudioSegment.from_wav('audio/note.wav')**：AudioSegment 是 pydub 库中的一个不可变对象，它能够将一个音频文件打开成实例返回，这样用户就可以使用它的各种方法对音频进行处理，其基本调用格式为：

实例名 = AudioSegment.from 方法(含路径的音频文件名)

其中，"实例名"是打开的音频文件引用，供用户在程序中进一步处理音频对象；"from 方法"根据打开文件的格式不同会有不同的方法名称，例如：

AudioSegment.from_wav("文件名.wav")   # 打开 WAV 音频文件
AudioSegment.from_mp3("文件名.mp3")   # 打开 MP3 音乐文件
AudioSegment.from_flv("文件名.flv")   # 打开 FLV 文件

需要特别指出的是：pydub 库默认只支持通用的 WAV 音频文件格式，若要打开其他格式的音频文件，还必须另外安装 ffmpeg 库与之配合。

（2）**for v in result:voice += AudioSegment.from_wav('audio/' + v +'.wav')[450:]**：在获得 AudioSegment 实例后就可以引用它来对音频进行各种处理操作了，这里通过 for 循环遍历分词结果集，将与其中词汇匹配名称的音频文件实例合成为一个音频。由于每个单独音频的开头不可避免会有间隙，为使合成语音听起来连贯顺畅，在合成前需要对每个音频截去头部一定的时长。pydub 以 Python 数组切片的方式来截取音频片段，基本用法如下：

新实例名 = 原实例名[:终止时刻]   # 取开头至终止时刻的片段
新实例名 = 原实例名[起始时刻:终止时刻]   # 取指定起止时间段的片段
新实例名 = 原实例名[起始时刻:]   # 取指定起始时刻之后的片段
新实例名 = 原实例名[-时长:]   # 取音频末尾特定时长的片段

其中，"起始时刻""终止时刻""时长"皆以毫秒为单位，返回得到的仍是一个 AudioSegment 类型的对象实例，对应于截取到新音频片段的引用。本程序中[450:]表示取 450 毫秒之后的内容，即截去每个音频开头 450 毫秒的间隙。

（3）**voice.export('audio/voice.wav', format='wav')**：调用 AudioSegment 实例的 export()方法保存处理过的结果音频，以 format 参数指定文件的存储格式。

（4）**busvoice = wave.open('audio/voice.wav', 'rb')**：wave 是 Python 内置的音频处理类，但它的使用比较麻烦，要设置很多参数，且功能上也不如 pydub 库强大，故实际应用中多用于打开已处理好的音频文件，再配合 PyAudio 库播放出来。

最后运行程序，就可以听到完整的语音播报了。

【实训】

（1）输入【例 9.1】和【例 9.2】程序，观察运行结果。

（2）自己设计熟悉的应用场景，给定字符串、分词字典和分词录音，修改【例 9.2】程序，合成音频文件并播放验证。

9.2 词频分析和词云可视化

1. 词频分析

如果需要统计一篇文章（文本文件）中词语的出现次数，概要分析文章的内容，侧重点就是进行"词频统计"。第三方库 jieba 可以将文本分成词，为每个词设计一个计数器，词语每出现一次，相关计数器就加 1。以词语为键，计数器为值，构成"单词：次数"键值对字典。

2. 词云可视化

数据展示的方式多种多样，传统方式采用统计图展示。但对于文本来说，为了更加直观，可以采用词云展示。

wordcloud 库是专门用于根据文本生成词云的 Python 第三方库，十分直观。

词云以词语为基本单元，根据其在文本中出现的频率设计不同大小以形成视觉上的不同效果，形成"关键词云层"，一看即可领略文本的主旨。

【综合实例】：英文阅读词频分析和词云可视化

【例 9.3】　一篇英文阅读词频分析和词云可视化。　　　　　　　　　▶【例 9.3】

代码如下（jiebaWords.py）：

```python
import jieba
from wordcloud import WordCloud
# 读英文阅读文本文件到文本变量中
f = open("英文阅读.txt","r")
txt = f.read()
f.close()

# （1）将文本中",.?':!"符号替换成空格
for ch in ",.?':!":
    txt=txt.replace(ch," ")
wordcloud = WordCloud().generate(txt)
wordcloud.to_file('词频云图.png')

# （2）将 txt 文本分词存放在 words 中
words = jieba.lcut(txt)
# 对 words 中的词进行词频统计
wordset={}
for word in words:
    word=word.lower()
    wordset[word] = wordset.get(word,0) + 1
# （3）把 ex 集合中特定的词排除
ex={" ","if","the","and","of","\n"}
for word in ex:
    del(wordset[word])
# （4）将词和次数字典变成列表后，按照次数从大到小排序
items = list(wordset.items())
items.sort(key=lambda x:x[1],reverse=True)
# （5）大于 1 次的词显示词和次数，仅仅出现一次的词集中显示
n=1
```

```
for i in range(0,len(items)):
    word, count = items[i]
    if count>1:
        print("{0:<10}{1:>5}".format(word,count))
    else:
        if n%10!=0:
            print(word,end=',')
        else:
            print(word,end='\n')
        n=n+1
```

运行效果如图 9.3 所示。

图 9.3　运行效果

运行显示的内容如下：

```
lord        15
to          12
a           10
you          8
seamstress   8
thimble      8
into         7
with         7
is           7
your         6
her          6
asked        6
replied      5
that         5
...
story        2
think,never,lie,guess,little,white,moreserious,variety,most,women
will,curtail,truth,at,point,relationship,hermotivation,lying,can,stem
wanting,protect,feelings,or,sure,enough,saveher,own,butt,one
day,sewing,while,sitting,close,dear,child,needed,helpher,making
living,their,family,his,hand,andpulled,set,sapphires,he,held
studded,rubies,reached,leather,pleasedwith,honesty,gave,thimbles,wenthome,happy
years,later,walking,along,riverbank,herhusband,disappeared,under,lordagain,has
went,furious,lied,an,untruth,theseamstress,forgive,misunderstanding,see,brad
pitt,youwould,given,m,health,be,able,takecare,husbands,let
moral,whenever,good,honorable,reason,interest,ofothers,our,we,re
sticking,
```

说明：

（1）统一分隔方式，可以将各种特殊字符和标点符号使用 replace()方法替换成空格，存放在 txt 中，这样可以直接用此字符串生成词频云图，同时据此文本字符串分词。

（2）对 txt 分词后存放在 words 中，遍历 words 存放在 wordset 中。

采用下列语句：

```
wordset[word] = wordset.get(word,0) + 1
```

无论词是否在字典中，都将其加入字典 wordset 中。

get(word, 0)方法表示：如果 word 在 wordset 中，则返回 word 对应的值；如果 word 不在 wordset 中，则返回 0。

lower()函数将字母变成小写，排除原文大小写差异对词频统计的干扰。

（3）采用 del()方法把 ex 集合中特定的词从 wordset 字典中排除。

（4）wordset 字典中的词需要存放到列表中才能排序。

该实例的第三步是对单词的统计值从高到低进行排序，输出前 10 个高频词语，并格式化打印输出。由于字典类型没有顺序，需要将其转换为有顺序的列表类型，再使用 sort()方法和 lambda()函数配合实现根据单词次数对元素进行排序。lambda 用于定义一种匿名函数。

（5）大于 1 次的词输出词和次数，出现 1 次的词集中输出。

【实训】

（1）输入【例 9.3】程序，观察运行结果。

（2）下载"红楼梦"文本文件，修改【例 9.3】程序，统计前 20 个人物出现的次数，并且生成词云图。

（3）根据自己可获得的信息进行词频分析和词云可视化。我们利用包头市中心医院医疗档案部分数据进行应用实践。包头市中心医院医疗档案体量大、复杂度高，可以根据不同需要进行预处理，例如呼吸科住院病人的诊断信息，对其进行词频分析后再进行词云可视化，可一目了然观察到呼吸科诊断结果的主次信息。

9.3 网络信息爬取

Python 的爬虫库包括 requests 与 beautifulsoup4（bs4）两个库，它们一起配合实现从网络上爬取所需信息。这两个库皆可在 Windows 命令行下用"pip install"命令联网安装。

requests 库用于向要爬取信息的页面 URL 发起请求，获取页面完整源码并将其转换为可读的文本字符串；beautifulsoup4 库则负责对获取的字符串文本进行解析，按 HTML 语法提取出其中有用的信息。

一个典型爬虫程序的工作步骤如下。

1. 导入爬虫库

在程序开头使用语句：

```
import requests
from bs4 import BeautifulSoup
```

2. 使用 requests 获取页面源码

互联网页面的所有有用信息都包含在其源码中，获取源码也就得到了原始数据，requests 库以 get()函数向用户指定的 URL 地址发起请求，如下：

```
htmlsrc = requests.get(url, timeout=30)
```

然后通过返回内容的 text 属性获取源码的可读文本字符串：

```
text = htmlsrc.text
```

3. 生成 BeautifulSoup 对象

将 requests 库获取的文本字符串交给 beautifulsoup 函数，如下：

```
soup = BeautifulSoup(text, 'html.parser')
```

其中，html.parser 是一个 HTML 解析库，beautifulsoup4 库使用它对文本字符串解析后生成并返回一个 BeautifulSoup 类型的对象，它采用树形结构，囊括了 HTML 页面中的每一个标签元素。

4. 爬取信息

当需要获取网页某个标签下的信息内容时，可以调用 BeautifulSoup 对象的 find() 或 find_all() 方法，例如：

```
ldiv = soup.find('div')                    # 获取页面第一个<div>标签的内容
ltr = soup.find_all('tr')                  # 获取页面所有<tr>标签的内容
```

因为 HTML 标签是分层组织的，在每一个标签下可能嵌套一层或多层不同种类的子标签，所以可以用 for 循环获取指定名称的子标签内容，比如想要进一步获取<tr>标签下所有超链接（<a>标签）的内容，可以使用如下代码：

```
for tr in ltr:
    la = tr.find_all('a')
    for a in la:
        print(a.string)                    # 打印出超链接文字
```

【综合实例】：大学排名爬取

【例 9.4】　用爬虫爬取网上的中国大学排名数据，以"软科中国大学排名"为例，访问其主页，如图 9.4 所示。

►【例 9.4】

图 9.4　"软科中国大学排名"主页

现要将国内排名前 20 的大学基本信息（包括：排名、学校名称、英文全称、办学层次、总分等）从这个页面中提取出来，单独列表显示。

1. 分析页面

爬虫编程必须针对特定页面的具体结构才有效，故在写程序之前首先需要对想爬取的信息在页面中的位置和结构分布进行分析。

1）获取源码

在主页上右击，选择“查看网页源代码”命令，可看到该页面完整的源码，所有大学的信息都位于一个表格中，每所大学条目对应表格的一行，以南京大学为例，其信息所在的源码片段如图 9.5 所示。

```
            </td></tr><tr data-v-428f2a6c><td data-v-428f2a6c><div class="ranking" data-v-428f2a6c>
                    5
                </div></td><td class="align-left" data-v-428f2a6c><div class="univname-container" data-v-428f2a6c><div class="logo" data-v-428f2a6c><img alt="南京大学"
onerror='this.src="/images/blank.svg"' src="https://www.shanghairanking.cn/_uni/logo/44696062.png" class="univ-logo" data-v-428f2a6c></div> <div class="univname" data-v-428f2a6c><div
data-v-b80b4d60 data-v-428f2a6c><div class="tooltip" data-v-b80b4d60><div class="link-container" data-v-b80b4d60><a href="/institution/nanjing-university" class="name-cn" data-v-
b80b4d60>南京大学 </a> <div class="collection" style="display:none" data-v-b80b4d60><img src="/_nuxt/img/uncollection.5e124aa.svg" alt data-v-b80b4d60></div></div> <!---></div></div>
<div data-v-f9104fdc data-v-428f2a6c><div class="tooltip" data-v-f9104fdc><div class="link-container" data-v-f9104fdc><a href="/institution/nanjing-university" class="name-en" data-v-
f9104fdc>Nanjing University </a></div> <!----></div></div> <p class="tags" data-v-428f2a6c>一流大学A类/985/211</p> <!----> <!----> <!----></div></div></td><td data-v-428f2a6c>
                江苏
                <!----></td><td data-v-428f2a6c>
                综合
                <!----></td><td data-v-428f2a6c>
                654.8
            </td><td data-v-428f2a6c>
            35.1
        </td></tr><tr data-v-428f2a6c><td data-v-428f2a6c><div class="ranking" data-v-428f2a6c>
```

图 9.5　南京大学信息所在的源码片段

2）简化结构

图 9.4 的源码由于含有大量样式代码而无法看清其基本结构，故需要做进一步简化，清除掉标签中的样式及额外属性设置代码，得到简化后的代码，如下：

```
<tr>
    <td>
        <div>5</div>                                                    <!--排名-->
    </td>
    <td>
        <div>
            <div>
                <img alt="南京大学">
            </div>
            <div>
                <div>
                    <div>
                        <div>
                            <a href="/institution/nanjing-university">南京大学 </a>
                                                                        <!--学校名称-->
                            <div>
                                <img src="/_nuxt/img/uncollection.5e124aa.svg">
                            </div>
                        </div>
                    </div>
                </div>
                <div>
                    <div>
                        <div>
                            <a href="/institution/nanjing-university">Nanjing University</a>
                                                                        <!--英文全称-->
                        </div>
                    </div>
                </div>
                <p>一流大学 A 类/985/211</p>                            <!--办学层次-->
            </div>
        </div>
    </td>
    <td>
```

```
                    江苏
        </td>
        <td>
                    综合
        </td>
        <td>
                    654.8
        </td>                                                    <!--总分-->
        <td>
                    35.1
        </td>
    </tr>
```

这样一看就很清楚了：大学排名位于第 1 个<div>标签内，学校名称和英文全称都位于<a>标签中，办学层次位于 1 个单独的<p>标签中，总分则位于表格的<td>标签中。

2. 编写程序

代码如下（univrank.py）：

```
import requests                                   # 导入 requests 库
from bs4 import BeautifulSoup                     # 导入 beautifulsoup4 库

url = "https://www.shanghairanking.cn/rankings/bcur/202111"
                                                  # "软科中国大学排名" 主页地址
univlist = []                                     # 全局列表（用于存放爬取到的大学信息条目）
def getSrcText(url):                              # 自定义函数（获取网页源码）
    try:
        htmlsrc = requests.get(url, timeout=30)
        htmlsrc.raise_for_status()                # （1）
        htmlsrc.encoding = 'utf-8'                # （2）
        return htmlsrc.text                       # 返回源码的可读文本字符串
    except:
        return ""
def findUnivList(soup):                           # 自定义函数（从 BeautifulSoup 解析内容）
    data = soup.find_all('tr')                    # 找到所有的<tr>标签
    for tr in data:
        curuniv = []                              # 局部列表（暂存当前遍历大学的各项信息）
        # 排名
        ldiv = tr.find('div')                     # 从第 1 个<div>标签中获取排名
        for div in ldiv:
            curuniv.append(div.string)            # 添加到 curuniv 列表
        # 学校名称、英文全称
        la = tr.find_all('a')                     # 从<a>标签中获取学校名称和英文全称
        if len(la) == 0:
            continue                              # （3）
        for a in la:
            curuniv.append(a.string)
        # 办学层次
        lp = tr.find('p')                         # 从<p>标签中获取办学层次
        for p in lp:
            curuniv.append(p.string)
        # 总分
        ltd = tr.find_all('td')                   # 从<td>标签中获取总分
        for td in ltd:
```

```
                curuniv.append(td.string)
            univlist.append(curuniv)                    # 当前遍历的大学条目存入全局列表结构
    def convert(str):                                   # 自定义函数（去除爬取信息项的空格和换行）
        return str.strip().replace("\n',")
    def showUnivRank(num):                              # 自定义函数（输出显示指定条数的大学信息）
        print("{:^5}{:^15}{:^45}{:^25}{:^15}".format("排名","学校名称","英文全称","办学层次","总分"))
        for i in range(num):
            u = univlist[i]
            print("{:^5}{:^15}{:^45}{:^30}{:^10}".format(convert(u[0]), convert(u[1]), convert(u[2]), convert(u[3]),
convert(u[8])))
                                                        #（4）
    def main(num):                                      # 主函数
        text = getSrcText(url)                          # 获取页面源码
        soup = BeautifulSoup(text, 'html.parser')
                                                        # 生成 BeautifulSoup 对象
        findUnivList(soup)                              # 爬取信息
        showUnivRank(num)                               # 输出显示
main(20)
```

说明：

（1）**htmlsrc.raise_for_status()**：requests 库的 get()函数返回的页面源码是以一个 Response 对象的形式存在的，它的 raise_for_status()方法用于产生异常，只要返回的状态码不是 200，就会抛出异常。在使用 get()函数后立即调用 raise_for_status()方法将可能产生的任何类型的异常都抛给 try-except 语句去处理，可使程序专注于正常数据的处理流程，提高效率。

（2）**htmlsrc.encoding = 'utf-8'**：requests 默认的编码方式是 ISO—8859—1，网页源码内的中文会显示为乱码，为正确显示爬取到的中文信息，通常要将编码方式改为 UTF—8。

（3）**if len(la) == 0: continue**：因网页上可能还存在其他超链接，当 len(la) == 0 时说明当前获取的标签内容不是大学信息项，直接跳出本次循环，以免将空的 curuniv 列表误认为是一个大学条目而添加进 univlist 全局列表，产生不正确的信息且浪费存储空间。

（4）**print("{:^5}{:^15}{:^45}{:^30}{:^10}".format(convert(u[0]), convert(u[1]), convert(u[2]), convert(u[3]), convert(u[8])))**：通过 format()方法的{:N}规格化方式限定每项输出变量占用的字符个数，使输出内容整齐清楚。由于爬取到的信息项中还可能存在冗余的空格和换行符，导致输出内容错行混乱，故先要使用 convert()函数对每一个输出项进行预处理。此外，还要注意输出项的索引要与列表中对应要显示的信息项下标一致。

最后运行程序，输出大学排名，如图 9.6 所示。

排名	学校名称	英文全称	办学层次	总分
1	清华大学	Tsinghua University	一流大学A类/985/211	969.2
2	北京大学	Peking University	一流大学A类/985/211	855.3
3	浙江大学	Zhejiang University	一流大学A类/985/211	768.7
4	上海交通大学	Shanghai Jiao Tong University	一流大学A类/985/211	723.4
5	南京大学	Nanjing University	一流大学A类/985/211	654.8
6	复旦大学	Fudan University	一流大学A类/985/211	649.7
7	中国科学技术大学	University of Science and Technology of China	一流大学A类/985/211	577.8
8	华中科技大学	Huazhong University of Science and Technology	一流大学A类/985/211	574.3
9	武汉大学	Wuhan University	一流大学A类/985/211	567.9
10	西安交通大学	Xi'an Jiaotong University	一流大学A类/985/211	537.9
11	哈尔滨工业大学	Harbin Institute of Technology	一流大学A类/985/211	522.6
12	中山大学	Sun Yat-Sen University	一流大学A类/985/211	519.3
13	北京师范大学	Beijing Normal University	一流大学A类/985/211	518.3
14	四川大学	Sichuan University	一流大学A类/985/211	516.6
15	北京航空航天大学	Beihang University	一流大学A类/985/211	513.8
16	同济大学	Tongji University	一流大学A类/985/211	508.3
17	东南大学	Southeast University	一流大学A类/985/211	488.1
18	中国人民大学	Renmin University of China	一流大学A类/985/211	487.8
19	北京理工大学	Beijing Institute of Technology	一流大学A类/985/211	474.0
20	南开大学	Nankai University	一流大学A类/985/211	465.3

图 9.6　输出大学排名

【实训】

（1）输入【例 9.4】程序，爬取 2021 年最新大学排名内容，观察表格输出结果。

（2）寻找自己感兴趣的网页，分析网页结构，修改程序，爬取感兴趣的内容。

9.4　图像数据处理和显示

Pillow 库（简称 PIL）是 Python 最流行的图像处理模块，它实现和封装了很多图像处理的算法，以增强类和滤波器的方式提供给用户使用，并实现了方便的调用接口，用户只需要简单地给出参数，就可以随心所欲地调整图像的任何属性，相比于原始的编程实现处理算法的方式，Pillow 库的使用极大地提高了效率。

在 Windows 命令行下用 pip install pillow 命令联网安装 Pillow 库。

从基础方面来说，Pillow 库图像处理有三种方式：模式转换、图像增强与滤波，下面分别介绍。

1.　模式转换

所谓"模式"，就是图像所使用的像素编码格式，计算机存储的图像信息都是以二进制位对色彩进行编码的，表 9.1 列出了 Python 支持的图像模式。

表 9.1　Python 支持的图像模式

模　　式	说　　明
1	黑白 1 位像素，存成 8 位
L	黑白 8 位像素
P	可用调色板映射到任何其他模式的 8 位像素
RGB	24 位真彩色
RGBA	32 位含透明通道的真彩色
CMYK	32 位全彩印刷模式
YCbCr	24 位彩色视频模式
I	32 位整型像素
F	32 位浮点型像素

想知道一个图片的模式，可通过其 mode 属性进行查看，程序中的调用方式为：

图像对象名.mode

通过改变图像模式，可设置一个图片最基本的显示方式，如显示为黑白、真彩色还是更佳的印刷出版质量等。转换图像模式用 convert 类，程序语句写为：

新图像对象名 = 原图像对象名.convert(模式名)

其中的"模式名"也就是表 9.1 列出的模式名称，名称以单引号引用。

2.　图像增强

图像增强就是在给定的模式下，改变和调整图像在某一方面的显示特性，如对比度、饱和度和亮度等，使用增强手段可在很大程度上变换图像的外观，达到显著的美化效果，这也是艺术、写真、摄影领域最常用的技术之一。ImageEnhance 库专用于图像增强，它提供了一组类，分别处理不同方面的增强功能，见表 9.2。

表 9.2 ImageEnhance 增强类

类　名	功　能
Contrast	增加图像对比度
Color	增加色彩饱和度
Brightness	调节场景亮度
Sharpness	增加图像清晰度

所有这些类都实现了一个统一的接口，接口中有个 enhance()方法，该方法返回增强处理过的结果图像，其调用方式是一致的，如下：

新图像对象名 = ImageEnhance.增强类名(原图像对象名).enhance(增强因子)

其中，"增强类名"就是表 9.2 列出的类名，用户可根据需要增强的功能选用不同的类；"增强因子"标示增强效果，值越大，增强的效果越显著，若值为 1 就直接返回原图像的副本（无增强），若设为小于 1 的某个小数则表示逆向的增强（即减弱）效果。

3. 滤波

Pillow 库还提供了诸多滤波器，可对图像的像素进行整体处理，所有滤波器都预定义在 ImageFilter 模块中，表 9.3 列出了各滤波器的名称及功能。

表 9.3 各滤波器的名称及功能

名　称	功　能
BLUR	均值滤波
CONTOUR	提取轮廓
FIND_EDGES	边缘检测
DETAIL	显示细节（使画面变清晰）
EDGE_ENHANCE	边缘增强（使棱线分明）
EDGE_ENHANCE_MORE	边缘增强更多（棱线更加分明）
EMBOSS	仿嵌入浮雕状
SMOOTH	平滑滤波（模糊棱线）
SMOOTH_MORE	增强平滑滤波（使棱线更加模糊）
SHARPEN	图像锐化（整体线条变得分明）

其中，SHARPEN 滤波器与 ImageEnhance 库的 Sharpness 增强类在功能和处理效果上是一样的，而几个边缘检测及增强用途的滤波器，如 FIND_EDGES、EDGE_ENHANCE 和 EDGE_ENHANCE_MORE 在处理的效果上也都类似于 Sharpness 增强类。读者可根据需要及使用习惯选用。

滤波器的调用语句：

新图像对象名 = 原图像对象名.filter(ImageFilter.滤波器名)

其中，"滤波器名"就是表 9.3 列出的滤波器的名称。

【综合实例】：天池和水怪照片处理

【例 9.5】　将 Python Pillow 库图像处理技术应用于研究一个著名的自然界未解之谜——天池水怪。

▶【例 9.5】

1. 基本图片

　　长白山坐落在吉林省东南部，长白山天池南北长 4.4 千米，东西宽 3.37 千米，水面面积为 9.82 平方千米，如图 9.7 所示。

图 9.7　美丽的天池

　　2013 年 11 月 24 日，有近百名游客现场目睹了浮出水面的体型硕大的不知名动物，有人还拍下了照片，其中的一张如图 9.8 所示。

图 9.8　水怪目击照片

　　动物学界有一种假说认为尼斯湖怪是已经灭绝的史前动物蛇颈龙的后代，根据已发掘的化石材料用电脑合成的蛇颈龙三维复原图如图 9.9 所示。

图 9.9　蛇颈龙三维复原图

　　将天池水怪、尼斯湖怪以及蛇颈龙三者的照片加以比对，从形态学上细致地分析方能提供破解谜题的线索。下面就用 Python Pillow 库对水怪目击照片进行处理，根据处理的结果来探究以上这些疑问。

　　为了对比，我们从网上找到了尼斯湖怪的历史照片，如图 9.10 所示。

图 9.10　尼斯湖怪的历史照片

2. 水怪照片处理

　　对以上天池水怪、尼斯湖怪和蛇颈龙的三张照片进行编程处理，再粘贴到同一幅背景画面上加以比较和观察。

　　代码如下（image_monster.py）：

```python
from PIL import Image
from PIL import ImageEnhance
from PIL import ImageFilter
# 载入各原始资料图片
mylake = Image.open("images/美丽的天池.jpg")
myfoss = Image.open("images/化石.jpg")
myness = Image.open("images/尼斯湖怪.jpg")
mytian = Image.open("images/天池水怪.jpg")
mysnake = Image.open("images/蛇颈龙.jpg")
# 生成背景和缩略图
mylake = mylake.resize((1560, 1170))                              # 设置背景画面尺寸
myfoss = ImageEnhance.Contrast(myfoss).enhance(2.618)
myfoss = myfoss.filter(ImageFilter.EMBOSS)
myfoss.thumbnail((300,300))
mylake.paste(myfoss, (5, 5))
# 处理尼斯湖怪历史照片                                              #（1）
myness = myness.resize((500, 400))
myness = ImageEnhance.Brightness(myness).enhance(1.2)
myness = myness.filter(ImageFilter.DETAIL).filter(ImageFilter.SHARPEN)
mylake.paste(myness, (20, 740, 520, 1140))
# 处理天池水怪目击照片                                             #（2）
region = (230, 100, 380, 220)
mytian = mytian.crop(region)
mytian = mytian.resize((500, 400))
mytian = ImageEnhance.Contrast(mytian).enhance(2.618)
mytian = ImageEnhance.Color(mytian).enhance(1.618)
mytian = ImageEnhance.Brightness(mytian).enhance(1.2)
mytian = mytian.filter(ImageFilter.DETAIL)
```

```
mytian = mytian.filter(ImageFilter.BLUR)
mytian = mytian.filter(ImageFilter.SHARPEN)
mytian = mytian.convert('F')
mylake.paste(mytian, (530, 740, 1030, 1140))
# 处理蛇颈龙化石的三维复原图
mysnake = mysnake.transpose(method=Image.Transpose.FLIP_LEFT_RIGHT)
                                                          # （3）
mysnake = mysnake.resize((500, 400))
mysnake = ImageEnhance.Contrast(mysnake).enhance(2.618)
mysnake = ImageEnhance.Brightness(mysnake).enhance(2.618)
mysnake = mysnake.convert('F')
mylake.paste(mysnake, (1040, 740, 1540, 1140))

mylake.save("./images/长白山天池水怪研究.png")
mylake.show()
```

说明：

（1）为便于比照，将所有照片都用 resize()方法设为同样大小的尺寸，这里设为 500×400 像素。尼斯湖怪照片为历史老照片，处理方式为：用 Brightness 增强类提高其亮度，用 DETAIL 和 SHARPEN 滤波器显示细节并增加清晰度。

（2）天池水怪照片由于现场拍摄的距离较远，采用图像截取技术，先将有疑似水怪的部分剪切下来加以放大，然后用一系列增强类 Contrast、Color 和 Brightness 增加图像的对比度、色彩饱和度和亮度，再通过一系列滤波器 DETAIL、BLUR 和 SHARPEN 增加细节和提高清晰度。为与尼斯湖怪的历史照片对比，还要将最终照片转换为黑白照片，这里转换为 F（32 位浮点型像素）是为了尽可能不损失原照片的信息。

（3）**mysnake = mysnake.transpose(method=Image.Transpose.FLIP_LEFT_RIGHT)**：用 transpose() 对照片进行翻转操作，这里用参数 "method=Image.Transpose.FLIP_LEFT_RIGHT" 执行水平方向翻转，以使头部朝向一致，便于比较。

运行程序，输出画面如图 9.11 所示。

图 9.11 输出画面

【实训】

（1）输入【例 9.5】程序，观察运行结果。

（2）修改【例 9.5】程序，调整图像处理方法，观察运行结果。

9.5 人脸识别和抓拍比对

计算机视觉是 AI（人工智能）领域近年来十分流行的新技术，它使得计算机像人一样具有用眼睛"看"和"认识"的神奇能力。

1. OpenCV 库

Python 支持著名的计算机视觉 OpenCV 库，其视觉模块的常用功能包括人脸检测和人脸比对等。

（1）人脸检测：用事先训练好的分类器（由 OpenCV 官方提供）从给定的图像数据中搜索人脸信息，将画面中包含的人脸辨别并标识出来。

（2）人脸比对：将人脸数据（通常是摄像头抓拍的照片）与目标图像（给定的人像照片）进行比较，根据面部特征相似程度来判断两者是不是同一人，这在身份识别、刑侦办案中已得到广泛应用。

Python 环境下 OpenCV 库的安装非常简单，在 Windows 命令行输入：

```
pip install opencv-python -i
```

系统自动联网下载安装 OpenCV 库，完成后可通过如下命令查看是否安装成功：

```
python -m pip list
```

在列表中看到有"opencv-python"即表示安装成功。

2. 图像预处理

使用 OpenCV 库检测人脸对待检的图像有一定的要求，即照片中的人脸占画面的比例要适中，且必须是正脸（不能倾斜、仰头或低头），为此需要对图像进行预处理。OpenCV 也具有对图像处理的功能，可以进行读取、缩放、旋转等操作。

通常对一张照片在检测之前预处理的步骤如下。

1）导入 OpenCV 库

```
import cv2
```

这里的 cv2 并不表示 OpenCV 库的版本 2，而是表示该库在底层是采用 C++语言（可看作 C 语言第 2 版）实现的。

2）读取图像

调用 cv2.imread()函数，例如：

```
img_f0 = cv2.imread('./images/face0.jpg')
```

读取当前 images 目录下的 face0.jpg 图像文件。

3）图像缩放

调用 resize()函数缩放图像，调整到合适的大小，例如：

```
scale = 0.17
img_f0 = cv2.resize(img_f0, (int(img_f0.shape[1] * scale), int(img_f0.shape[0] * scale)))
```

需要给出缩放因子 scale，该缩放因子等比作用于图像的宽和高上。图像对象的 shape 是一个三元组，存储有关图像形状的数据，shape[1]是宽度，shape[0]是高度。

4）图像旋转

如果照片中的人脸不正，就必须先旋转照片。在 OpenCV 中，图像旋转通过仿射变换实现，它是一种二维坐标变换。

首先用 getRotationMatrix2D()函数定义一个二维旋转仿射矩阵，例如：

```
center = (w // 2, h // 2)
M = cv2.getRotationMatrix2D(center, -50, 1.0)
```

其中，第 1 个参数 center 是旋转中心点；第 2 个参数是旋转角度（–50 表示顺时针旋转 50°）；第 3 个参数是缩放因子，若前面已用 resize()函数进行过缩放，此处可以不再缩放，设为 1.0 表示保持现有尺寸。

然后用 warpAffine()函数以该仿射矩阵对图像进行变换处理，如下：

```
h, w = img_f1.shape[:2]
img_f1_rotated = cv2.warpAffine(img_f1, M, (w, h))
```

其中，(w, h)是最终输出图像的宽和高，与原图尺寸（由 shape[:2]得到）一样。

【综合实例】：图片人脸识别和抓拍人脸比对

【例 9.6】　预先准备一张图片放在当前目录下，先用 OpenCV 库进行预处理，然后用分类器识别出图片中的所有人脸并用方框标识出来。

▶【例 9.6】

代码如下（facedetector.py）：

```
import cv2

# 读取
img_f0 = cv2.imread('images/family.jpg')
# 缩放
scale = 0.9
img_f0 = cv2.resize(img_f0, (int(img_f0.shape[1] * scale), int(img_f0.shape[0] * scale)))

# 创建分类器
face_detector = cv2.CascadeClassifier("detector/haarcascade_frontalface_alt.xml")          #（1）

# 搜索人脸数据
faces = face_detector.detectMultiScale(img_f0, scaleFactor=1.19, minNeighbors=5)          #（2）
for x, y, w, h in faces:
    img_f0 = cv2.rectangle(img_f0, (x, y), (x + w, y + h), (0, 255, 255), 3)
cv2.imshow("Faces", img_f0)

# 按任意键结束程序
cv2.waitKey(0)
cv2.destroyAllWindows()
```

说明：

（1）**face_detector = cv2.CascadeClassifier("./detector/haarcascade_frontalface_alt.xml")**：OpenCV 官方以 XML 形式提供很多现成的训练好的分类器，例如 haarcascade_frontalface_alt.xml（检测正脸）、haarcascade_eye.xml（检测双眼）、haarcascade_smile.xml（检测微笑）等，用 CascadeClassifier()载入程序中，创建分类器对象，就可以直接使用。

（2）**faces = face_detector.detectMultiScale(img_f0, scaleFactor=1.19, minNeighbors=5)**：调用分类器对象的 detectMultiScale()方法进行检测，第 1 个参数是待检图像，第 2 个参数 scaleFactor 是检测过程中每次迭代图像缩小的比例，第 3 个参数 minNeighbors 是每次迭代时相邻矩形的最小个数（默认 3 个），方法执行后返回检测到的所有人脸数据列表。

最后，遍历人脸数据列表，用 rectangle()方法绘制矩形框，框出图片上所有的人脸，程序运行效果如图 9.12 所示。

图 9.12　程序运行效果

【例 9.7】　用摄像头实时抓拍人脸，再与预先存盘的一张目标人像图片进行比对，判断两者是不是同一人。

1. 使用百度 AI 接口

►【例 9.7】

人脸比对单靠 OpenCV 库是不够的，需要使用第三方公司的人工智能接口，本例选用百度 AI 接口，需要先安装其 AI 接口库 baidu-aip，在 Windows 命令行输入"pip install baidu-aip"即可。

然后，要在百度云上创建一个应用，步骤如下。

1）注册百度云账号

访问百度 AI 官网，单击页面右上角"控制台"，如果读者已有百度云账号，出现登录页，登录后即可进入控制台；如果没有账号，以个人身份注册一个账号即可。

2）开通人脸识别服务

在控制台左侧导航中找到"产品服务"→"人脸识别"，弹出对话框，单击"我已阅读并同意"服务条款，在"基础服务"下勾选"人脸对比"接口，如图 9.13 所示，单击"0 元领取"按钮，领取免费资源。

图 9.13　领取免费资源

3）创建应用

在应用列表中创建一个新应用，创建完成可看到其"AppID""API Key""Secret Key"，如图 9.14 所示，这些都是应用的标识信息，编程中会用到。

图 9.14 创建的应用及其标识信息

2. 编写程序

代码如下（facecomparator.py）：

```python
import cv2
import base64
from aip import AipFace                                    # 导入百度 AI 接口

# 以下为所创建应用的三个标识信息
APP_ID = '25719391'
API_KEY = 'BeqWKDhobU4eBAFMffL6aHbO'
SECRET_KEY = 'Xb4mcSNEXvTIWsj6LNOkGCcPbcuUjpV2'

myclient = AipFace(APP_ID, API_KEY, SECRET_KEY)            # 调用百度 AI 接口

def getCompareResult():
    myresult = myclient.match([
        {
            'image': str(base64.b64encode(open('images/zhou1.jpg', 'rb').read()), 'utf-8'), 'image_type': 'BASE64',
        },                                                 # 目标人像图片
        {
            'image': str(base64.b64encode(open('images/zhou2.jpg', 'rb').read()), 'utf-8'), 'image_type': 'BASE64',
        }                                                  # 抓拍的人像图片
    ])
    if myresult['error_msg'] == 'SUCCESS':
        # 人脸相似度得分存储在结果的 score 参数中
        myscore = myresult['result']['score']
        if (myscore >= 85):
            print('面部特征相似度达到' + str(myscore) + '%，是同一个人！')
        else:
            print('面部特征相似度不足' + str(myscore) + '%，不是一个人。')
    else:
        print('比对出错！')

mycap = cv2.VideoCapture(0)                                # 打开摄像头
while True:
    ret, frame = mycap.read()
    frame = cv2.flip(frame, 1)
    cv2.imshow('window', frame)
    cv2.imwrite('images/zhou2.jpg', frame)                 # 保存摄像头抓拍的图片
```

```
        cv2.waitKey(2000)
        getCompareResult()
        break;
    mycap.release()                                                # 关闭摄像头
    cv2.destroyAllWindows()
```

说明：在这段程序中，OpenCV 库所起的作用主要是控制摄像头开关及保存抓拍的图片，而对图片的比对分析和判断任务是由百度 AI 接口完成的。

在带有摄像头的笔记本电脑上运行本例程序，结果如图 9.15 所示。

抓拍的照片　　　　　　目标人像

```
 facecomparator ×
C:\Users\b0202\AppData\Local\Programs\Pyth
面部特征相似度达到90.45424652%，是同一个人！
[ WARN:0@4.243] global D:\a\opencv-python\
```

图 9.15　人脸比对程序运行结果

【实训】

（1）输入【例 9.6】和【例 9.7】程序，采用本书提供的素材，运行程序，观察运行结果。

（2）自己准备不同种类的素材，运行【例 9.6】和【例 9.7】程序，观察运行结果，总结人脸识别特点。

第10章 图形界面项目实战

10.1 需求分析与设计

10.1.1 程序设计方法

软件开发包括需求分析、软件设计、编写代码和程序测试等阶段，有时也包括维护阶段。

对于不同的软件系统，可以采用不同的开发方法，使用不同的编程语言。目前，许多应用采用Python进行设计，非常方便，而与用户交互的图形化界面则流行使用 PyQt5 开发。

对于较小规模应用，直接编写程序，运行测试即可。为了解决一个应用问题，可以采用自顶向下设计和自底向上执行。

1. 自顶向下设计

自顶向下的设计方法是以一个要解决的问题 A 开始，把大的 A 问题分解为若干个较小问题 B_1、B_2、…、B_n，然后把每一个 B_i 问题分解为 C_{i1}、C_{i2}、…、C_{im}，再将 C_{ij} 分解为 $D_{ijx}(x=1,2,3,\cdots)$，以此类推，直到可以很容易用算法实现为止。也就是把大问题变成小问题，使之可以很容易解决。最后只需要把所有已解决的小问题一层一层组合起来，就可以得到一个解决问题 A 的应用程序。

2. 自底向上执行

对于大规模的程序，可以按照程序分成的小部分逐个测试。先编写完成底层的小程序，例如 $D_{ijx}(x=1,2,3,\cdots)$，测试保证它们功能的正确性，然后组合成 C_{ij} 测试正确性，再组合成 B_i 测试，最后组合成 A。

10.1.2 系统层次结构

通过对应用需求的分析，按照自顶向下设计方法，商品销售和数据分析系统包括商品信息管理、用户管理、商品销售、销售分析等部分。

其中：

● 商品信息管理：包括商品管理和商品分类管理，而每项管理又包括数据输入、修改、查询、删除等功能。
● 用户管理：包括登录和注册功能。
● 商品销售：该部分包括商品选购和下单结算两个模块。
● 销售分析：包括按类别和按月份分析的功能。

整个系统的层次结构如图 10.1 所示。

▶总体设计

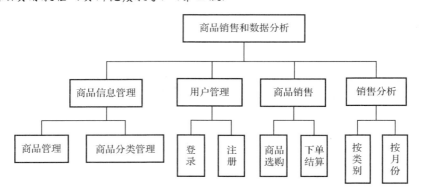

图 10.1　商品销售和数据分析系统的层次结构

10.2　系统实施方案与准备

本系统是采用 PyQt5 开发的多窗体图形界面应用程序，通常开发这类较复杂的 Python 系统，使用集成开发环境（如 PyCharm、Anaconda、Eric 等）比较方便，能大幅提高开发效率。

10.2.1　开发环境搭建

本系统选择 Python 官方推荐的 PyCharm 作为 IDE（集成开发环境）工具，在其中整合 PyQt5 的 Qt Designer 设计器及 PyUic 界面文件转换工具来搭建开发环境。

开发环境搭建

（1）安装 PyQt5 及 QtTools。

在 Windows 命令行下分别用 pip install pyqt5 和 pip install pyqt5-tools 命令执行安装。

（2）安装 PyCharm。

（3）启动 PyCharm。

（4）配置项目的 Python 解释器。

（5）PyCharm 整合 PyQt5。

下面将 PyQt5 配套的界面设计器 Qt Designer 与界面文件转换工具 PyUic 整合进 PyCharm，以便在集成开发环境下使用，操作步骤如下。

① 打开 "Create Tool" 对话框。

在 PyCharm 环境下选择主菜单 "File" → "Settings"，在出现的 "Settings" 对话框左侧选择 "Tools" → "External Tools" 项，单击左上方的 + （Add）按钮，弹出 "Create Tool" 对话框，这个对话框是专门用于往 PyCharm 中添加集成扩展工具的，如图 10.2 所示。

② 集成 Qt Designer。

在 "Create Tool" 对话框中配置 Qt Designer 的集成信息，如图 10.3 所示。

Description：填写 "QtDesigner"（这是标识名，读者也可根据喜好和习惯另取别名）。

Program：填写 Qt Designer 启动文件 designer.exe 的路径。

注：designer.exe 默认安装在 Python 安装路径的 Lib\site-packages\qt5_applications\Qt\bin\路径下，读者请根据自己的实际安装路径进行设置。

Working directory：填写开发时界面文件（.ui）的保存路径，编者将设计的界面文件统一保存在项目的 ui 文件夹（自己创建）下，故此处填写 "$ProjectFileDir$\ui"。

单击 "OK" 按钮。

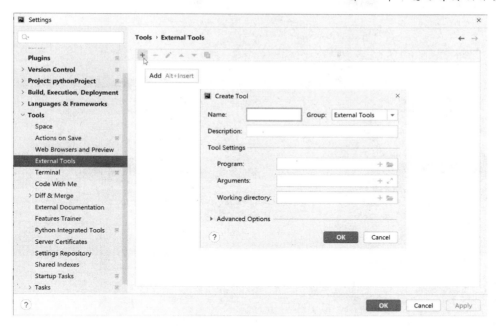

图 10.2　"Create Tool"对话框

③ 集成 PyUic。

打开一个新的"Create Tool"对话框，在其中配置 PyUic 的集成信息，如图 10.4 所示。

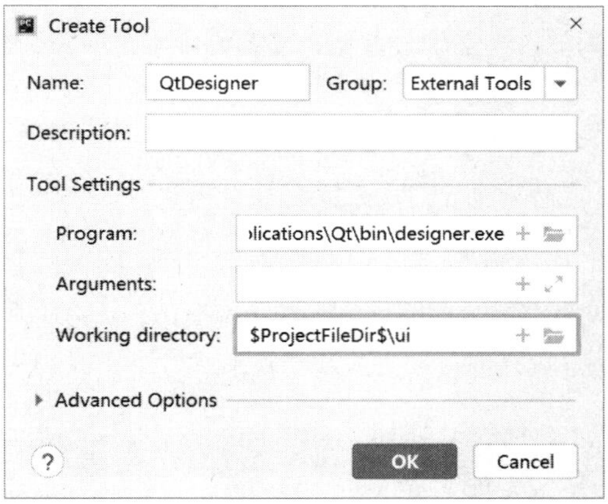

图 10.3　配置 Qt Designer 的集成信息 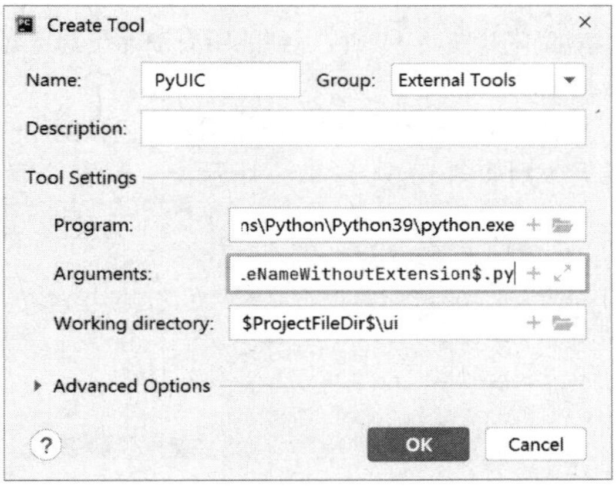　　　　图 10.4　配置 PyUic 的集成信息

Description：填写"PyUIC"（读者也可另取名）。

Program：填写所用的 Python 解释器（即本地 Python）的路径。

Arguments：填写"-m PyQt5.uic.pyuic $FileName$ -o $FileNameWithoutExtension$.py"。

Working directory：填写开发时界面文件（.ui）的保存路径"$ProjectFileDir$\ui"。

单击"OK"按钮。

④ 完成整合。

回到"Settings"对话框，可看到出现了"External Tools"树状列表，其下有"QtDesigner"和"PyUIC"，单击"OK"按钮回到开发环境，在 PyCharm 主菜单"Tools"→"External Tools"下也可看到有这两项，如图 10.5 所示，说明整合成功。

图 10.5　整合成功

经以上配置，就可以在 PyCharm 集成开发环境中启动 PyQt5 系列工具进行开发了。

10.2.2　数据准备

为简化开发，本项目用到的所有商品信息管理数据都作为基础数据预先准备好，不再单独开发管理数据的功能。

新建 Excel 购物文件 netshop.xlsx，包含商品分类表、商品表、订单表和订单项表 4 个工作表。初始数据分别如图 10.6～图 10.9 所示。

	A	B
1	类别编号	类别名称
2	1	水果
3	1A	苹果
4	1B	梨
5	1C	橙
6	1D	柠檬
7	1E	香蕉
8	1F	芒果
9	1G	车厘子
10	1H	草莓
11	2	肉禽
12	2A	猪肉
13	2B	鸡鸭鹅
14	2C	牛肉
15	2D	羊肉
16	3	海鲜水产
17	3A	鱼
18	3B	虾
19	3C	海参
20	4	粮油蛋
21	4A	鸡蛋
22	4B	调味料
23	4C	啤酒
24	4D	滋补保健

图 10.6　商品分类表

	A	B	C	D	E
1	商品号	类别编号	商品名称	价格	库存量
2	1	1A	洛川红富士苹果冰糖心10斤箱装	44.8	3601
3	2	1A	烟台红富士苹果10斤箱装	29.8	5698
4	4	1A	阿克苏苹果冰糖心5斤箱装	29.8	12680
5	6	1B	库尔勒香梨10斤箱装	69.8	8902
6	1001	1B	砀山梨10斤箱装大果	19.9	14532
7	1002	1B	砀山梨5斤箱装特大果	16.9	6834
8	1901	1G	智利车厘子2斤大樱桃整箱顺丰包邮	59.8	5420
9	2001	2A	[王明公]农家散养猪冷冻五花肉3斤装	118	375
10	2002	2B	Tyson/泰森鸡胸肉454g*5去皮冷冻包邮	139	1682
11	2003	2B	[周黑鸭]卤鸭脖15g*50袋	99	5963
12	3001	3B	波士顿龙虾特大鲜活1斤	149	2800
13	3101	3C	[参王朝]大连6-7年深海野生干海参	1188	1203
14	4001	4A	农家散养草鸡蛋40枚包邮	33.9	690
15	4101	4C	青岛啤酒500ml*24听整箱	112	23427

图 10.7　商品表

	A	B	C	D
1	订单号	用户帐号	支付金额	下单时间
2	1	easy-bbb.com	129.4	2021.10.01 16:04:49
3	2	sunrh-phei.net	495	2021.10.03 09:20:24
4	3	sunrh-phei.net	171.8	2021.12.18 09:23:03
5	4	231668-aa.com	29.8	2022.01.12 10:56:09
6	5	easy-bbb.com	119.6	2022.01.06 11:49:03
7	6	sunrh-phei.net	33.8	2022.03.10 14:28:10
8	8	easy-bbb.com	358.8	2022.05.25 15:50:01
9	9	231668-aa.com	149	2022.11.11 22:30:18
10	10	sunrh-phei.net	1418.6	2022.06.03 08:15:23

图 10.8　订单表

	A	B	C	D
1	订单号	商品号	订货数量	状态
2	1	2	2	结算
3	1	6	1	结算
4	2	2003	5	结算
5	4	2	1	结算
6	3	1901	1	结算
7	3	4101	1	结算
8	5	1901	2	结算
9	6	1002	2	结算
10	8	1901	6	结算
11	10	2001	10	结算
12	10	6	2	结算
13	10	2003	1	结算
14	9	2	5	结算

图 10.9　订单项表

10.2.3　项目结构

本项目所有文件可分成功能程序、界面文件（放在 ui 目录下，如图 10.10 所示）和资源三部分，为方便管理和维护，需要在项目中用不同的包和目录来分类存放它们，最终开发完成的项目结构如图 10.11 所示。

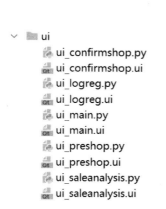

图 10.10　所有界面文件

图 10.11　项目结构

各部分介绍如下。

1．功能程序

① 入口文件 logreg.py：程序启动时显示，完成登录和注册功能，登录成功后自动关闭。

② 主控文件 main.py：实现主控窗口，负责整个系统的功能导航，登录成功可进入，在系统运行期间始终可操作。

③ 全局文件 appvar.py：集中定义系统中各模块都要使用的公共全局变量。

④ 购物包 shop：存放商品选购和下单结算两个业务功能模块，其中，商品选购模块 preshop.py 实现商品信息的查询、打印及选购商品功能，下单结算模块 confirmshop.py 实现商品订购、取消订购、调整订货数量及结算功能。

⑤ 分析包 analysis：存放销售分析模块 saleanalysis.py。

2. 界面文件

界面目录 ui：集中存放所有的界面文件，包括界面 UI 文件和界面 Py 文件，两者是成对存在的。本系统的 logreg.py（用户管理）、main.py（商品功能导航）、preshop.py（商品选购）、confirmshop.py（下单结算）、saleanalysis.py（销售分析）都有图形界面，开发时它们的.ui 文件窗体先在 Qt Designer 中以可视化的方式设计出来，保存为界面 UI 文件，经 PyUic 转换为同名的界面 Py 文件。所有界面文件都以"ui_功能程序文件名"为规则命名，以便区分。

3. 资源

① 数据目录 data：存放程序运行所需数据，以 Excel 和 CSV 文件的形式存储，其中 Excel 文件 netshop.xlsx 就是上节准备的数据，CSV 文件 user.csv 存储系统中已注册的用户账号和密码。

② 图片目录 image：存储商品图片（为简单起见，一律以"商品号.jpg"命名）、"选购"按钮图标（cart.jpg）及默认显示图片（pic.jpg）。

10.3   图形界面功能设计与开发

10.3.1   用户管理

用户管理模块对应用户登录窗体，它是程序启动时首先出现的窗体，在登录成功之后关闭。

►用户管理

1. 界面设计

（1）在 PyCharm 环境下，选择主菜单"Tools"→"External Tools"→"QtDesigner"，启动 Qt Designer 设计器，弹出"新建窗体"对话框，系统默认选中了"Main Window"窗体模板，单击"创建"按钮创建一个新窗体，如图 10.12 所示。

图 10.12   "新建窗体"对话框

（2）进入可视化设计环境后，在窗体的顶部和底部分别右击并选择快捷菜单命令来移除菜单栏和状态栏，调整窗体到适当的尺寸（宽度为 320、高度为 250），设置窗口标题（windowTitle 属性）为"用户登录"。

（3）从左侧控件工具箱往窗体上拖曳所需控件，设置它们的属性、调整大小和位置布局，设计效果如图 10.13 所示。

（4）右击"对象查看器"的 MainWindow，选择"改变信号/槽"命令，往系统中添加槽函数。单击工具栏 按钮或选择主菜单"Edit"→"编辑信号/槽"，进入"信号/槽"编辑模式，将界面上两个按钮的单击信号绑定槽。

主要控件的类型、名称、关键属性及信号–槽设置见表 10.1。

图 10.13　用户登录窗体设计效果

表 10.1　主要控件设置

编　号	类　　型	名　　称	关键属性	信号–槽
①	Label	label	font: [微软雅黑, 18] text: 用 户 登 录	—
②	LineEdit	lineEdit_usr	font: [SimSun, 14]	—
③	LineEdit	lineEdit_pwd	font: [SimSun, 14] echoMode: Password	—
④	PushButton	pushButton_log	font: [SimSun, 14] text: 确定	clicked-login()
⑤	PushButton	pushButton_reg	font: [SimSun, 14] text: 注册	clicked-register()

（5）单击工具栏上 按钮保存界面 UI 文件至项目的 ui 目录，文件名为 ui_logreg.ui。

（6）右击文件 ui_logreg.ui，选择"External Tools"→"PyUIC"命令，生成同名的界面 Py 文件 ui_logreg.py，同样位于 ui 目录中。

（7）在 PyCharm 环境下双击打开文件 ui_logreg.py，对其代码进行一点小的修改（加粗处），如下：

```
# -*- coding: utf-8 -*-
......
from PyQt5 import QtCore, QtGui, QtWidgets
from PyQt5.QtWidgets import QMainWindow          # 导入 PyQt5 主窗口类

class Ui_MainWindow(QMainWindow):                # 改为继承自 PyQt5 的主窗口类
    def setupUi(self, MainWindow):
        MainWindow.setObjectName("MainWindow")
        # MainWindow.resize(320, 250)            # 注释这句
        MainWindow.setFixedSize(320, 250)        # 改成这句
            ...

    def retranslateUi(self, MainWindow):
```

用户管理界面文件

① 将 Ui_MainWindow 所继承的父类由抽象的 object 类改成 PyQt5 的主窗口 QMainWindow 类。

② 将窗体尺寸用 setFixedSize()方法设为固定，这样在运行程序时最大化按钮不可用，也不允许用户拖曳边框来改变窗口大小。

◎◎注意：
后续开发其他功能模块时，界面 Py 文件生成后也都会进行上述修改，不再赘述。

说明：本系统的开发将界面文件与功能程序分离开来，单独存放在 ui 目录下，如果想对界面进行修改，用 Qt Designer 改动设计后，再次转换一下，新生成的界面 Py 文件将自动覆盖原来的，然后按上述内容修改这两处代码即可，完全不会影响功能程序，十分方便。这也是 PyQt5 推荐采用的开发模式。

用户管理程序

2. 功能程序框架

在项目目录下创建用户管理模块的功能程序文件 logreg.py，其程序框架如下：

```python
from ui.ui_logreg import Ui_MainWindow        # 导入用户管理界面类
from PyQt5.QtWidgets import QApplication, QMessageBox
import sys
import csv                                     # 导入 CSV 文件操作库
import main                                    # 导入商品功能导航文件 main.py
import appvar                                  # 导入全局文件 appvar.py

# 全局变量
usr = ''                                       # 用户账号
pwd = ''                                       # 密码
exist = False                                  # 该账号是否存在（已注册）

class LogWindow(Ui_MainWindow):                # 定义用户登录窗口类
    def __init__(self):                        # 初始化函数
        super(LogWindow, self).__init__()
        self.setupUi(self)                     # 加载图形界面

        # 功能函数定义                          # （1）
    def check(self):                           # （2）验证用户函数
        ...
    def login(self):                           # 登录函数
        self.check()                           # （2）
        ...
    def register(self):                        # 注册函数
        self.check()                           # （2）
        ...

# 以下是程序启动入口代码
if __name__ == '__main__':
    app = QApplication(sys.argv)
    win_log = LogWindow()                      # 创建用户登录窗口类实例
    win_log.show()                             # 系统启动显示用户登录窗口
    sys.exit(app.exec_())
```

说明：

（1）为使程序代码结构清晰，统一将所有功能函数集中定义在一起，位于初始化函数 __init__() 之后，后续每个模块的开发都按这个模式来编写程序。

（2）不管是登录还是注册新用户，在业务逻辑的一开始肯定都要先判断这个账号是否已存在，故将这个公共的操作抽取出来，独立封装成一个验证用户函数，分别供登录、注册函数调用。

3. 验证用户

系统所有注册用户账号信息都存储在数据目录 data 下的 user.csv 文件中，初始内容如图 10.14 所示，每行记录一个用户账号，账号名与密码间以逗号分隔。

图 10.14　user.csv 初始内容

验证用户的 check()函数定义如下：

```
def check(self):                              # 验证用户函数
    global usr, pwd, exist
    usr = ''
    pwd = ''
    exist = False
    with open(r'data/user.csv', 'r') as fu:
        reader = csv.reader(fu)
        for row in reader:
            usr, pwd = row
            if usr == self.lineEdit_usr.text():
                exist = True
                break
            usr = ''
            pwd = ''
        fu.close()
```

说明：程序打开 user.csv 文件后，将其中的记录逐行读入变量 usr、pwd 中，与用户界面输入的账号名比对，一旦相同，说明该账号已注册过，就将变量 exist 置为 True，结束程序。执行过 check()函数，全局变量 usr、pwd、exist 中就保存了已有匹配账号的信息，可供接下来的登录和注册函数作为判断依据使用。

4．登录

登录函数 login()定义如下：

```
def login(self):                              # 登录函数
    self.check()
    if exist == False:                        #（1）
        msgbox = QMessageBox.warning(self, '提示', '用户不存在！')
        print(msgbox)
    else:
        if pwd != self.lineEdit_pwd.text():        #（1）登录失败
            msgbox = QMessageBox.warning(self, '提示', '密码错！')
            print(msgbox)
        else:                                  # 登录成功
            self.close()                       # 关闭用户登录窗口
            appvar.setID(usr)                  #（2）保存当前登录用户的账号
            self.win_main = main.MainWindow()  # 创建商品功能导航窗口类实例
            self.win_main.show()               # 进入商品功能导航窗口
```

说明：

（1）因为有了前面验证用户函数的操作，登录函数无须再访问 user.csv 文件，可以直接根据变量 exist、pwd 中的内容进行判断。

（2）由于当前登录用户的账号还要供其他模块窗口使用，故要将其作为一个全局数据保存，在 Python 中，对于需要修改内容的全局数据，通常定义成一个类的属性，并提供 get()/set()方法供其他模块的程序存取，在全局文件 appvar.py 中定义：

```
class myUSR:
    userID = ''
def setID(uid):
    myUSR.userID = uid
def getID():
    return myUSR.userID
```

这样定义之后，在程序中用 appvar.setID(usr)就可以将当前登录用户的账号保存为全局数据，后面的商品选购和下单结算模块都可以引用该账号名来完成相应的业务功能。

5. 注册

注册函数 register()定义如下：

```
def register(self):                    # 注册函数
    self.check()
    if exist == True:
        msgbox = QMessageBox.warning(self, '提示', '账号已注册！')
        print(msgbox)
    else:
        tup_user = self.lineEdit_usr.text(), self.lineEdit_pwd.text()
        # 以 a 方式追加到文件尾就不会影响原有记录
        with open(r'data/user.csv', "a") as fu:
            writer = csv.writer(fu)
            writer.writerow(tup_user)
            fu.close()
            msgbox = QMessageBox.information(self, '提示', '注册成功！')
            print(msgbox)
```

至此，用户管理模块就开发好了。运行程序时，读者可以以 user.csv 文件中初始已有的账号名、密码登录，并尝试注册一个新的账号，查看结果。

10.3.2 功能导航

用户登录成功后就进入商品功能导航窗口，这是整个系统的主控窗口，程序运行期间要全程显示，通过它进入其他功能模块的窗口。

►功能导航

1. 界面设计

启动 Qt Designer 设计器，设计界面如图 10.15 所示。界面上主要控件的类型、名称、关键属性及信号–槽设置见表 10.2。

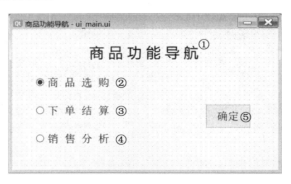

商品功能导航界面文件

图 10.15　设计商品功能导航窗体界面

表 10.2　商品功能导航窗体主要控件设置

编　号	类　型	名　称	关　键　属　性	信号-槽
①	Label	label	font: [微软雅黑, 18] text: 商品功能导航 scaledContents: 勾选 alignment: AlignHCenter, AlignVCenter	—
②	RadioButton	radioButton_pre	font: [SimSun, 14] text: 商品选购 checked: 勾选	—
③	RadioButton	radioButton_cfm	font: [SimSun, 14] text: 下单结算	—
④	RadioButton	radioButton_sale	font: [SimSun, 14] text: 销售分析	—
⑤	PushButton	pushButton_ok	font: [SimSun, 14] text: 确定	clicked-navigate()

保存界面 UI 文件至项目的 ui 目录，文件名为 ui_main.ui，转换生成同名的界面 Py 文件 ui_main.py。

2. 功能开发

在项目目录下创建功能程序文件 main.py，编程实现商品功能导航，代码如下：

```
from ui.ui_main import Ui_MainWindow          # 导入商品功能导航界面类
from PyQt5.QtWidgets import QButtonGroup       # 使用 PyQt5 的组框控件
import shop.preshop                            # 导入商品选购模块（preshop.py）
import shop.confirmshop                        # 导入下单结算模块（confirmshop.py）
import analysis.saleanalysis                   # 导入销售分析模块（saleanalysis.py）


class MainWindow(Ui_MainWindow):               # 定义商品功能导航窗口类
    def __init__(self):                        # 初始化函数
        super(MainWindow, self).__init__()
        self.setupUi(self)                     # 加载图形界面
        self.initUi()                          # （1）

    def initUi(self):                          # （1）界面初始化函数
        self.gp = QButtonGroup(self)
        self.gp.addButton(self.radioButton_pre, 1)
        self.gp.addButton(self.radioButton_cfm, 2)
        self.gp.addButton(self.radioButton_sale, 3)

    def navigate(self):                        # （2）导航函数
        if self.gp.checkedId() == 1:
            self.win_pre = shop.preshop.PreWindow()
            self.win_pre.show()                # 进入商品选购窗口
        elif self.gp.checkedId() == 2:
            self.win_cfm = shop.confirmshop.CfmWindow()
            self.win_cfm.show()                # 进入下单结算窗口
        else:
            self.win_sale = analysis.saleanalysis.SaleWindow()
            self.win_sale.show()               # 进入销售分析窗口
```

说明：

（1）自定义一个 initUi()函数来初始化界面，虽然通过调用界面 Ui_MainWindow 类的 setupUi()函数已经生成了图形界面，但有时可能还需要对界面进行一些额外的修改，比如这里在界面上创建一个组框，将 3 个单选按钮置于其中统一管理。通常，initUi()函数紧接在 setupUi()后执行，函数体写在初始化函数之后，initUi()也可另取其他名称，易读即可。

（2）navigate()函数实现导航功能，其下各分支通过组框的 checkedId()方法得到用户当前选中项的 ID 值，以决定进入哪一个功能模块的窗口。这里的 PreWindow（商品选购）、CfmWindow（下单结算）、SaleWindow（销售分析）就是 3 个功能模块所对应的窗口类，接下来将分别详细介绍它们的设计与开发，如果读者此时尚未开发这些窗口类而又想阶段性地运行程序，可在相应分支中用 pass 语句占位，或以 QMessageBox 弹窗消息提示进入哪个窗口，待开发好对应的窗口类后，再改成进入窗口的语句。

▶ 商品选购

10.3.3　商品选购

在商品选购窗口，用户可输入商品名称中包含的关键词，单击"查询"按钮（或直接回车）查看和打印所有符合条件的商品信息列表，单击列表项可显示对应商品的图片，单击图片底部的"选购"按钮可预选该商品，运行效果如图 10.16 所示。

商品选购
界面文件

1. 界面设计

启动 Qt Designer 设计器，设计界面如图 10.17 所示。界面上主要控件的类型、名称、关键属性及信号-槽设置见表 10.3。

图 10.16　商品选购窗口运行效果

图 10.17　设计商品选购窗体界面

表 10.3　商品选购窗体主要控件设置

编　号	类　型	名　称	关 键 属 性	信号-槽
①	Label	label	font: [微软雅黑, 18] text: 商品选购 alignment: AlignHCenter, AlignVCenter	—
②	LineEdit	lineEdit_pnm	font: [SimSun, 14]	returnPressed-query()
③	PushButton	pushButton_que	font: [SimSun, 14] text: 查询	clicked-query()
④	Label	label_usr	geometry: [(400, 84), 213x23] font: [SimSun, 14]	—

编　号	类　　型	名　　称	关 键 属 性	信号–槽
⑤	TableView	tableView_com	geometry: [(20, 120), 594x258] font: [Microsoft YaHei UI, 12] selectionMode: SingleSelection selectionBehavior: SelectRows horizontalHeaderDefaultSectionSize: 120 horizontalHeaderMinimumSectionSize: 25 horizontalHeaderStretchLastSection: 勾选 verticalHeaderVisible: 取消勾选	clicked(QModelIndex)-showimg()
⑥	PushButton	pushButton_print	font: [SimSun, 14] text: 打印...	clicked-printTable()
⑦	Label	label_pic	font: [微软雅黑, 12] 粗体 text: 图　片	—
⑧	Label	label_img	geometry: [(630, 160), 163x150] frameShape: Box frameShadow: Sunken scaledContents: 勾选	—
⑨	PushButton	pushButton_pre	font: [SimSun, 14] text: 选　购	clicked-preshop()

保存界面 UI 文件至项目的 ui 目录，文件名为 ui_preshop.ui，转换生成同名的界面 Py 文件 ui_preshop.py。

2. 功能程序框架

在项目目录下创建 shop 包（右击项目名，选择"New"→"Python Package"命令，输入包名即可），在其中创建商品选购模块的功能程序文件 preshop.py，其程序框架如下：

商品选购程序

```
from ui.ui_preshop import Ui_MainWindow          # 导入商品选购界面类
from PyQt5.QtCore import Qt
from PyQt5.QtGui import QStandardItemModel, QStandardItem, QPixmap\
, QIcon, QTextDocument, QTextCursor, QTextTableFormat, QTextCharFormat\
, QTextBlockFormat                               # 导入表格模型、图像、文档格式相关类
from PyQt5.QtWidgets import QMessageBox
from PyQt5.QtPrintSupport import QPrintPreviewDialog
                                                 # 导入打印预览对话框类

import openpyxl                                  # 导入操作 Excel 的库
from openpyxl.styles import Alignment            # 设置 Excel 单元格内容对齐样式的类

import appvar                                    # 导入全局文件 appvar.py

commoditys = []                                  # 存放查询到的商品数据（字典列表）

class PreWindow(Ui_MainWindow):                  # 定义商品选购窗口类
    def __init__(self):                          # 初始化函数
        super(PreWindow, self).__init__()
        self.setupUi(self)                       # 加载图形界面
```

```
        self.initUi()                                   # 初始化修改界面

    def initUi(self):
        self.label_usr.setText('用户：' + appvar.getID())
        self.initTableHeader()                          # 生成商品信息表头
        self.pushButton_pre.setIcon(QIcon(QPixmap(r'image/cart.jpg')))


    # 功能函数定义
    def initTableHeader(self):                          # 生成表头函数
        ...
    def query(self):                                    # 查询函数
        ...
    def showimg(self):                                  # 显示商品图片函数
        ...
    def preshop(self):                                  # 选购函数
        ...
    def printTable(self):                               # 打印函数
        ...
    def handlePrint(self, printer):                     # 执行打印函数
        ...
```

3. 查询商品信息

本模块商品信息列表的展示使用 PyQt5 的 TableView 控件，商品图片显示使用 Label 控件。

1）初始化表头

TableView 是一个基于"模型-视图"机制的显示组件，在每次显示新的查询结果前，都要重新生成表头并与新的数据（模型）绑定，为使程序结构清晰，将这部分需要反复执行的代码单独提取出来，写成一个 initTableHeader() 函数，专用于初始化表头，代码如下：

```
def initTableHeader(self):                              # 生成表头函数
    self.im = QStandardItemModel()                      # 创建模型
    # 设置表头显示项（字段标题）
    self.im.setHorizontalHeaderItem(0, QStandardItem('商品号'))
    self.im.setHorizontalHeaderItem(1, QStandardItem('商品名称'))
    self.im.setHorizontalHeaderItem(2, QStandardItem('类别'))
    self.im.setHorizontalHeaderItem(3, QStandardItem('价格'))
    self.im.setHorizontalHeaderItem(4, QStandardItem('库存量'))
    self.tableView_com.setModel(self.im)                # 将模型绑定到 TableView 控件
    # 设置表格各列的宽度
    self.tableView_com.setColumnWidth(0, 70)
    self.tableView_com.setColumnWidth(1, 300)
    self.tableView_com.setColumnWidth(2, 60)
    self.tableView_com.setColumnWidth(3, 70)
    self.tableView_com.setColumnWidth(4, 40)
```

2）查询商品信息

实现查询功能的 query() 函数的代码如下：

```
def query(self):                                        # 查询函数
    global commoditys
    pnm = self.lineEdit_pnm.text()
    book = openpyxl.load_workbook(r'data/netshop.xlsx')
    sheet = book['商品表']                              # 打开 Excel 商品表
    commoditys = []
    list_key = ['商品号', '商品名称', '类别编号', '价格', '库存量']
```

```
            list_val = []
            r = 0
            # 读取商品名称列的全部数据，与用户输入的关键词逐一比对
            for cell_pname in tuple(sheet.columns)[2][1:]:
                r += 1
                if pnm in cell_pname.value:                    # 符合条件（关键词存在于商品名称中）
                    # 读取符合条件的商品记录行的数据
                    commodity = [cell.value for cell in tuple(sheet.rows)[r]]
                    # 填写 list_val[]并与 list_key[]合成为一个字典记录
                    list_val.append(commodity[0])              # 商品号
                    list_val.append(commodity[2])              # 商品名称
                    list_val.append(commodity[1])              # 类别编号
                    list_val.append(commodity[3])              # 价格
                    list_val.append(commodity[4])              # 库存量
                    dict_com = dict(zip(list_key,list_val))
                                                               # 合成为字典
                    commoditys.append(dict_com)                # 添加进列表
                    list_val = []
        self.im.clear()                                        # 清除模型中旧的数据
        self.initTableHeader()                                 # 重新生成表头
        r = 0
        # 遍历商品信息列表，将查询到的记录逐条加载进模型
        for k, dict_com in enumerate(commoditys):
            self.im.setItem(r, 0, QStandardItem(str(dict_com['商品号'])))
            self.im.setItem(r, 1, QStandardItem(dict_com['商品名称']))
            self.im.setItem(r, 2, QStandardItem(dict_com['类别编号']))
            self.im.setItem(r, 3, QStandardItem('%.2f' % dict_com['价格']))
            self.im.setItem(r, 4, QStandardItem(str(dict_com['库存量'])))
            r += 1
```

说明：由于在 initTableHeader()函数中已通过 setModel()方法将模型绑定到了 TableView 控件，故加载到模型中的商品信息记录就会在界面上列表显示出来。

3）显示商品图片

当用户单击 TableView 中的商品信息条目时，右边 Label 中显示该商品对应的图片，实际就是触发由 TableView 的 clicked(QModelIndex)信号所关联的槽函数 showimg()，其代码如下：

```
def showimg(self):                                             # 显示商品图片函数
    row = self.tableView_com.currentIndex().row()
    index = self.tableView_com.model().index(row,0)
    pid = self.tableView_com.model().data(index)
    image = QPixmap(r'image/' + pid + '.jpg')
    self.label_img.setPixmap(image)
```

4. 打印商品信息

在某些情况（如商品名称太长，界面表格显示不全时）下，用户可单击"打印"按钮将完整的商品信息表格打印出来，通过 PyQt5 的打印预览对话框类（QPrintPreviewDialog）查看打印效果，该类位于 QtPrintSupport 中，需要在程序开头导入：

```
from PyQt5.QtPrintSupport import QPrintPreviewDialog
```

用函数 printTable()创建和显示打印预览对话框，代码如下：

```
def printTable(self):                                          # 打印函数
    dlg = QPrintPreviewDialog()                                # 创建打印预览对话框
    dlg.paintRequested.connect(self.handlePrint)
    dlg.exec_()                                                # 显示对话框
```

当对话框需要生成一组预览页面时，将发出 paintRequested 信号，用户可以使用与实际打印完全相同的代码来生成预览，然后定义一个槽函数连接到 paintRequested 信号，向函数中传递一个 QPrinter 类型的对象来输出要打印的文档，执行实际的打印操作。定义的槽函数 handlePrint()代码如下：

```python
def handlePrint(self, printer):                    # 执行打印函数
    doc = QTextDocument()
    cur = QTextCursor(doc)
    # 设定标题文字格式、写标题
    fmt_textchar = QTextCharFormat()
    fmt_textchar.setFontFamily('微软雅黑')
    fmt_textchar.setFontPointSize(10)
    fmt_textblock = QTextBlockFormat()
    fmt_textblock.setAlignment(Qt.AlignHCenter)
    cur.setBlockFormat(fmt_textblock)
    cur.insertText("商品名称中包含 '" + self.lineEdit_pnm.text() + "'", fmt_textchar)
    # 设定表格式
    fmt_table = QTextTableFormat()
    fmt_table.setBorder(1)
    fmt_table.setBorderStyle(3)
    fmt_table.setCellSpacing(0);
    fmt_table.setTopMargin(0);
    fmt_table.setCellPadding(4)
    fmt_table.setAlignment(Qt.AlignHCenter)
    cur.insertTable(self.im.rowCount() + 1, self.im.columnCount(), fmt_table)
    # 写表头
    for i in range(0, self.im.columnCount()):
        header = self.im.headerData(i, Qt.Horizontal)
        cur.insertText(header)
        cur.movePosition(QTextCursor.NextCell)
    # 写表记录
    for row in range(0, self.im.rowCount()):
        for col in range(0, self.im.columnCount()):
            index = self.im.index(row, col)
            cur.insertText(str(index.data()))
            cur.movePosition(QTextCursor.NextCell)
    doc.print_(printer)
```

打印预览的显示效果如图 10.18 所示。

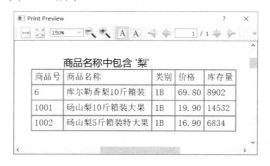

图 10.18　打印预览的显示效果

5. 选购商品

1）业务逻辑分析

选购过程对 Excel 的订单项表和订单表进行操作，需要考虑以下两种不同情形。

（1）用户为初次选购。

从未购买过商品或已购买的商品皆已结算，此种情形要做如下两步操作。

① 往订单项表中写入预备订单项（状态为"选购"）。

② 往订单表中写入预备订单（只有订单号和用户账号，支付金额和下单时间空缺）。

（2）用户此前选购（或订购）过商品。

此种情形下，预备订单已经有了，往订单项表中添加此次选购所对应的订单项即可。

2）程序实现

按上述思路编写程序，实现选购函数 preshop()，代码如下：

```python
def preshop(self):                                    # 选购函数
    book = openpyxl.load_workbook(r'data/netshop.xlsx')
    sheet1 = book['订单项表']
    sheet2 = book['订单表']
    # -*- 首先判断该用户此前有没有选/订购（尚未结算）过商品 -*-
    # (1)找出'订单表'中所有状态不为'结算'的记录，将它们对应的订单号放入一个集合
    r = 0
    set_oid = set()
    for cell_stat in tuple(sheet1.columns)[3][1:]:
        r += 1
        if cell_stat.value != '结算':
            orderitem = [cell.value for cell in tuple(sheet1.rows)[r]]
            set_oid.add(orderitem[0])
    # (2)读取订单表的订单号、用户账号列，合成为字典
    list_oid = [cell.value for cell in tuple(sheet2.columns)[0][1:]]
    list_uid = [cell.value for cell in tuple(sheet2.columns)[1][1:]]
    dict_ouid = dict(zip(list_oid, list_uid))
    # (3)用第(1)步得到的订单号集合到第(2)步得到的字典中去比对
    oid = 0
    exist = False
    for id in enumerate(set_oid):
        for key_oid, val_uid in dict_ouid.items():
            if (id[1] == key_oid) and (appvar.getID() == val_uid):
                exist = True
                oid = id[1]
                break
    row = self.tableView_com.currentIndex().row()
    index = self.tableView_com.model().index(row,0)
    # 若没有比中，说明是初次选购
    if exist == False:
        # 读取订单项表的订单号列，生成预备订单号（当前已有订单号最大值+1）
        list_oid = [cell.value for cell in tuple(sheet1.columns)[0][1:]]
        oid = max(list_oid) + 1
        pid = eval(self.tableView_com.model().data(index))
        # 写入预备订单项
        s1r = str(sheet1.max_row + 1)                 # 确定插入记录的行号
        sheet1['A' + s1r].alignment = Alignment(horizontal='center')
        sheet1['B' + s1r].alignment = Alignment(horizontal='center')
        sheet1['C' + s1r].alignment = Alignment(horizontal='center')
        sheet1['A' + s1r] = oid
        sheet1['B' + s1r] = pid
        sheet1['C' + s1r] = 1
```

```
            sheet1['D' + s1r] = '选购'
            # 写入预备订单
            s2r = str(sheet2.max_row + 1)
            sheet2['A' + s2r].alignment = Alignment(horizontal='center')
            sheet2['A' + s2r] = oid
            sheet2['B' + s2r] = appvar.getID()
        # 若比中，说明该用户此前选/订购过商品
    else:
            pid = eval(self.tableView_com.model().data(index))
            # 添加此次选购的订单项
            s1r = str(sheet1.max_row + 1)              # 确定插入记录的行号
            sheet1['A' + s1r].alignment = Alignment(horizontal='center')
            sheet1['B' + s1r].alignment = Alignment(horizontal='center')
            sheet1['C' + s1r].alignment = Alignment(horizontal='center')
            sheet1['A' + s1r] = oid
            sheet1['B' + s1r] = pid
            sheet1['C' + s1r] = 1
            sheet1['D' + s1r] = '选购'
    book.save(r'data/netshop.xlsx')
    book.close()
    msgbox = QMessageBox.information(self, '提示', '已选购。')
    print(msgbox)
```

6. 运行数据演示

接下来运行程序模拟选购商品操作，看一下 Excel 中数据的变化。

1）先以账号 easy-bbb.com 登录

先后选购 1002、1、3001 号商品。

2）再以账号 sunrh-phei.net 登录

选购 1002 号商品。

操作完成后打开 netshop.xlsx，订单项表和订单表的数据变化如图 10.19 所示。

	A	B	C	D
1	订单号	商品号	订货数量	状态
2	1	2	2	结算
3	1	6	1	结算
4	2	2003	5	结算
5	4	2	1	结算
6	3	1901	1	结算
7	3	4101	1	结算
8	5	1901	2	结算
9	6	1002	2	结算
10	8	1901	6	结算
11	10	2001	10	结算
12	10	6	2	结算
13	10	2003	1	结算
14	9	2	5	结算
15	11	1002	1	选购
16	11	1	1	选购
17	11	3001	1	选购
18	12	1002	1	选购

订单项表

	A	B	C	D
1	订单号	用户账号	支付金额	下单时间
2	1	easy-bbb.com	129.4	2021.10.01 16:04:49
3	2	sunrh-phei.net	495	2021.10.03 09:20:24
4	3	sunrh-phei.net	171.8	2021.12.18 09:23:03
5	4	231668-aa.com	29.8	2022.01.12 10:56:09
6	5	easy-bbb.com	119.6	2022.01.06 11:49:03
7	6	sunrh-phei.net	33.8	2022.03.10 14:28:10
8	8	easy-bbb.com	358.8	2022.05.25 15:50:01
9	9	231668-aa.com	149	2022.11.11 22:30:18
10	10	sunrh-phei.net	1418.6	2022.06.03 08:15:23
11	11	easy-bbb.com		
12	12	sunrh-phei.net		

订单表

图 10.19　选购商品后的数据变化

10.3.4 下单结算

下单结算窗口显示了当前用户已经选购和订购的商品，可单击界面底部的按钮前后翻页查看商品信息；选购的商品可单击"订购"按钮进行订购，已订购商品信息显示区右下角会出现"已订购"字样，单击"取消"按钮可退订；对于已订购的商品，用户可单击"数量"栏的上下箭头调整订货数量，底部金额栏也会随之更新；确认购买后单击"结算"按钮，可对当前所有订购的商品下单，运行效果如图 10.20 所示。

►下单结算

下单结算界面文件

1. 界面设计

启动 Qt Designer 设计器，设计界面如图 10.21 所示。界面上主要控件的类型、名称、关键属性及信号–槽设置见表 10.4。

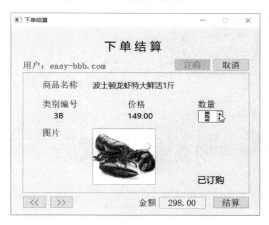

图 10.20 下单结算窗口运行效果

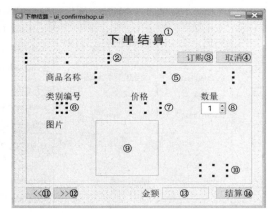

图 10.21 设计下单结算窗体界面

表 10.4 下单结算窗体主要控件设置

编 号	类 型	名 称	关 键 属 性	信号–槽
①	Label	label	font: [微软雅黑, 18] text: 下 单 结 算	—
②	Label	label_usr	geometry: [(30, 90), 213x23] font: [SimSun, 14]	—
③	PushButton	pushButton_cfm	font: [SimSun, 14] text: 订购	clicked-confirm()
④	PushButton	pushButton_ccl	font: [SimSun, 14] text: 取消	clicked-cancel()
⑤	Label	label_pname	geometry: [(180, 20), 355x27] font: [微软雅黑, 12]	—
⑥	Label	label_tcode	geometry: [(80, 102), 25x27] font: [微软雅黑, 12]	—
⑦	Label	label_pprice	geometry: [(270, 102), 77x27] font: [微软雅黑, 12]	—

编 号	类 型	名 称	关键属性	信号–槽
⑧	SpinBox	spinBox_cnum	geometry: [(452, 100), 64x33] font: [微软雅黑, 12] alignment: AlignHCenter, AlignVCenter minimum: 1 maximum: 100 value: 1	valueChanged(int)- changecnum()
⑨	Label	label_img	geometry: [(180, 150), 163x150] frameShape: Box frameShadow: Sunken scaledContents: 勾选	—
⑩	Label	label_status	geometry: [(450, 270), 69x30] font: [微软雅黑, 14]	—
⑪	PushButton	pushButton_back	font: [SimSun, 14] text: <<	clicked-backward()
⑫	PushButton	pushButton_for	font: [SimSun, 14] text: >>	clicked-forward()
⑬	Label	label_total	geometry: [(380, 450), 121x32] font: [SimSun, 14] frameShape: Box frameShadow: Raised alignment: AlignHCenter, AlignVCenter	—
⑭	PushButton	pushButton_pay	font: [SimSun, 14] text: 结算	clicked-payorder()

保存界面 UI 文件至项目的 ui 目录，文件名为 ui_confirmshop.ui，转换生成同名的界面 Py 文件 ui_confirmshop.py。

2. 功能程序框架

在 shop 包中创建下单结算模块的功能程序文件 confirmshop.py，其程序框架如下：

```
from ui.ui_confirmshop import Ui_MainWindow          # 导入下单结算界面类
from PyQt5.QtGui import QPixmap
from PyQt5.QtWidgets import QMessageBox
import openpyxl                                       # 操作 Excel 的库
from openpyxl.styles import Alignment
from datetime import datetime          # 导入日期和时间库（用于生成下单时间）

import appvar                          # 导入全局文件 appvar.py

# 全局变量
cart = []                             # 存放当前用户所有已选/订购的商品（字典列表）
index = 0                             # 当前页显示的商品记录索引
oid = 0                               # 当前用户的预备订单号
total = 0.00                          # 当前用户已订购商品的总金额

class CfmWindow(Ui_MainWindow):                       # 定义下单结算窗口类
```

```
def __init__(self):                                         # 初始化函数
    super(CfmWindow, self).__init__()
    self.setupUi(self)                                      # 加载图形界面
    self.initUi()                                           # 初始化界面内容

def initUi(self):
    self.label_usr.setText('用户：' + appvar.getID())
    self.loadshop()                                         # 加载界面数据

# 功能函数定义
def loadshop(self):                                         # 加载已选/订购商品函数
    ...
def showcart(self):                                         # 显示已选/订购商品函数
    ...
def forward(self):                                          # 向前翻页函数
    ...
def backward(self):                                         # 向后翻页函数
    ...
def confirm(self):                                          # 订购函数
    ...
def cancel(self):                                           # 取消函数
    ...
def changecnum(self):                                       # 调整数量函数
    ...
def payorder(self):                                         # 结算函数
    ...
```

下单结算程序

3. 显示已选/订购商品

1）加载数据

下单结算模块初始启动时首先就要加载当前用户已经选购和订购的所有商品数据，为便于存储和管理，程序将这部分数据以一个字典列表的形式载入内存，并定义为一个全局变量 cart[ ]（图 10.22），任何其他函数都可快速地访问它。

```
[{'商品号': 1002, '商品名称': '砀山梨5斤箱装特大果', '类别编号': '1B', '价格': 16.9, '数量': 1, '状态': '选购'}, {'
    商品号': 1, '商品名称': '洛川红富士苹果冰糖心10斤箱装', '类别编号': '1A', '价格': 44.8, '数量': 1, '状态': '订购'},
    {'商品号': 3001, '商品名称': '波士顿龙虾特大鲜活1斤', '类别编号': '3B', '价格': 149, '数量': 2, '状态': '订购'}]
```

图 10.22　cart[ ]中的数据形式

loadshop()代码如下：

```
def loadshop(self):                                         # 加载已选/订购商品函数
    book = openpyxl.load_workbook(r'data/netshop.xlsx')
    sheet1 = book['订单项表']
    sheet2 = book['订单表']
    sheet3 = book['商品表']
    # (1)到订单表中找到用户账号为当前用户 userID 且下单时间为空的记录的订单号
    global oid, total
    r = 0
    for cell_uid in tuple(sheet2.columns)[1][1:]:
        r += 1
        if cell_uid.value == appvar.getID():
            order = [cell.value for cell in tuple(sheet2.rows)[r]]
            if order[3] == None:
```

```
                    oid = order[0]
                    # 顺便读取支付金额（如果有的话）用于填写界面的金额栏
                    if order[2] != None:
                        total = order[2]
                    break
# (2)根据第(1)步得到的订单号到订单项表中查询当前用户已选/订购商品的记录
global cart
cart = []
list_key = ['商品号', '商品名称', '类别编号', '价格', '数量', '状态']
list_val = []
pid = 0
pname = ''
tcode = ''
pprice = 0.00
cnum = 0
status = ''
r = 0
for cell_oid in tuple(sheet1.columns)[0][1:]:
    r += 1
    if cell_oid.value == oid:
        orderitem = [cell.value for cell in tuple(sheet1.rows)[r]]
        pid = orderitem[1]
        cnum = orderitem[2]
        status = orderitem[3]
        # 根据商品号到商品表进一步获取该商品的其他信息
        n = 0
        for cell_pid in tuple(sheet3.columns)[0][1:]:
            n += 1
            if cell_pid.value == pid:
                commodity = [cell.value for cell in tuple(sheet3.rows)[n]]
                pname = commodity[2]
                tcode = commodity[1]
                pprice = commodity[3]
                break
        # 填写 list_val[]并与 list_key[]合成为一个字典记录
        list_val.append(pid)
        list_val.append(pname)
        list_val.append(tcode)
        list_val.append(pprice)
        list_val.append(cnum)
        list_val.append(status)
        dict_shop = dict(zip(list_key,list_val))
        cart.append(dict_shop)                     # 将字典记录添加到列表中
        list_val = []
        pid = 0
        pname = ''
        tcode = ''
        pprice = 0.00
        cnum = 0
        status = ''
if len(cart) != 0:
    self.showcart()                                # 显示数据
```

2）显示数据

有了数据，要显示就十分方便了，由于 cart[ ]中的每一个记录都采用字典的形式，因此可以通过键名直接访问其数据项，然后显示在界面控件上。

showcart()代码如下：

```
def showcart(self):                                     # 显示已选/订购商品函数
    global index
    self.label_pname.setText(cart[index]['商品名称'])
    self.label_tcode.setText(cart[index]['类别编号'])
    self.label_pprice.setText('%.2f' % cart[index]['价格'])
    self.spinBox_cnum.setValue(cart[index]['数量'])
    image = QPixmap(r'image/' + str(cart[index]['商品号']) + '.jpg')
    self.label_img.setPixmap(image)
    if cart[index]['状态'] == '订购':
        self.label_status.setText('已订购')
        self.pushButton_cfm.setEnabled(False)
        self.pushButton_ccl.setEnabled(True)
    else:
        self.label_status.setText('')
        self.pushButton_cfm.setEnabled(True)
        self.pushButton_ccl.setEnabled(False)
    self.label_total.setText('%.2f' % total)           # 显示底部金额栏
```

3）翻页

通常用户选购和订购的商品可能不止一个，故需要提供翻页浏览功能。由于所有数据都已经放在一个列表中了，将索引 index 定义为全局变量，通过控制其加减即可轻松实现翻页功能。

界面左下角两个按钮的单击信号分别绑定到向前、向后翻页的功能函数，代码如下：

```
def forward(self):                                      # 向前翻页函数
    global index, cart
    if len(cart) == 0:
        pass
    elif index < len(cart)-1:
        index = index + 1
        self.showcart()
    else:
        index = 0                                       # 如果已是最后一页，则回到第 1 页
        self.showcart()


def backward(self):                                     # 向后翻页函数
    global index, cart
    if len(cart) == 0:
        pass
    elif index == 0:
        index = len(cart) - 1                           # 如果已是第 1 页，则接着显示最后一页
        self.showcart()
    else:
        index = index - 1
        self.showcart()
```

👀 **注意：**

每次改变索引 index 后都要调用一次显示函数 showcart()才能刷新界面。

4. 订购商品

1）订购的业务逻辑

订购商品实质上就是确定购买数量，并将需要支付的金额写入订单，它包含以下一系列操作。

（1）根据数量和价格计算金额。

（2）填写订单项的订货数量，修改订单项状态为订购。

（3）更新订单的支付金额。

2）订购程序实现

按上述 3 个步骤编写程序，实现订购函数 confirm()，代码如下：

```python
def confirm(self):                              # 订购函数
    global cart, index, oid, total
    book = openpyxl.load_workbook(r'data/netshop.xlsx')
    sheet1 = book['订单项表']
    sheet2 = book['订单表']
    # (1)根据当前 index 从 cart[]中读取商品号、价格，根据数量计算金额
    pid = cart[index]['商品号']
    cnum = self.spinBox_cnum.value()
    pay = cart[index]['价格'] * cnum
    # (2)根据订单号 oid 和商品号到订单项表中定位，修改订货数量和状态
    r = 0
    for cell_oid in tuple(sheet1.columns)[0][1:]:
        r += 1
        if cell_oid.value == oid:
            orderitem = [cell.value for cell in tuple(sheet1.rows)[r]]
            if orderitem[1] == pid:
                sheet1['C' + str(r+1)] = cnum
                sheet1['D' + str(r+1)] = '订购'
                break
    # (3)根据订单号 oid 到订单表中定位，金额 total 累加之后更新支付金额
    r = 0
    for cell_oid in tuple(sheet2.columns)[0][1:]:
        r += 1
        if cell_oid.value == oid:
            sheet2['C' + str(r+1)].alignment = Alignment(horizontal='center')
            sheet2['C' + str(r+1)] = total + pay
            break
    book.save(r'data/netshop.xlsx')
    book.close()
    # (4)刷新界面
    self.loadshop()
```

> **◑◐ 注意：**
>
> 由于在执行了订购操作后，当前用户订单项的数据已发生改变，故还要调用 loadshop()函数重新加载一次 cart[ ]的数据，才能在界面上实时反映最新的商品状态信息。

3）取消订购

取消订购的步骤与订购完全一样，只是需要将订单项的订货数量改回默认值 1，状态改回"选购"，而更新订单支付金额是减少而非增加。

程序实现如下：

```python
def cancel(self):                               # 取消函数
    global cart, index, oid, total
```

```
book = openpyxl.load_workbook(r'data/netshop.xlsx')
sheet1 = book['订单项表']
sheet2 = book['订单表']
# (1)根据当前 index 从 cart[]中读取商品号、数量、价格，算出金额
pid = cart[index]['商品号']
cnum = cart[index]['数量']
pay = cart[index]['价格'] * cnum
# (2)根据订单号 oid 和商品号到订单项表中定位，订货数量置为 1，修改状态
r = 0
for cell_oid in tuple(sheet1.columns)[0][1:]:
    r += 1
    if cell_oid.value == oid:
        orderitem = [cell.value for cell in tuple(sheet1.rows)[r]]
        if orderitem[1] == pid:
            sheet1['C' + str(r+1)] = 1
            sheet1['D' + str(r+1)] = '选购'
            break
# (3)根据订单号 oid 到订单表中定位，total 减去相应金额之后更新支付金额
r = 0
for cell_oid in tuple(sheet2.columns)[0][1:]:
    r += 1
    if cell_oid.value == oid:
        sheet2['C' + str(r+1)].alignment = Alignment(horizontal='center')
        sheet2['C' + str(r+1)] = total - pay
        break
book.save(r'data/netshop.xlsx')
book.close()
# (4)刷新界面
self.loadshop()
```

5. 调整订货数量

　　对于已订购的商品，用户可通过界面操作调整数量，订单金额会同步更新显示，但订单项的状态保持不变（仍为"订购"）。需要注意的是：调整数量只针对已订购的商品，对尚未订购（选购）的商品，调整数量是没意义的，程序也不会"记住"这个数量值和进行任何动作。

　　该功能业务逻辑的操作步骤同上面的订购和取消，实现如下：

```
def changecnum(self):                    # 调整数量函数
    global cart, index, oid, total
    book = openpyxl.load_workbook(r'data/netshop.xlsx')
    sheet1 = book['订单项表']
    sheet2 = book['订单表']
    # (1)根据当前 index 从 cart[]中读取商品号、数量（调整前）、价格、状态，从 spinBox_cnum 获取数量（调
整后），根据价格和数量差算出要加的金额
    status = cart[index]['状态']
    if status != '订购':                    # 调整数量只针对已订购的商品
        pass
    else:
        pid = cart[index]['商品号']
        cnum_old = cart[index]['数量']
        cnum_new = self.spinBox_cnum.value()
        pay_add = cart[index]['价格'] * (cnum_new - cnum_old)
```

```
        # (2)根据订单号 oid 和商品号到订单项表中定位，修改订货数量
        r = 0
        for cell_oid in tuple(sheet1.columns)[0][1:]:
            r += 1
            if cell_oid.value == oid:
                orderitem = [cell.value for cell in tuple(sheet1.rows)[r]]
                if orderitem[1] == pid:
                    sheet1['C' + str(r + 1)] = cnum_new
                    break
        # (3)根据订单号 oid 到订单表中定位，金额 total 累加之后更新支付金额
        r = 0
        for cell_oid in tuple(sheet2.columns)[0][1:]:
            r += 1
            if cell_oid.value == oid:
                sheet2['C' + str(r + 1)].alignment = Alignment(horizontal='center')
                sheet2['C' + str(r + 1)] = total + pay_add
                break
        book.save(r'data/netshop.xlsx')
        book.close()
        # (4)刷新界面
        self.loadshop()
```

6. 结算

1）结算的业务逻辑

结算只针对"订购"状态的商品，而当前用户除了订购商品可能还有一些选购的商品并不参与本次结算，而一旦执行结算操作，原订单表里的预备订单就变成了正式订单，故必须再为该用户生成一个新的预备订单，将其剩余的选购商品与这个新订单的订单号关联。按这个思路设计结算的业务逻辑步骤。

（1）状态为"订购"的订单项状态改为"结算"，同时商品表对应商品库存减去订货数量。

（2）填写下单时间。

（3）确定新的预备订单号。

（4）该用户尚未结算（"选购"状态）的商品订单项关联新订单号。

（5）生成新的预备订单。

2）结算程序实现

按上述设计的业务逻辑编写程序，实现结算函数 payorder()，代码如下：

```
def payorder(self):                                    # 结算函数
    global cart, index, oid, total
    book = openpyxl.load_workbook(r'data/netshop.xlsx')
    sheet1 = book['订单项表']
    sheet2 = book['订单表']
    sheet3 = book['商品表']
    # (1)将当前订单号 oid 状态为订购的记录状态改为结算
    r = 0
    for cell_oid in tuple(sheet1.columns)[0][1:]:
        r += 1
        if cell_oid.value == oid:
            orderitem = [cell.value for cell in tuple(sheet1.rows)[r]]
            if orderitem[3] == '订购':
                sheet1['D' + str(r + 1)] = '结算'
```

```
                    # 更新商品表库存
                    n = 0
                    for cell_pid in tuple(sheet3.columns)[0][1:]:
                        n += 1
                        if cell_pid.value == orderitem[1]:
                            commodity = [cell.value for cell in tuple(sheet3.rows)[n]]
                            sheet3['E' + str(n + 1)] = commodity[4] - orderitem[2]
        # (2)根据订单号 oid 到订单表中定位，填写下单时间
        r = 0
        for cell_oid in tuple(sheet2.columns)[0][1:]:
            r += 1
            if cell_oid.value == oid:
                sheet2['D' + str(r + 1)].alignment = Alignment(horizontal='center')
                sheet2['D' + str(r + 1)] = datetime.strftime(datetime.now(),'%Y.%m.%d %H:%M:%S')
                break
        # (3)读取订单项表的订单号列，生成新的预备订单号（当前已有订单号最大值+1）
        list_oid = [cell.value for cell in tuple(sheet1.columns)[0][1:]]
        oid_new = max(list_oid) + 1
        # (4)修改当前用户原订单号 oid 尚未结算的记录为新订单号
        r = 0
        for cell_oid in tuple(sheet1.columns)[0][1:]:
            r += 1
            if cell_oid.value == oid:
                orderitem = [cell.value for cell in tuple(sheet1.rows)[r]]
                if orderitem[3] != '结算':
                    sheet1['A' + str(r + 1)] = oid_new
        # (5)写入新的预备订单
        oid = oid_new
        s2r = str(sheet2.max_row + 1)
        sheet2['A' + s2r].alignment = Alignment(horizontal='center')
        sheet2['A' + s2r] = oid
        sheet2['B' + s2r] = appvar.getID()
        book.save(r'data/netshop.xlsx')
        book.close()
        msgbox = QMessageBox.information(self, '提示', '下单成功！')
        print(msgbox)
        # (6)刷新界面
        index = 0
        total = 0.00
        self.loadshop()
```

7. 运行数据演示

接下来运行程序模拟订购、结算操作，看一下 Excel 中数据的变化。

（1）以账号 easy-bbb.com 登录。

从已选购的 1002、1、3001 号商品中，订购 1 号商品 1 件、3001 号商品 2 件。

数据变化如图 10.23 所示。

（2）单击"结算"按钮，弹出消息框提示下单成功。

再次打开 netshop.xlsx，数据变化如图 10.24 所示。可见，对于剩下那一件未结算的 1002 号商品，系统已经为其分配了新的预备订单号 13。

	A	B	C	D
1	订单号	商品号	订货数量	状态
2	1	2	2	结算
3	1	6	1	结算
4	2	2003	5	结算
5	4	2	1	结算
6	3	1901	1	结算
7	3	4101	1	结算
8	5	1901	2	结算
9	6	1002	2	结算
10	8	1901	6	结算
11	10	2001	10	结算
12	10	6	2	结算
13	10	2003	1	结算
14	9	2	5	结算
15	11	1002	1	选购
16	11	1	1	订购
17	11	3001	2	订购
18	12	1002	1	选购

订单项表

	A	B	C	D
1	订单号	用户账号	支付金额	下单时间
2	1	easy-bbb.com	129.4	2021.10.01 16:04:49
3	2	sunrh-phei.net	495	2021.10.03 09:20:24
4	3	sunrh-phei.net	171.8	2021.12.18 09:23:03
5	4	231668-aa.com	29.8	2022.01.12 10:56:09
6	5	easy-bbb.com	119.6	2022.01.06 11:49:03
7	6	sunrh-phei.net	33.8	2022.03.10 14:28:10
8	7	easy-bbb.com	358.8	2022.05.25 15:50:01
9	9	231668-aa.com	149	2022.11.11 22:30:18
10	10	sunrh-phei.net	1418.6	2022.06.03 08:15:23
11	11	easy-bbb.com	342.8	
12	12	sunrh-phei.net		

订单表

图 10.23　订购商品后的数据变化

	A	B	C	D
1	订单号	商品号	订货数量	状态
2	1	2	2	结算
3	1	6	1	结算
4	2	2003	5	结算
5	4	2	1	结算
6	3	1901	1	结算
7	3	4101	1	结算
8	5	1901	2	结算
9	6	1002	2	结算
10	8	1901	6	结算
11	10	2001	10	结算
12	10	6	2	结算
13	10	2003	1	结算
14	9	2	5	结算
15	13	1002	1	选购
16	11	1	1	结算
17	11	3001	2	结算
18	12	1002	1	选购

订单项表

	A	B	C	D
1	订单号	用户账号	支付金额	下单时间
2	1	easy-bbb.com	129.4	2021.10.01 16:04:49
3	2	sunrh-phei.net	495	2021.10.03 09:20:24
4	3	sunrh-phei.net	171.8	2021.12.18 09:23:03
5	4	231668-aa.com	29.8	2022.01.12 10:56:09
6	5	easy-bbb.com	119.6	2022.01.06 11:49:03
7	6	sunrh-phei.net	33.8	2022.03.10 14:28:10
8	8	easy-bbb.com	358.8	2022.05.25 15:50:01
9	9	231668-aa.com	149	2022.11.11 22:30:18
10	10	sunrh-phei.net	1418.6	2022.06.03 08:15:23
11	11	easy-bbb.com	342.8	2022.05.24　11:32:08
12	12	sunrh-phei.net		
13	13	easy-bbb.com		

订单表

图 10.24　结算后的数据变化

10.3.5　销售分析

为了解商品的销售情况，需要将销售额按一定要求进行统计分析，绘出可视化的图表以供市场调研之用。本模块实现了按商品类别和月份分别统计销售额、绘制图表及打印功能，运行效果如图 10.25 所示。

1. 界面设计

启动 Qt Designer 设计器，设计界面如图 10.26 所示。界面上主要控件的类型、名称、关键属性及信号-槽设置见表 10.5。界面设计中使用了选项卡控件，两个选项卡上各有一个 Frame 控件，但无法同时展示，这里以④/⑤标注。

►销售分析

图 10.25　销售分析模块运行效果　　　图 10.26　设计销售分析窗体界面

表 10.5　销售分析窗体主要控件设置

编　号	类　型	名　称	关 键 属 性	信号–槽
①	Label	label	font: [微软雅黑, 18] text: 销 售 分 析 alignment: AlignHCenter, AlignVCenter	—
②	TabWidget	tabWidget	geometry: [(20, 80), 601x401] font: [SimSun, 14] currentIndex: 0　currentTabText: 按类别 currentIndex: 1　currentTabText: 按月份	—
③	PushButton	pushButton_print	font: [SimSun, 14] text: 打印...	clicked-printFigure()
④	Frame	frame_type	geometry: [(0, 0), 596x366] frameShape: Box frameShadow: Sunken	—
⑤	Frame	frame_month	geometry: [(0, 0), 596x366] frameShape: Box frameShadow: Sunken	—

　　保存界面 UI 文件至项目的 ui 目录，文件名为 ui_saleanalysis.ui，转换生成同名的界面 Py 文件 ui_saleanalysis.py。

2. 功能程序框架

（1）安装 PyQtChart。

　　本模块开发的绘图功能使用的是 PyQt5 的 PyQtChart 库，在 Windows 命令行下用 pip install PyQtChart 命令安装该库。

（2）在项目目录下创建 analysis 包，其中创建销售分析模块的功能程序文件 saleanalysis.py，其程序框架如下：

销售分析界面文件

销售分析程序

```
from ui.ui_saleanalysis import Ui_MainWindow          # 导入销售分析界面类
from PyQt5.QtCore import Qt
from PyQt5.QtGui import QPainter, QPen, QColor          # 导入绘图及打印要用的相关类
from PyQt5.QtWidgets import QGridLayout                 # 导入图表显示要用的布局类
from PyQt5.QtPrintSupport import QPrintPreviewDialog
```

```
                                                    # 导入打印预览对话框类
from datetime import datetime                       # 导入日期时间库（生成打印时间）
import openpyxl                                      # 导入操作 Excel 的库
# -*- PyQtChart 绘图相关类 -*-
from  PyQt5.QtChart  import  QChart, QChartView, QPieSeries, QBarSeries, QBarSet, QBarCategoryAxis,
QLineSeries, QValueAxis

# 商品销售数据
saledata = []                                       # 存放全部销售数据（二维列表）
typeset = {}                                         # 存放各类商品的销售金额（字典）
month = ['01', '02', '03', '04', '05', '06', '07', '08', '09', '10', '11', '12']
                                                    # 月份列表
money_m = [0.00 for i in range(12)]                 # 各月份对应的金额列表

class SaleWindow(Ui_MainWindow):                    # 定义销售分析窗口类
    def __init__(self):                             # 初始化函数
        super(SaleWindow, self).__init__()
        self.setupUi(self)                          # 加载图形界面
        self.initUi()                               # 初始化界面内容（绘制图表）

    def initUi(self):
        self.create()                               # 准备绘图数据
        self.analybytype()                          # 按类别分析绘图
        self.analybymonth()                         # 按月份分析绘图

     # 功能函数定义
    def create(self):                               # 构造销售数据函数
        ...
    def analybytype(self):                          # 按类别分析函数
        ...
    def analybymonth(self):                         # 按月份分析函数
        ...
    def printFigure(self):                          # 打印函数
        ...
    def handlePrint(self, printer):                 # 执行打印函数
        ...
```

说明：在初始化界面内容的 initUi()函数中依次调用执行了 3 个函数——create()、analybytype()和 analybymonth()，分别实现准备绘图数据、按类别分析绘图和按月份分析绘图的功能。首先由 create() 函数构造用于绘图的销售数据，然后将准备好的数据存放在几个全局变量结构中，供另外两个函数在 绘图时使用。

3. 准备绘图数据

本系统基于所有已结算的订单项数据绘图，为方便统计，将预处理后的数据加载到一个二维列表 saledata[ ]中，该列表的每个记录各字段的含义设计为：

[订单号,商品号,数量,价格,金额,类别,月份]

其数据形式如图 10.27 所示。

```
[[1, 2, 2, 29.8, 59.6, '水果', '10'],
 [1, 6, 1, 69.8, 69.8, '水果', '10'],
 [2, 2003, 5, 99, 495, '肉禽', '10'],
 [4, 2, 1, 29.8, 29.8, '水果', '01'],
 [3, 1901, 1, 59.8, 59.8, '水果', '12'],
```

图 10.27 saledata[ ]的数据形式

create()函数负责准备数据和处理，生成以上形式的二维列表，其代码如下：

```python
def create(self):                                          # 构造销售数据函数
    global saledata, typeset, money_m
    book = openpyxl.load_workbook(r'data/netshop.xlsx')
    sheet1 = book['订单项表']
    sheet2 = book['订单表']
    sheet3 = book['商品表']
    sheet4 = book['商品分类表']
    # (1)从订单项表中读取所有状态为结算的记录
    r = 0
    for cell_status in tuple(sheet1.columns)[3][1:]:
        r += 1
        if cell_status.value == '结算':
            orderitem = [cell.value for cell in tuple(sheet1.rows)[r]]
            # [订单号, 商品号, 数量, 价格, 金额, 类别, 月份]
            saleitem = [orderitem[0], orderitem[1], orderitem[2], 0.00, 0.00, '', '']
            saledata.append(saleitem)
    # (2)由每一项 saleitem 的商品号到商品表中查出价格，算出金额；查出类别编号，再根据类别编号到商
    品分类表中查出大类名称；写入 saledata[]
    for k, saleitem in enumerate(saledata):
        n = 0
        for cell_pid in tuple(sheet3.columns)[0][1:]:
            n += 1
            if cell_pid.value == saleitem[1]:
                commodity = [cell.value for cell in tuple(sheet3.rows)[n]]
                # 写价格、金额
                saleitem[3] = commodity[3]
                saleitem[4] = saleitem[3] * saleitem[2]
                # 写类别
                tid = commodity[1][0]
                i = 0
                for cell_tid in tuple(sheet4.columns)[0][1:]:
                    i += 1
                    if cell_tid.value == eval(tid):
                        tname = [cell.value for cell in tuple(sheet4.rows)[i]]
                        saleitem[5] = tname[1]
                        break
                break
    # (3)由每一项 saleitem 的订单号到订单表中查出下单时间，截取月份字段，写入 saledata[]
    for k, saleitem in enumerate(saledata):
        n = 0
        for cell_oid in tuple(sheet2.columns)[0][1:]:
            n += 1
            if cell_oid.value == saleitem[0]:
                order = [cell.value for cell in tuple(sheet2.rows)[n]]
                # 写月份
                saleitem[6] = order[3][5:7]
                break
    # 按类别统计
    for saleitem in saledata:
        typeset[saleitem[5]] = typeset.get(saleitem[5], 0) + saleitem[4]
    typeset = dict(sorted(typeset.items(), key=lambda x: x[1], reverse=True))
```

```
    # 按月份统计
    for saleitem in saledata:
        money_m[eval(saleitem[6].lstrip('0')) - 1] += saleitem[4]
```

说明：create()函数执行后，将统计完成的数据存放在几个全局变量结构中。

typeset 字典存放各类商品的销售金额，内容为：

```
{'肉禽': 1774, '水果': 1064.6000000000001, '海鲜水产': 298, '粮油蛋': 112}
```

money_m 列表存放各月份对应的销售金额，内容为：

```
[149.4, 0.0, 33.8, 0.0, 701.5999999999999, 1418.6, 0.0, 0.0, 0.0, 624.4, 149.0, 171.8]
```

有了这些数据，就可以使用它们来绘图了。

4. 按类别分析绘图

analybytype()函数使用 typeset 字典的数据，按商品各个大类销售额占比绘制饼状图，代码如下：

```
def analybytype(self):                              # 按类别分析函数
    # 创建 QPieSeries 对象，用来存放饼状图的数据
    pseries = QPieSeries()
    # 添加数据
    for item in typeset.items():
        pseries.append(item[0], item[1])
    # （1）单独处理一个扇区的外观
    slice = pseries.slices()[0]
    slice.setExploded(True)
    slice.setLabelVisible(True)
    slice.setPen(QPen(Qt.red, 2))
    slice.setBrush(Qt.red)
    # 创建 QChart 实例
    chart = QChart()
    chart.addSeries(pseries)
    chart.createDefaultAxes()
    # 设置图表
    chart.setTitle("商品按类别销售数据分析")
    chart.setAnimationOptions(QChart.SeriesAnimations)      # 动画效果
    chart.legend().setVisible(True)
    chart.legend().setAlignment(Qt.AlignBottom)             # 在底部显示图例
    # （2）用 ChartView 显示图表
    chartview = QChartView(chart)
    chartview.setRenderHint(QPainter.Antialiasing)          # 绘制平滑
    self.layout1 = QGridLayout(self.frame_type)
    self.layout1.addWidget(chartview)
```

说明：

（1）用 QPieSeries 对象的.slices()[索引]可单独获取某一个数据扇区，对其进行特殊处理，由于 typeset 字典项的值已经按从大到小的顺序排列（reverse=True），所以索引 0 的扇区（'肉禽'）占比肯定是最大的，将其设为红色突出显示，并加上文字标注。

（2）PyQtChart 库绘制的图表要传给一个视图，然后将这个视图作为部件添加到界面布局中才能显示。本程序使用一个 Frame 控件（frame_type），依托它创建一个网格布局，再接收含有图表的视图，在控件上显示出图表。

运行程序，显示效果如图 10.28 所示。

5. 按月份分析绘图

analybymonth()函数使用 money_m 列表的数据，按月份销售额变化绘制柱状图和折线图，代码如下：

```
def analybymonth(self):                                      # 按月份分析函数
    # 创建对象, 用来存放柱状/折线图的数据
    bseries = QBarSeries()                                   # 柱状图数据
    lseries = QLineSeries()                                  # 折线图数据
    # 添加数据
    monthset = QBarSet('')
    for i in range(0, 12):
        monthset << money_m[i]
        lseries.append(i, money_m[i])                        # 折线数据第 1 个参数必须是数值
    bseries.append(monthset)
    lseries.setColor(QColor(255, 0, 0))                      # 折线设为红色
    # 创建 QChart 实例
    chart = QChart()
    chart.legend().hide()                                    # 不显示图例
    chart.addSeries(bseries)
    chart.addSeries(lseries)
    # 设置坐标
    axis_x = QBarCategoryAxis()
    axis_x.setTitleText('月份')
    axis_x.append(month)
    chart.addAxis(axis_x, Qt.AlignBottom)
    lseries.attachAxis(axis_x)
    axis_y = QValueAxis()
    axis_y.setTitleText('金额（元）')
    axis_y.setLabelFormat("%d")
    chart.addAxis(axis_y, Qt.AlignLeft)
    lseries.attachAxis(axis_y)
    # 设置图表
    chart.setTitle("商品按月份销售数据分析")
    chart.setAnimationOptions(QChart.SeriesAnimations)       # 动画效果
    chart.setTheme(QChart.ChartThemeLight)                   # 主题色调
    # 显示图表
    chartview = QChartView(chart)
    chartview.setRenderHint(QPainter.Antialiasing)           # 绘制平滑
    self.layout2 = QGridLayout(self.frame_month)
    self.layout2.addWidget(chartview)                        # 添加到布局
```

从上面的程序可见，柱状图和折线图的绘制步骤及显示机制与饼状图基本一样，仅仅是用来存放数据的对象类型不同。

运行程序，显示效果如图 10.29 所示。

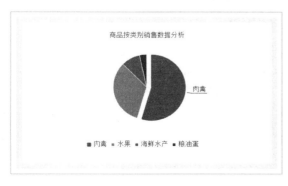

图 10.28　按类别分析绘制的图表

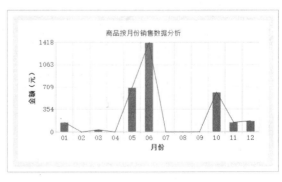

图 10.29　按月份分析绘制的图表

6. 打印图表

用户可单击"打印"按钮将绘制的图表打印出来，函数 printFigure()可以创建和显示打印预览对话框，代码如下：

```
def printFigure(self):                              # 打印函数
    dlg = QPrintPreviewDialog()
    dlg.paintRequested.connect(self.handlePrint)
    dlg.exec_()
```

对话框发出 paintRequested 信号，定义槽函数 handlePrint()连接到该信号，向函数中传递一个 QPrinter 对象执行打印操作，代码如下：

```
def handlePrint(self, printer):                     # 执行打印函数
    painter = QPainter(printer)
    if self.tabWidget.currentIndex() == 0:          # 按类别页（索引 0）
        screen = self.frame_type.grab()
    else:                                           # 按月份页
        screen = self.frame_month.grab()
    painter.drawPixmap(180, 50, screen)
    time_print = datetime.now()                     # 记录打印时间
    painter.drawText(100 + self.frame_type.width() - 70, 50 + self.frame_type.height() + 30, datetime.strftime
(time_print, '%Y-%m-%d %H:%M:%S'))
```

说明：这里使用了 QPainter 对象以图片的形式向打印机输出要打印的内容，图片是通过控件截屏方式获取的，然后用 drawPixmap()和 drawText()方法分别输出要预览的图表及打印时间。

10.4　应用程序打包发布

对于初学者，在 Python 集成开发环境窗口中，直接输入 Python 语句和 Python 语句组成的程序来学习 Python 非常方便。但在实际应用中，在 Python 程序完成后应该编译成可执行文件（.exe），脱离 Python 集成开发环境直接运行。

►打包发布

PyInstaller 是 Python 的第三方打包库，它可以实现将.py 文件源码转换成 Windows、Linux、Mac OS X 下的可执行文件。对于 Windows，PyInstaller 可以将 Python 源码变成可执行文件。

使用 Windows 命令行 pip 工具，在命令提示符下运行安装命令，例如：

```
C:\..>pip install Pyinstaller -i https://pypi.tuna.tsinghua.edu.cn/simple
```

PyInstaller 安装完成后，会在 Python 目录的 Scripts 子目录下生成运行文件（Pyinstaller.exe）。
本系统打包步骤如下。

1. 生成配置文件

（1）在命令行窗口通过 cd 指令进入项目当前目录：

```
cd D:\MyPython\Code\D10
```

（2）在命令行下执行命令：

```
pyi-makespec logreg.py
```

完成后在项目文件夹中生成一个名为 logreg.spec 的配置文件。

> ◉◉ 注意：
> 针对项目的入口文件（本项目的是 logreg.py）生成的配置文件才可以用于接下来的打包。

2. 修改配置文件

用"记事本"打开 logreg.spec 文件，修改内容（加粗处）如下：

```
# -*- mode: python ; coding: utf-8 -*-
block_cipher = None

a = Analysis(['logreg.py', 'main.py', 'appvar.py', 'D:\\MyPython\\Code\\D10\\shop\\
preshop.py', 'D:\\MyPython\\Code\\D10\\shop\\confirmshop.py', 'D:\\MyPython\\Code\\D10\\
analysis\\saleanalysis.py', 'D:\\MyPython\\Code\\D10\\ui\\ui_confirmshop.py', 'D:\\MyPython\\Code\\D10\\ui\\
ui_logreg.py', 'D:\\MyPython\\Code\\D10\\ui\\ui_main.py', 'D:\\MyPython\\Code\\D10\\ui\\ui_preshop.py', 'D:\\MyPython\\
Code\\D10\\ui\\ui_saleanalysis.py'],
                pathex=['D:\\MyPython\\Code\\D10'],
                binaries=[],
                datas=[('D:\\MyPython\\Code\\D10\\data', 'data'), ('D:\\MyPython\\Code\\D10\\image', 'image')],
                hiddenimports=[],
                 ...
pyz = PYZ(a.pure, a.zipped_data,
                cipher=block_cipher)
...
```

打包配置文件

说明：

（1）Analysis 第一个列表中填写项目所有的.py 文件，与 logreg.py 在同一个文件夹的（如 main.py、appvar.py）可以直接写文件名，不在一个文件夹的（如 preshop.py、confirmshop.py、saleanalysis.py 及 ui 目录下的所有界面 Py 文件）则需要逐一写出完整的文件路径。

（2）pathex 列表填写项目所在的完整路径。

（3）datas 中的元素是元组类型，用于配置项目的资源。每个元组包含两个元素，第一个是该资源在原项目中的路径，第二个是打包生成可执行文件所在目录中保存此资源的文件夹名，注意要与项目中的资源文件夹名称相同。

> ◉◉ 注意：
>
> logreg.py 是入口文件，故被调用的其他.py 文件路径都是将它所在的路径作为当前路径，所以打包的项目入口文件 logreg.py 必须位于最外层的项目文件夹中，才能让其他.py 文件的当前路径不变，以便正确地定位到项目中的资源。

3. 用配置文件打包

在生成并正确地设置了配置文件后，打包操作就非常简单了，只要在项目目录下执行命令：

```
pyinstaller -D logreg.spec
```

屏幕输出很多信息，稍候片刻，打包完成。在原项目目录下生成了一个 dist 文件夹，可看到里面有一个 logreg（与入口文件同名）目录，这就是打包后项目发布的目录，将其复制到任何地方（脱离 Python 开发环境）都可以运行项目。在 logreg 目录中有一个 logreg.exe 文件，双击即可运行。

【实训】

（1）逐步输入项目实战代码，运行并测试功能正确性。

（2）修改用户管理模块 logreg.py 注册函数 register()，控制注册用户账户名必须以字母开头，中间不能包含空格；密码必须为 6 位以上，而且同时包含字母和数字。

（3）为商品功能导航加上"本 App 功能介绍"项，选择该项后单击"确定"按钮，出现一个新窗口，窗口中简单介绍相关信息。

（4）完善商品选购模块，单击"选购"按钮，判断该商品已经选购但未结算，弹窗显示相应提示信息。

（5）完善下单结算模块，对已经结算的商品加上"退货"功能。

（6）修改销售分析模块，按季度汇总销售数据，显示圆饼图，按商品分类显示柱状图和折线图。

第*11*章 Web 开发

Web 即网站，采用 Browser/Server（浏览器/服务器）结构，分为前端和后端，前端就是网页部分，负责与用户交互、显示数据、控制格式、复杂交互。后端是功能的逻辑部分，可用 Python、PHP、JSP、ASP.Net、Node.js 编写，Python 程序更简单、功能更强。

用 Python 开发网站，采用 Web 服务器+Python 后端开发+MySQL 数据库。简单应用采用 Python+sqlite，复杂应用采用 Python+MySQL，非关系数据库采用 Python+NoSQL（MongoDB），Web 网页采用 Python+Django/Flask。

Django 是一个高水准的 Python 语言驱动的开源 Web 应用框架，目前最新版本是 Django 4.0。Django 采用了 MTV 模式，MTV 是 Model（模型）、Template（模板）、View（视图）的缩写，相比于传统 Web 开发的 MVC（模型、视图、控制器）模式，其控制器接收用户输入的部分由框架自行处理，使用这种架构，程序员可以非常方便快捷地创建高品质、易维护、数据库驱动的 Web 应用程序。而且，与传统 Web 开发的 Java EE、PHP 等相比，基于 Django 开发可以充分利用 Python 丰富的第三方库和计算生态，在处理大数据、人工智能等方面有着其他框架无可比拟的优势。另外，Django 中还包含许多功能强大的第三方插件，具有较强的可扩展性，这些都使它成为当前 Web 开发者的首选框架之一。

本章通过简单实例对 Django 框架开发 Web 程序的步骤进行入门介绍，有兴趣的读者可参考网络文档资料。

11.1 Django 环境搭建

Django 环境搭建

在 Python 下安装第三方库 Django，若执行下列命令后显示 Django 版本号就表示安装成功了。
```
>>> import django
>>> django.get_version()
```
要测试 Django 环境是否能正常使用，需要创建一个 Web 项目试运行。

11.2 Django 前端开发入门

Django 前端开发

可以先进行 Django 前端（即 Template 和 View）的开发，开发出简单的静态 Web 网页，暂不进行交互和访问后端数据库。

Django 开发的 Web 应用，其前端页面（.html 文件，又称"模板"）默认存放在 Web 应用子项目的 templates 目录下，所有资源（包括图片、CSS、JS 等）都要存放在 Web 应用子项目的 static 目录下。

11.3 表单、模型与后端开发

表单、模型、后端

基本的 Web 应用应当具备与用户交互及操作数据库的功能，这就涉及 Django 的表单、模型（Model）与后端。

Django 系统是通过模型来操作数据库的，模型本质上是一个类，它对应于数据库中的一个表，Django 能通过 ORM 映射机制自动生成模型并与数据库表同步，用户开发时将框架生成的模型类复制到自己的代码中就可以使用了。

有了模型，就可以在自己编写的程序中访问数据库了。

11.4　Django 项目发布

Django 项目发布

将开发完成的 Django 项目部署到指定的 Linux 服务器上，当前最主要的部署方式是 Python+Django+Nginx+uWSGI。Python 是 Python 程序运行的环境，Django 是开发的项目。Nginx 是反向代理服务器，用于实现对用户请求的转发，转发给 uWSGI。uWSGI 是 Python 的 Web 服务器，使用 WSGI 协议和项目交互，使用 uWSGI 协议和 Nginx 进行通信。

在 Windows 环境下用 Apache 服务器整合 mod_wsgi 模块来部署 Django 项目。用 IIS 服务器整合 wfastcgi 模块来部署 Django 项目。

习题及参考答案

第 1 章

一、选择题

1. 下列说法中错误的是（   ）。

A．Python 是开源的

B．Python 是解释型语言

C．Python 程序可以生成.com 文件独立执行

D．Windows 下编写的 Python 程序可以在 Linux 下运行

2. 下列说法中错误的是（   ）。

A．Python 3.x 可以运行 Python 2.x 规则程序

B．第三方集成开发环境也能开发 Python 的社区版和专业版

C．Python 不同行业的应用主要通过扩展库实现

D．Eclipes 可以开发 Python 程序

3. 关于 Python 语句错误的是（   ）。

A．一行可以写多条语句   B．一行多条语句是一起执行的语句块

C．一起执行的语句块不一定对齐   D．可以以全角下画线作为变量名打头

4. 下列变量名不正确的是（   ）。

A．Print   B．my:1   C．for_a   D．我的 Mython

5. 下列情况无法运行的是（   ）。

A．语句格式不正确   B．语句块缩进不一致

C．条件写的不正确   D．在语句前有#

6. 下列说法中错误的是（   ）。

A．字符串不可以与数值进行运算

B．一个 print 语句可以同时输出不同数据类型项

C．完全输入数字就是数值数据

D．存放数值的变量也可存放字符串

7. 下列语句中错误的是（   ）。

A．x=1, y=2   B．a=int(2.3)   C．c=1+3   D．print(input())

8. 下列语句中错误的是（   ）。

A．n=input(); print(n+1)   B．n=1.0#2

C．n="   D．if 2<3: print('ok')

9. 关于缩进错误的是（   ）。

A．import 语句不能缩进

B．同一个语句块只要缩进一致（包括不缩进），效果是一样的

习题 1 参考答案

C. #打头也可以缩进

D. 不同语句块缩进字符数可以不相同

10. 关于函数错误的是（　　）。

A. 内置函数无法加前缀 　　　　　B. 扩展函数不一定加前缀

C. 扩展函数需要用 pip 安装 　　　D. 内置函数可以无参数

二、填空题

1. 本章介绍的命令执行环境是＿＿＿＿＿＿＿＿＿＿＿。

2. 本章介绍的编程环境是＿＿＿＿＿＿＿＿＿＿＿。

3. Windows 环境下第三方库安装采用＿＿＿＿＿＿命令，显示已经安装的第三方库采用＿＿＿＿＿＿命令。

4. 在 Python 中导入扩展库 abc 采用＿＿＿＿＿＿＿命令。

5. Python 采用＿＿＿＿＿＿管理应用程序文件。

6. Python 语言源程序的扩展名为＿＿＿＿。

7. 在一行上写多条语句时，每条语句之间用＿＿＿符号分隔。

8. 一个多行的语句采用＿＿＿＿＿作为非最后一行结束符。

三、简答题

1. 为什么说 Python 是解释型语言？

2. 为什么 Python 应用范围很广泛？

3. 第三方集成开发环境有什么优点？

第 2 章

一、选择题

习题 2 参考答案

1. 下列运算正确的是（　　）。

A. 0O10 + 2=12 　　　　　B. 0X18 + 2= 0X20

C. 0b1001 + 1= 10 　　　　D. 1.3 -0.1 = 1.2

2. 更能准确表达 10/3 的是（　　）。

A. Fraction(10,3) 　　　　B. 10.0/3

C. decimal.Decimal("10.0")/3 　　D. decimal.Decimal("10.0")/ decimal.Decimal("3")

3. y = -6+8j, abs(y)=（　　）。

A. y.real+ x.imag 　　B. 14 　　C. Y.conjugate() 　　D. 10

4. 下面属于不正确的整型常数的是（　　）。

A. 10 　　B. 0x1A 　　C. 0O18 　　D. 0b1101

5. 下列运算结果正确的是（　　）。

A. abs(-3.10)=3.1 　　　　B. round(-3.10)=-4

C. 1.3 -0.1 == 1.2 　　　　D. int('-3')=-3

6. 下列运算结果错误的是（　　）。

A. -6**2=-36 　　　　B. divmod(-26, 8)=（-4，6）

C. math.radians(180)>3.14 　　D. math.floor(-3.14)=-3

7. 下列答案正确的是（　　）。

A. random.randint(1, 10)=6 　　B. random.choice([6])=6

C. random.random()<=1 　　　D. random.uniform(1,10)>=1

8. 下列（　　）为真。

A．not False　　　　　　　B 0j　　　　　　　　C．None　　　　　　　D．空字符串

9. a=2，b=1，（　　）为假。

A．a-b!=1 | a-1 & b-1　　　　　　　　　　B．~b

C．str(b-1)　　　　　　　　　　　　　　　D．0b010-2

10. 在不包括圆括号的表达式中优先级最低的运算符是（　　　）。

A．//　　　　　　　　B．and　　　　　　　C．+　　　　　　　　D．! =

11. 下列说法中（　　）是错误的。

A．一个汉字作为 1 个字符计算

B．+-*也可作为字符串运算符

C．xxx(s)是内置函数 xxx()对字符串 s 进行操作

D．s.xxx()是字符串 s 执行 xxx()方法

12. 下列（　　）不是字符串。

A．'x'*3　　　　　　　　B．chr(0x41)　　　　C．str(-1034.36)　　　D．left(string.digits,2)

13. 下列（　　）不是表达当前时间。

A．datetime.now()　　　B．time.time()　　　　C．time.ctime()　　　D．time.localtime()

二、填空题

1. Python 字符串与_____串之间可以互相转换。

2. _____可以改变表达式运算顺序。

3. 表达式 int('1101',2)=_____，int('1101',3)=_____。

4. 表达式 print(chr(ord('B')-1))=_____。

5. x=7，表达式 x/3,x//3=_____。

6. (3.5+6)/2**2%4 =_____。

7. x=1.2，abs(x-1.0-0.2)==0=_____。

8. 用分数表达 0.5：_____。

9. 公式 $\dfrac{\sin(\sqrt{x^2})}{ab}$ 对应的表达式为_____。

10. x=y=z=6 ，x%=y+z, x=_____。

11. x=1，y=2, x&y=____, x|y=____, x^y=____, ~x&y=____, x<<y=____, x>>y=____。

12. UTF—8 使用_____表示一个汉字。

13. 字符串可以使用_____转换为字节串。

14. 在字符串前加_____表示原始字符串。

15. 在 s 字符串的 n 位置加入一个空格的语句：_____。

16. str1='Python 排版编辑', str1[:6]=_____，str1[8: 10]=_____。

17. n=80 ; print("%e"%n)输出_____。print("%x"%(n+101)) 输出_____。

三、编程题

1. 从键盘输入一个不超过 120 的数字字符串，把它转换为十进制数、二进制数、八进制数、十六进制数并输出，然后把它们转换为对应的字符串后连接起来输出。

2. 输入一个华氏温度，计算并输出摄氏温度，结果取两位小数。

3. 输入三角形三条边的长度，判断它们是否符合三角形的条件。

4. 输入一个字符串，据此随机生成一个数字并输出。

第3章

一、选择题

1. Python 变量名不能以（　　　）开头。

A. 字母　　　　　　　　　　　　　　B. 下画线

C. 关键字　　　　　　　　　　　　　D. 标点符号

2. 关于 Python 变量名，不正确的说法是（　　　）。

A. 不需要事先声明变量名及其类型

B. 直接赋值就可以创建任意类型的变量

C. 不可以改变变量的类型

D. 修改变量值相当于重新创建变量

3. 下面属于合法变量名的是（　　　）。

A. _1　　　　　　B. 1xyz　　　　　　C. or　　　　　　D. A-b

4. 内置函数 input()把用户的键盘输入一律作为（　　　）返回。

A. 字符串　　　　　　B. 字符　　　　　　C. 数值　　　　　　D. 根据需要变化

5. 实现多重分支可以使用（　　　）。

A. if-else，在 if 中再加 if

B. if-else，在 else 中再加 if

C. if-elif，else

D. if-else

6. 循环中不能出现（　　　）。

A. 循环条件一直为真　　B. pass　　　　　C. else　　　　　　D. 交叉

7. 关于循环，（　　　）不正确。

A. 循环体可以一次不执行　　　　　　B. 循环可以多重嵌套

C. 循环可能出现死循环　　　　　　　D. 循环体代码的缩进必须相同

8. 关于异常，（　　　）不正确。

A. 异常是程序控制错误处理

B. 如果程序中考虑了所有错误情况的处理方法就不需要异常处理

C. 程序不加异常处理，运行时出现异常，程序无法继续执行

D. except Exception 中不包含所有出错情况

二、填空题

1. 同时输入 3 个浮点数给 x、y、z 变量，用逗号分隔语句_____。

2. 以下程序的输出结果是_____。

```
a=1; b=2; c=-3;
if (a<b):
    if (c>0):    c-=1;
    else:    c+=1;
else:
    c=1
print(c)
```

3. 执行下面的程序后，输出结果是_____。

```
k=3; s=0
while( k) :
```

```
        s+=k;
        k-= 1;
    print( " s=",s )
```

4．执行下面的程序后，输出结果是＿＿＿＿＿＿＿。

```
j=1
for a in range( 1,51) :
    if( j>= 10) :break;
    if(a%3==1):
        j+= 3 ; continue ;
    else:
        j-=2
print(j)
```

三、编程题

1．计算不大于 1000 的斐波那契数列。

2．输出九九乘法表。

3．兴趣爱好字符串 str="a-唱歌 b-书法 c-足球 d-游泳 e-钢琴"，输入自己的兴趣爱好代号，每次输入一个。

要求：

（1）显示所有的兴趣爱好代号。

（2）显示所有的兴趣爱好。

4．有一分段函数如下，输入 x 值，计算 y 值。

$$y = \begin{cases} 1-2x^2 & x < 10 \\ 2x^3 & 10 \leqslant x < 20 \\ 2x^2 - 1 & x \geqslant 20 \end{cases}$$

5．求 100～200 的所有完数。完数是指一个数恰好等于它的因子之和。

6．输入整数 n，将 n 反序排列输出。例如，输入 n =2863，则输出 3682。

7．利用下列近似公式计算 e 值，误差应小于 10^{-5}。

$$e = 1 + \frac{1}{1!} + \frac{1}{2!} + \cdots + \frac{1}{n!}$$

8．输入整数 n，输出 1 到 n 之间能被 7 整除，但不能被 5 整除的所有整数，每 5 个数一行。

9．已知三角形的两边及夹角，求第三边。

10．任意输入 3 个整数，按大小顺序输出。

第 4 章

一、选择题

1．可以作为判断条件，并且为 True 的是（　　）。

A．空列表、空元组、空集合、空字典、空 range 对象

B．{}、[ ]、( )

C．''、""、""　""

D．not None

习题 4 参考答案

2．关于序列，（　　）是错误的。

A．当增加和删除元素时列表自动进行内存的扩展和收缩

B．列表、元组和字符串支持双向索引，正、反向均从 0 开始

C. 字典支持使用键作为下标访问其中的元素值

D. 集合不支持任何索引，因为集合是无序的

3. 关于序列，（　　）是错误的。

A. 切片不能用于集合，可用于列表、元组、字典、字符串等

B. 列表是可变的，元组是不可变的

C. 字典的键和集合的元素都不允许重复

D. 字符串不能作为列表处理。

4. 序列不能进行的操作是（　　）。

A. in   B. is   C. len   D. +

5. 执行下面的语句后，列表 x 的长度是（　　）。

x=[1,2,3]; x.extend('abc'); x.append('xyz')

A. 5   B. 6   C. 7   D. 9

6.下列选项中不是集合的是（　　）。

A. {1,'a'}   B. {1,d}   C. {1,(2,3)}   D. { }

7.下列选项中错误的是（　　）。

A. d={1:[1,2],2:[3,4]}   B. d={[1,2]:1,[3,4]:2}

C. d={(1,2):1,(3,4):2}   D. {'a':{1,2},'b':{3,4}}

二、填空题

1. 表达式[1,3] not in [1,2,3] =_____。

2. lst=[1,2,3,4,5,6,7,8]，切片 lst[2:5]=_____，lst[-2::]= _____，lst[::-2] _____，lst[0] = _____。

3. a=[13.2]，b= a.sort(reverse=True)=_____，a=_____。

4. a=[1,2]，b=[3,4]，[a,b]= _____，a+b= _____。

5. tup1=(1,3,2)*2，tup1=_____，tup1(1) =_____。

6. k=['name', 'sex', 'age']，v=['王平', '女', 38]，dict(zip(k,v))=__。

7. d= {'name': '王平', 'sex': '女', 'age': 38}，d['age']= _____。

8. a={1,2,3}，b={3,4,5}，c={1,3,6,7,8}，a > (a | b) & c= _____。

9. str1="+"，list1=['-1', '2', '-3', '4', '-5']，str1.join(list1)=_____。

10. dir1='/E:/Python/v3-6'，pdir2.split('/')=_____。

11. d1={'a':1,'b':2}，d2=d1，d2['a']=2，print(d1['a']+d2['a']) =_____。

三、编程题

1. 有一个列表 lst=[1,2,3,4,5,6]，将列表中的每个元素依次向前移动一个位置，第一个元素移到列表的最后，输出整个列表。

2. 生成一个有 30 个元素的列表，每个元素是 0～100 的一个随机整数，输出 0～59、60～69、70～79、80～89、90～100 各段元素，统计个数。

3. s=" The Python Dict: Key=1, Val=10 "，统计 s 字符串中字母、数字、其他字符的个数并输出。

4. s=" The　　Python Dict:　　Key=1, Val=10 "，删除左右两边空格，中间有连续的两个及以上空格则保留一个，输出新的字符串。

5. 有一段英文字符串，按照下列要求编程：

（1）统计单词和出现的位置，采用列表记录，然后输出。

（2）统计出现的单词，采用集合记录，然后输出。

（3）统计单词和出现的次数，采用字典记录，然后输出。

第 5 章

一、选择题

1. 以下说法中（　　）是正确的。

A. 可以用保留字作为函数的名字

B. 函数内部可以通过关键字 global 声明全局变量

C. 调用带有默认值参数的函数时，不能为默认值参数传递值

D. 函数中没有 return 语句或者 return 语句不带任何返回值，返回值为 True

2. 关于函数定义，（　　）是错误的。

A. 不需要指定参数类型 　　　　　　　B. 不需要指定函数的返回值类型

C. 可以嵌套定义函数 　　　　　　　　D. 没有 return 语句则函数返回 0

3. 关于函数，（　　）是错误的。

A. lambda 表达式可定义函数

B. 函数外调用变量在函数执行结束后会自动释放

C. 包含 yield 语句的函数不会连续执行

D. 局部变量不会隐藏同名的全局变量

4. （　　）不可以作为参数。

A. 组合数据类型 　　　　　　　　　　B. 日期和时间类型

C. 表达式 　　　　　　　　　　　　　D. 带参数函数

5. 关于递归和嵌套，下列说法中正确的是（　　）。

A. 所有嵌套均可表示为递归 　　　　　B. 递归运行效率不如常规程序

C. 所有递归均可表示为嵌套 　　　　　D. 嵌套的程序不能包含非嵌套的程序

6. 以下说法中错误的是（　　）。

A. 函数定义不一定放在调用之前

B. 当代码中有 main() 函数时，程序将从 main() 开始执行

C. 可以在函数中定义函数

D. 语句 a=func() 中，func() 函数可以没有返回值

7. 关于应用程序下列说法中错误的是（　　）。

A. 一个 .py 文件可以是一个应用程序。

B. 一个 Python 应用可以包含若干个 .py 文件

C. 一个 Python 应用可以包含若干个包外加若干个 .py 文件

D. 一个 .py 文件的全局变量不能用于其他 .py 文件

二、填空题

1. 函数参数有普通位置参数、_____、关键参数和可变长度参数等几种类型。

2. 在函数内部可以通过关键字_____来定义全局变量。

3. 计算 $bx+c=0$ 方程根的 lambda 表达式：_____。

4. 生成器对象的_____方法得到第 1 个元素。

5. myfunc.py 文件通过_____导入。

三、阅读程序

1. 下列程序输出结果：_____。

```
def drt(a,b,c):
```

```
        d=b*b-4*a*c
        return d
dic={1: 'a',2: 'b',3: 'c'}
print( drt(*dic) )
```

2．下列程序输出结果：＿＿＿＿＿＿＿＿＿＿＿。

```
def poutkx(**x):
    for item in x.items() :
            print(item)
poutkx(a=1,b=2,c=3)
```

3．下列程序输出结果：＿＿＿＿＿＿＿＿＿＿＿。

```
lst=[1,-2,3,-4]
def func(val):
    if val>= 0:
            val= (val+1)*(-2)
    else:
            val= (val+1)* 3
    return val
print( [func(val)+1 for val in lst    if val>0] )
```

4．下列程序输出结果：＿＿＿＿＿＿＿＿＿＿＿。

```
def func():
    yield from ['one','two','three']
s=func()
print(next(s))
print(next(s))
```

5．下列程序输出结果：＿＿＿＿＿＿＿＿＿＿＿。

```
def func(x = 1):
    return x + 1
n=func(func())
print(n)
```

6．下列程序输出结果：＿＿＿＿＿＿＿＿＿＿＿。

```
x=1
def myf1():
    global x
    x=2
def myf2():
    x=3
print(x,end=',')
myf1(); print(x,end=',')
myf2(); print(x,end=',')
```

7．下列程序输出结果：＿＿＿＿＿＿＿＿＿＿＿。

```
def func(ls=[ ]):
    ls. append(1)
    return ls
ls = func()
ls = func()
print(ls)
```

四、编程题

1．编写函数，求两数的最大公约数与最小公倍数。

2．编写函数，可以接收任意多个整数并用字典输出最大值、最小值、平均值和所有整数之和。对应的关键字为"max"、"min"、"avg"、"sum"。

3．输入一个字符串，采用非递归和递归方式反向输出。

4．利用列表和递归函数来产生并输出杨辉三角形，如下图所示。

```
                        1
                      1   1
                    1   2   1
                  1   3   3   1
                1   4   6   4   1
              1   5  10  10   5   1
            1   6  15  20  15   6   1
          1   7  21  35  35  21   7   1
        1   8  28  56  70  56  28   8   1
```

5．编程证明哥德巴赫猜想：任何一个大于 2 的偶数都能表示成两个素数之和。

6．编写函数，对给定字符串中全部字符（含中文字符）的出现频率进行分析，采用降序方式输出。

7．编写函数，采用英文字母和数字随机生成 8 位密码。

8．编写一个函数，接收列表作为参数，如果一个元素在列表中出现了不止一次，则返回 True，但不要改变原来列表的值。

第 6 章

一、填空题

1．文本文件用＿＿＿＿＿＿工具打开，二进制文件可以用＿＿＿＿＿＿工具打开。

2．文本文件和二进制文件的不同：＿＿＿＿＿＿＿＿＿＿＿＿。

3．文件需要＿＿＿＿＿＿＿＿＿＿，文件的内容才能真正写入。

4．序列化的作用是＿＿＿＿＿＿＿＿＿＿＿＿＿＿＿＿＿。

5．with 语句的作用是＿＿＿＿＿＿＿＿＿＿＿＿＿＿＿＿。

6．解析下列语句。

myf= open("File1.txt","w+")表示：＿＿＿＿＿＿＿＿＿＿。

lst1 = ['1 ' , '2' , '3 '];   s='hello';   lst2 = [1,2,3]

myf.writelines(lst1) 表示：＿＿＿＿＿＿＿＿＿＿＿。

myf.writelines(s) 表示：＿＿＿＿＿＿＿＿＿＿＿。

myf.writelines(lst2) 表示：＿＿＿＿＿＿＿＿＿＿＿。

7．解析下列语句。

import pickle, pprint 表示：＿＿＿＿＿＿＿＿＿＿。

fpick=open('File2.pkl' ,'wb+')

list1=[-23, 5.0, 'python', 12.8e+6]

pickle.dump(list1,fpick, -1) 表示：＿＿＿＿＿＿＿＿＿。

fpick.seek(0,0) 表示：＿＿＿＿＿＿＿＿＿＿＿。

list1= pickle.load(fpick) 表示：＿＿＿＿＿＿＿＿＿。

pprint.pprint(list1) 表示：＿＿＿＿＿＿＿＿＿＿。

fpick.close ( ) 表示：＿＿＿＿＿＿＿＿＿＿＿。

习题 6 参考答案

二、编程题

1．操作文本文件。

（1）编写程序，创建一个文件 myfile.txt，向文件中输入：Hello! 吃饭没？

（2）编写程序，修改文件 myfile.txt 文件内容为：Hello! 吃过了。

2．操作二进制文件。

（1）创建一个文件 myfile.dat，输入 3 条记录，每一条记录包括：string 数据、int 数据、float 数据。

（2）读取文件 myfile.dat，将其中的内容显示出来，看与输入的内容是否相同。

3．对学生成绩进行管理，完成下列功能。

（1）编写文件写入程序，创建学生成绩信息文件，包括：课程号、学号、成绩。

学生信息放在列表中，从列表中读取，然后写到学生成绩信息文件中。

（2）编写文件读取程序，把学生成绩信息读到列表中，然后计算各课程的平均分、最高分、最低分。

（3）编写文件查找程序，查找指定学生各课程的成绩。

（4）编写文件修改程序，修改指定学生的指定课程的成绩。

第 7 章

一、选择题

1．下列（　　）是对象。

A．人　　　　　　　　　B．学生　　　　　　　C．本科生　　　　　　D．王红

习题 7 参考答案

2．下列（　　）是父类。

A．汽车　　　　　　　　B．轿车　　　　　　　C．AITO　　　　　　　D．客车

3．下列（　　）是父类。

A．class my()

B．class my1(my2)

C．class my1(my2,my3)

D．class my(object)

4．下列（　　）属性是私有属性。

A．_xm　　　　　　　　B．__xm　　　　　　　C．__xm__　　　　　　D．xm

5．关于类和对象，（　　）不正确。

A．Python 提供的是类而不是对象

B．对象是由类创建的

C．一个类可以创建若干个对象，但不能同名

D．一个对象不可以继承两个类特性

6．关于类，（　　）不正确。

A．类只能修改本身的私有属性

B．创建的类共享属性，可以从外部访问

C．类的属性包含默认值

D．每个类不必须包含__init__()方法

7．关于子类，（　　）不正确。

A．子类可以包含自己的属性和方法

B．类不能在运行时增加方法

C．类可以在运行时增加属性

D．基类派生不同子类，可以实现不同功能

二、编程题

1．创建三角形类，包含边长和计算三角形周长、面积的方法。

2．按照下列要求定义类，再通过类创建实例，然后操作实例。

（1）定义汽车类，包含发动机、变速箱、轴长、车轮、最大速度等属性，启动、行驶、加油等方法。

（2）定义轿车子类，继承汽车类，新增类型（普通、越野等）属性。

（3）定义新能源轿车子类，继承轿车类，新增续航里程属性，修改加油方法为充电。

（4）创建比亚迪汉新能源轿车实例，模拟启动、行驶和充电等操作。

（5）创建奥迪 A6L 轿车实例，模拟启动、行驶和加油等操作。

第 8 章

一、选择题

习题 8 参考答案

1. turtle 库中将画笔移动 x 像素的语句是（　　　）。

A．turtle.forward(x)　　　　　　　　B．turtle.circle(x)

C．turtle.right(x)　　　　　　　　　　D．turtle.left(x)

2. turtle.circle(50,180)的执行效果是（　　　）。

A．绘制一个半径为 50 的圆　　　　　　B．绘制一个直径为 50 的半圆

C．绘制一个半径为 50 的圆，分三次画完　D．绘制一个半径为 50 的半圆

3. turtle. reset()方法的作用是（　　　）。

A．撤销上一个 turtle 动作

B．清空画笔的状态

C．清空 turtle 窗口，重置 turtle 状态为起始状态

D．设置 turtle 图形可见

4. 设置 turtle 画笔向左前方移动的函数是（　　　）。

A．turtle.left()　　　　　　　　　　B．turtle.left(),turtle.fd()

C．turtle.penup(),turtle. fd()　　　　D．turtle.circle(),turtle.penup()

5. 设置 turtle 窗口大小的函数是（　　　）。

A．turtle.setup()　　　　　　　　　B．turtle.window()

C．turtle.shape()　　　　　　　　　D．turtle.pensize()

6. 在 turtle 坐标体系中，(0,0)坐标位于窗口的（　　　）。

A．左下角　　　　　B．正中央　　　　　C．左上角　　　　　D．右上角

7. MatPlotLib 最擅长绘制（　　　）。

A．2D 图像　　　　　B．3D 图形　　　　　C．2D 图表　　　　　D．3D 动画

8. MatPlotLib 中最常用的子库是（　　　）。

A．mlab　　　　　　　　　　　　　　B．pyplot

9. 为图表添加坐标轴通过（　　　）的 add_axes()方法。

A．Axes 对象　　　　　　　　　　　　B．Figure 对象

10. 绘图后使用（　　　）方法添加图例标注。

A．.title("...")　　　　　　　　　　B．.legend()

11. 以下增加子图的方案中，add_subplot(233)表示（　　　）。

A.　　　　　　　　　　　　　　　　B.

C.

D.

12. PyQt5 用于显示字符串的控件是（　　）。

A．QpushButton　　　　　B．Label　　　　　　C．Line Edit　　　　　　D．QSpinBox

13. PyQt5 中只能用于输入字符串的控件是（　　）。

A．Radio Button　　　　　B．Check Box　　　　C．Tab Widget　　　　　D．Line Edit

14. 关于 PyQt5 说法错误的是（　　）。

A．窗口是控件，不是容器

B．键盘事件和鼠标事件可以连接相同的槽

C．槽一般对应自定义函数

D．界面文件必须生成.py 文件才能执行

二、填空题

1. 采用 turtle，在(x1,y1)和（x2,y2）之间画一条直线使用＿＿＿＿＿＿＿＿＿＿＿＿＿＿＿＿。

2. turtle 中用十进制数＿＿＿＿＿＿表达红色，用十六进制数＿＿＿＿＿＿表达蓝色。

3. 若要使用 matplotlib 库中的全部类，需要使用导入语句＿＿＿＿＿＿＿＿＿＿＿＿＿＿＿。

4. 若要在 matplotlib 图表标注中显示中文，采用＿＿＿＿＿＿＿＿＿＿＿＿＿＿＿＿。

5. matplotlib 图表显示折线图采用＿＿＿＿＿＿＿＿＿＿，显示图像采用＿＿＿＿＿＿＿＿＿＿，显示 3D 图形采用＿＿＿＿＿＿＿＿＿＿。

6. PyQt5 中仅仅显示文本的控件＿＿＿＿＿＿＿＿，输入文本控件＿＿＿＿＿＿＿＿，多行输入控件包括＿＿＿＿＿＿＿＿。

7. PyQt5 显示图像的控件有＿＿＿＿＿＿＿＿和＿＿＿＿＿＿＿＿。

8. PyQt5 界面在＿＿＿＿＿＿＿＿＿＿中进行可视化设计，控件的属性在＿＿＿＿＿＿＿＿＿＿中输入或选择。

三、编程题

1. 采用 turtle 画等边六边形、红色五角星、连续 3 个方波。

2. 采用 turtle 画奥运五环和电子琴键盘。

3. 采用 matplotlib 画出世界前 10 大经济体人口和 GDP 的柱状图。

4. 采用 matplotlib 把 sin、cos、tan 和 cot 函数绘制在 2 行 2 列的子图中。

5. 采用 PyQt5 设计计算三角形面积的界面和程序。

第 9 章

一、选择题

1. 下列说法中错误的是（　　）。

A．jieba 可以自定义词典　　　　　　B．词云可视化的结果是生成图片

C．jieba 可以排除指定词汇　　　　　　D．jieba 分词是指接收字符串

2. 关于网络信息爬取的说法错误的是（　　）。

A．需要了解 HTML 标记

B．需要 requests 库与 beautifulsoup4 库配合

习题 9 参考答案

C. 需要分析网页和网页源码

D. 不同网页可以采用相同的程序

3. 关于图像处理的说法正确的是（　　）。

A. Pillow 库也可以进行人脸识别　　　　B. OpenCV 库可以进行图像处理

C. OpenCV 库可抓拍人脸比对　　　　　D. 只需要通过接口就可使用百度智能云

二、填空题

1. 音频合成采用_____库，语音播放采用_____库。

2. requests 库的作用是_____。beautifulsoup4 库的作用是_____。

3. 计算机视觉采用_____库。

4. 通过_____命令可以查看当前已经安装的第三方库。

附录 A 参考内容索引

☑ A.1　Python 保留字

☑ A.2　Python 内置函数

☑ A.3　常用 RGB 色彩

☑ A.4　Unicode 常用字符编码范围

☑ A.5　Python 生态

☑ A.6　Python 标准库分类

☑ A.7　全国计算机等级考试二级 Python 语言程序设计考试大纲

☑ A.8　江苏省高等学校计算机等级考试二级 Python 语言考试大纲

☑ A.9　在 PyCharm 环境中调试 Python 程序

【A.1】　　　　　【A.2】　　　　　【A.3】　　　　　【A.4】

【A.5】　　　　　【A.6】　　　　　【A.7】　　　　　【A.8】

【A.9】